Elementname — **Wasserstoff**
Dichte in g/cm³ (Gase in g/l) — 0,09
Schmelztemperatur in °C — −259
Siedetemperatur in °C — −253
Elementsymbol — H

kein Bild vorhanden

- Metall
- Halbmetall
- Nichtmetall
- Edelgas

VIII. Nebengruppe	I. Nebengruppe	II. Nebengruppe	III. Hauptgruppe	IV. Hauptgruppe	V. Hauptgruppe	VI. Hauptgruppe	VII. Hauptgruppe	VIII. Hauptgruppe
								Helium 0,18 −271 −269 He
			Bor 2,34 2300 2550 B	Kohlenstoff 3,51 (Diamant) 3547 4826 C	Stickstoff 1,25 −210 −196 N	Sauerstoff 1,43 (O_2) −219 −183 O	Fluor 1,70 −220 −188 F	Neon 0,90 −249 −246 Ne
			Aluminium 2,70 660 2467 Al	Silicium 2,33 1414 2477 Si	Phosphor 1,83 (weiß) 44 281 P	Schwefel 2,07 (α) 113 445 S	Chlor 3,21 −101 −34 Cl	Argon 1,66 −189 −186 Ar
…kel Ni	Kupfer 8,93 1083 2595 Cu	Zink 7,13 419 907 Zn	Gallium 5,90 30 2403 Ga	Germanium 5,32 937 2830 Ge	Arsen 5,72 (grau) 613 (sublimiert) As	Selen 4,48 (rot) 217 685 Se	Brom 3,12 −7 59 Br	Krypton 3,73 −157 −153 Kr
…adium Pd	Silber 10,5 962 2287 Ag	Cadmium 8,65 321 767 Cd	Indium 7,31 157 2080 In	Zinn 7,29 (β) 232 2625 Sn	Antimon 6,68 631 1753 Sb	Tellur 6,25 449 990 Te	Iod 4,93 114 185 I	Xenon 5,52 −112 −108 Xe
…tin Pt	Gold 19,3 1064 3080 Au	Quecksilber 13,5 −39 357 Hg	Thallium 11,9 304 1457 Tl	Blei 11,3 328 1744 Pb	Bismut 9,79 271 1560 Bi	Polonium 9,20 254 962 Po	Astat 8,75 302 337 At	Radon 9,73 −71 −62 Rn
…mstadtium Ds	Roentgenium 19,3 – – Rg	Copernicium 13,5 – – Cn	Nihonium 11,9 – – Nh	Flerovium 11,3 – – Fl	Moscovium 9,81 – – Mc	Liver… 9,32 –		

…opium Eu	Gadolinium 7,90 1312 3273 Gd	Terbium 8,22 1356 3230 Tb	Dysprosium 8,56 1407 2600 Dy	Holmium 8,80 1474 2700 Ho	Erbium 9,06 1497 2900 Er	Thulium 9,32 1545 1725 Tm	Ytterbium 7,00 824 1196 Yb	Lutetium 9,84 1652 3327 Lu
…ericium Am	Curium 13,5 1340 3110 Cm	Berkelium 14,8 986 – Bk	Californium 15,1 900 –	Einsteinium ~13,5 860 996 Es	Fermium ~13,6 – – Fm	Mendelevium – – – Md	Nobelium – – – No	Lawrencium 9,84 1627 – Lr

H_2O & Co 10 II/III

Realschule Bayern

Chemie

Herausgegeben von

Petra Kring, Katrin Sommer, Peter Pfeifer

Erarbeitet von

Christian Eiblmeier, Petra Kring, Veronika Mader, Matthias Niedermeier, Peter Pfeifer, Susanne Schaffer, Katrin Sommer, Armin Thefeld, Tobias Wittwer

Cornelsen

Wegweiser durchs Buch

Liebe Schülerin, lieber Schüler,
so abwechslungsreich wie das Fach Chemie ist auch dieses Buch. Die verschiedenen Seiten unterstützen dich beim Lernen, Üben und Verstehen. Damit du dich gut zurechtfindest, erhältst du hier eine Übersicht über die verschiedenen Seitentypen.

Das Cover zeigt die Aufnahme eines Formgedächtnis-Polymers aus dem Kunststoff Polyurethan mit dem Rasterelektronenmikroskop (Vergrößerung etwa 900-fach, koloriert).

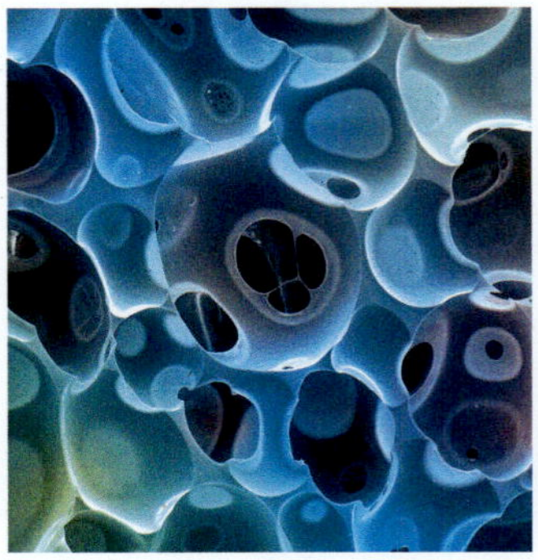

6

Proteine

Fisch versorgt den Menschen mit lebenswichtigen Eiweißstoffen, die auch Proteine heißen. Die extrem große Nachfrage nach diesem Lebensmittel hat in den letzten Jahrzehnten dazu geführt, dass die Fischbestände in den Meeren massiv zurückgegangen sind. Aus diesem Grund werden alternative Lieferanten von Proteinen immer wichtiger.

98 99

Der Einstieg ins Kapitel beginnt mit einem interessanten Foto aus dem Alltag und einem kurzen Text dazu.

Grundseiten
vermitteln wichtige Inhalte
zu jedem Thema.

Mit einer Aufgabe einen Zugang zum Thema erarbeiten

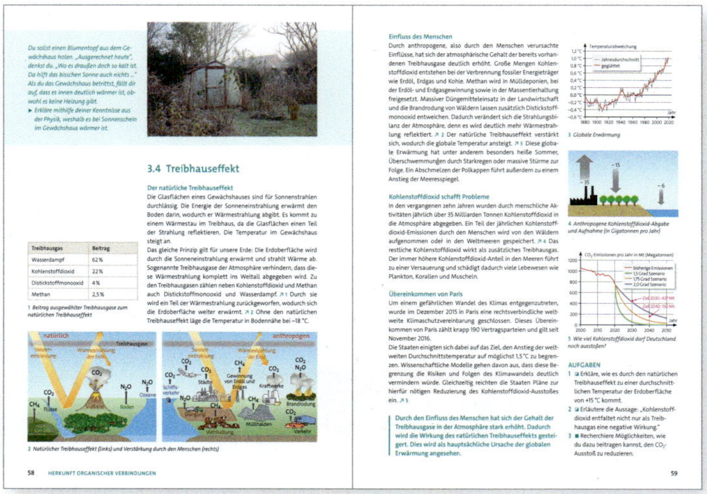

Du sollst einen Blumentopf aus dem Gewächshaus holen. „Ausgerechnet heute", denkst du. „Wo es draußen doch so kalt ist. Da hilft das bisschen Sonne auch nichts …" Als du das Gewächshaus betrittst, fällt dir auf, dass es innen deutlich wärmer ist, obwohl es keine Heizung gibt.
- *Erkläre mithilfe deiner Kenntnisse aus der Physik, weshalb es bei Sonnenschein im Gewächshaus wärmer ist.*

3.4 Treibhauseffekt

Der natürliche Treibhauseffekt
Die Glasflächen eines Gewächshauses sind für Sonnenstrahlen durchlässig. Die Energie der Sonneneinstrahlung erwärmt den Boden darin, wodurch er Wärmestrahlung abgibt. Es kommt zu einem Wärmestau im Treibhaus, da die Glasflächen einen Teil der Strahlung reflektieren. Die Temperatur im Gewächshaus steigt an.
Das gleiche Prinzip gilt für unsere Erde: Die Erdoberfläche wird durch die Sonneneinstrahlung erwärmt und strahlt Wärme ab. Sogenannte Treibhausgase der Atmosphäre verhindern, dass diese Wärmestrahlung komplett ins Weltall abgegeben wird. Zu den Treibhausgasen zählen neben Kohlenstoffdioxid und Methan auch Distickstoffmonooxid und Wasserdampf. ↗ 1 Durch sie wird ein Teil der Wärmestrahlung zurückgeworfen, wodurch sich die Erdoberfläche weiter erwärmt. ↗ 2 Ohne den natürlichen Treibhauseffekt läge die Temperatur in Bodennähe bei −18 °C.

Treibhausgas	Beitrag
Wasserdampf	62 %
Kohlenstoffdioxid	22 %
Distickstoffmonooxid	4 %
Methan	2,5 %

1 Beitrag ausgewählter Treibhausgase zum natürlichen Treibhauseffekt

2 Natürlicher Treibhauseffekt (links) und Verstärkung durch den Menschen (rechts)

Einfluss des Menschen
Durch anthropogene, also durch den Menschen verursachte Einflüsse, hat sich der atmosphärische Gehalt der bereits vorhandenen Treibhausgase deutlich erhöht. Große Mengen Kohlenstoffdioxid entstehen bei der Verbrennung fossiler Energieträger wie Erdöl, Erdgas und Kohle. Methan wird in Mülldeponien, bei der Erdöl- und Erdgasgewinnung sowie in der Massentierhaltung freigesetzt. Massiver Düngemitteleinsatz in der Landwirtschaft und die Brandrodung von Wäldern lassen zusätzlich Distickstoffmonooxid entweichen. Dadurch verändert sich die Strahlungsbilanz der Atmosphäre, denn es wird deutlich mehr Wärmestrahlung reflektiert. ↗ 2 Der natürliche Treibhauseffekt verstärkt sich, wodurch die globale Temperatur ansteigt. ↗ 3 Diese globale Erwärmung hat unter anderem besonders heiße Sommer, Überschwemmungen durch Starkregen oder massive Stürme zur Folge. Ein Abschmelzen der Polkappen führt außerdem zu einem Anstieg der Meeresspiegel.

3 Globale Erwärmung

Kohlenstoffdioxid schafft Probleme
In den vergangenen zehn Jahren wurden durch menschliche Aktivitäten jährlich über 35 Milliarden Tonnen Kohlenstoffdioxid in die Atmosphäre abgegeben. Ein Teil der jährlichen Kohlenstoffdioxid-Emissionen durch den Menschen wird von den Wäldern aufgenommen oder in den Weltmeeren gespeichert. ↗ 4 Das restliche Kohlenstoffdioxid wirkt als zusätzliches Treibhausgas. Der immer höhere Kohlenstoffdioxid-Anteil in den Meeren führt zu einer Versauerung und schädigt dadurch viele Lebewesen wie Plankton, Korallen und Muscheln.

4 Anthropogene Kohlenstoffdioxid-Abgabe und Aufnahme (in Gigatonnen pro Jahr)

Übereinkommen von Paris
Um einem gefährlichen Wandel des Klimas entgegenzutreten, wurde im Dezember 2015 in Paris eine rechtsverbindliche weltweite Klimaschutzvereinbarung geschlossen. Dieses Übereinkommen von Paris zählt knapp 190 Vertragsparteien und gilt seit November 2016.
Die Staaten einigten sich dabei auf das Ziel, den Anstieg der weltweiten Durchschnittstemperatur auf möglichst 1,5 °C zu begrenzen. Wissenschaftliche Modelle gehen davon aus, dass diese Begrenzung die Risiken und Folgen des Klimawandels deutlich vermindern würde. Gleichzeitig reichten die Staaten Pläne zur hierfür nötigen Reduzierung des Kohlenstoffdioxid-Ausstoßes ein. ↗ 5

5 Wie viel Kohlenstoffdioxid darf Deutschland noch ausstoßen?

Durch den Einfluss des Menschen hat sich der Gehalt der Treibhausgase in der Atmosphäre stark erhöht. Dadurch wird die Wirkung des natürlichen Treibhauseffekts gesteigert. Dies wird als hauptsächliche Ursache der globalen Erwärmung angesehen.

AUFGABEN
1 ◪ Erkläre, wie es durch den natürlichen Treibhauseffekt zu einer durchschnittlichen Temperatur der Erdoberfläche von +15 °C kommt.
2 ◪ Erläutere die Aussage: „Kohlenstoffdioxid entfaltet nicht nur als Treibhausgas eine negative Wirkung."
3 ■ Recherchiere Möglichkeiten, wie du dazu beitragen kannst, den CO_2-Ausstoß zu reduzieren.

58 HERKUNFT ORGANISCHER VERBINDUNGEN 59

Bilder, Merksätze und Aufgaben zum Verstehen, Lernen und Üben

Auf Abbildungen wird so verwiesen: ↗ 1

Aufgaben gibt es in drei Schwierigkeitsgraden:
□ einfach
◪ mittel
■ anspruchsvoll

Denkweisen – den Weg der Erkenntnisgewinnung beschreiten

Werkzeuge – Arbeitsweisen erlernen

Praktikum – Experimentieren einüben

Wie Chemiker arbeiten
Wichtige Kompetenzen in drei Rubriken

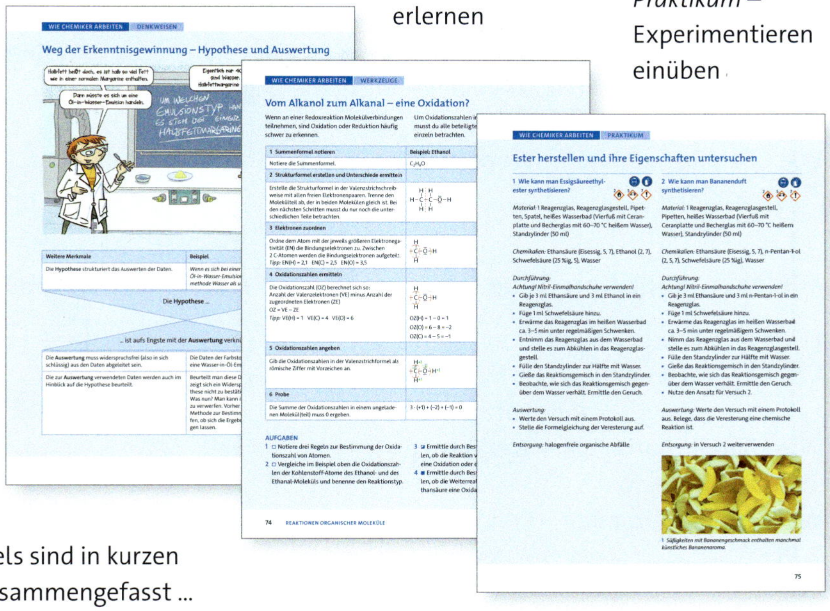

Rückblick
Alle Inhalte des Kapitels sind in kurzen Texten und Bildern zusammengefasst …

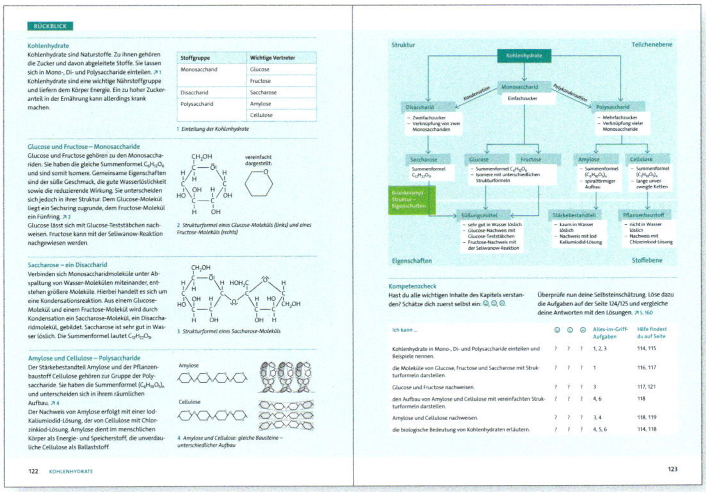

… und in Zusammenhang gebracht – eingeordnet in die Basiskonzepte der Chemie.

Der *Kompetenzcheck* führt alle wichtigen Kompetenzen auf, die im Kapitel erworben wurden, und hilft beim Überprüfen.

Alles im Griff?
Kompetenzen überprüfen leicht gemacht – zusammen mit dem Kompetenzcheck auf der Rückblick-Seite und abwechslungsreichen Aufgaben (Lösungsvorschläge dazu am Ende des Buchs)

Inhaltsverzeichnis

3 Herkunft organischer Verbindungen 46

4 Reaktionen organischer Moleküle 66

* Wahlbereich

Aus den Kapiteln 5 bis 9 sind zwei für den Unterricht auszuwählen.

Vorwort

Liebe Schülerin, lieber Schüler,

seit einem Schuljahr erarbeitest du dir einen Einblick in das Fach CHEMIE.
Du hast erfahren, dass die Eigenschaften der Stoffe durch ihre chemische Struktur bestimmt werden. Diese Beziehung spiegelt das Basiskonzept Struktur-Eigenschafts-Konzept wider. Diese chemische Struktur kann man nur durch die Teilchenebene erschließen. Deshalb ist ein zweites Basiskonzept das Stoff-Teilchen-Konzept. Es weist uns darauf hin, dass zwischen der Stoffebene, die kann man sehen, und der Teilchenebene, die kann man nicht sehen, unterschieden werden muss.
Nicht zu vernachlässigen ist das Basiskonzept Chemische Reaktion. Diese verschiedenen **Basiskonzepte** werden dir auch in diesem Schuljahr den Zugang zu neuen Inhalten der Chemie erlauben – sei es zu den Redoxreaktionen oder zu den Säure-Base-Reaktionen.

Auch der **Weg der Erkenntnisgewinnung** ist wieder ein fester Bestandteil in diesem Schuljahr. Dabei steht die Beziehung zwischen einzelnen Schritten dieses Weges im Blickpunkt. Mit diesem Wissen kannst du noch sicherer eigenständig experimentieren und neue Erkenntnisse gewinnen.
Nutze dein letztes Chemie-Jahr, um dich mit chemischen Kenntnissen für dein weiteres Leben zu wappnen. Denn all die Fragen nach einem **nachhaltigen und umweltbewussten Handeln** – beginnend von der Frage, ob Fleischkonsum umweltschädlich ist oder nicht bis zur Frage nach einer umweltverträglichen Mobilität – sind ohne dieses Know-how nicht zu beantworten. Mit den Kenntnissen, die du in diesem Schuljahr erlangst, kannst du faktenbezogen diskutieren, Fake News als falsch entlarven und fundierte Entscheidungen über deinen Lebensstil treffen. Möge dir das Schulbuch eine wertvolle Stütze sein.
Viel Freude beim weiteren Entdecken des Unterrichtsfaches Chemie wünscht dir das Autorenteam, das seine Begeisterung für Chemie auch in dieses Schulbuch gepackt hat.

Arbeitsaufträge verstehen

Im Unterricht und in schriftlichen Prüfungen bearbeitest du immer wieder Aufgaben. Jede **Aufgabe** enthält im Arbeitsauftrag ein Aufforderungsverb, der Fachausdruck dafür ist **Operator.**
Operatoren sind Signalwörter, die dir darüber Auskunft geben, was du bei einer Aufgabe tun musst. Wenn du die Bedeutung eines Operators kennst, kannst du die Aufgabe leichter lösen.

Operator	Was du tun sollst
Benenne	Bezeichne Strukturen, Sachverhalte oder Zusammenhänge fachsprachlich richtig.
Begründe	Gib Gründe oder Ursachen für einen Sachverhalt an.
Berechne	Komme durch Rechnung auf ein Ergebnis. Stelle den Rechenweg dar.
Beschreibe	Gib einen Sachverhalt oder Zusammenhang genau und in ganzen Sätzen wieder.
Bestimme Ermittle	Komme durch eine Rechnung, eine Zeichnung oder einen Versuch zu einem Ergebnis.
Bewerte Nimm Stellung	Entscheide, ob du einer Aussage oder Maßnahme zustimmst. Begründe deine Entscheidung mit im Chemieunterricht gewonnenen Erkenntnissen.
Diskutiere	Stelle Argumente zu einer Aussage einander gegenüber und wäge sie ab.
Erkläre	Führe einen Sachverhalt nachvollziehbar und verständlich auf allgemeine Gesetze oder Regeln zurück.
Erläutere	Mache die wesentlichen Seiten eines Sachverhalts an Beispielen verständlich.
Formuliere	Gib Sachverhalte oder Vorgänge mit Symbolen oder Wörtern wieder.
Gib an Nenne	Zähle Sachverhalte, Begriffe oder Daten in knapper Form auf.
Ordne Ordne zu	Teile Begriffe oder Gegenstände auf der Grundlage bestimmter Merkmale systematisch ein.
Skizziere	Erstelle eine einfache und grobe Zeichnung, die den Sachverhalt verständlich wiedergibt.
Untersuche	Erkunde Sachverhalte oder Gegenstände und arbeite Merkmale heraus.
Vergleiche	Ermittle Gemeinsamkeiten und Unterschiede und stelle sie übersichtlich dar, zum Beispiel in einer Tabelle.

Der Weg der Erkenntnisgewinnung – Wiederholung und Ausblick

Experimente und Erkenntnisgewinn

Das Experiment ist das Herzstück auf dem Weg der Erkenntnisgewinnung. Der Weg ist in bestimmte Abschnitte gegliedert, die durchlaufen werden, um neue Erkenntnisse zu gewinnen. Die einzelnen Schritte hast du bereits kennengelernt.
Am Anfang steht eine Frage. Sie soll genau formuliert sein, sodass klar ist, was mit dem Experiment herausgefunden werden soll. Lässt sich eine Idee, die auf eine Frage geäußert wird, mit chemischen Kenntnissen begründen, spricht man von einer Hypothese. Sie wird nun experimentell überprüft. Es kommt das Experiment zum Einsatz, das geplant und durchgeführt wird. Die Beobachtungen werden notiert und ausgewertet, sodass es am Ende die eingangs gestellte Frage zu beantworten ist – mit ja oder nein. Am Ende hast du neues Wissen erworben und damit eine Erkenntnis gewonnen.

Im Bild unten kannst du die Schritte an einem Beispiel nachvollziehen. Als Vorwissen ist bekannt, dass man Alkanole mit Ammoniumcernitrat nachweisen kann.

1 *Ammoniumcernitrat-Lösung (links) und positiver Alkanolnachweis (rechts)*

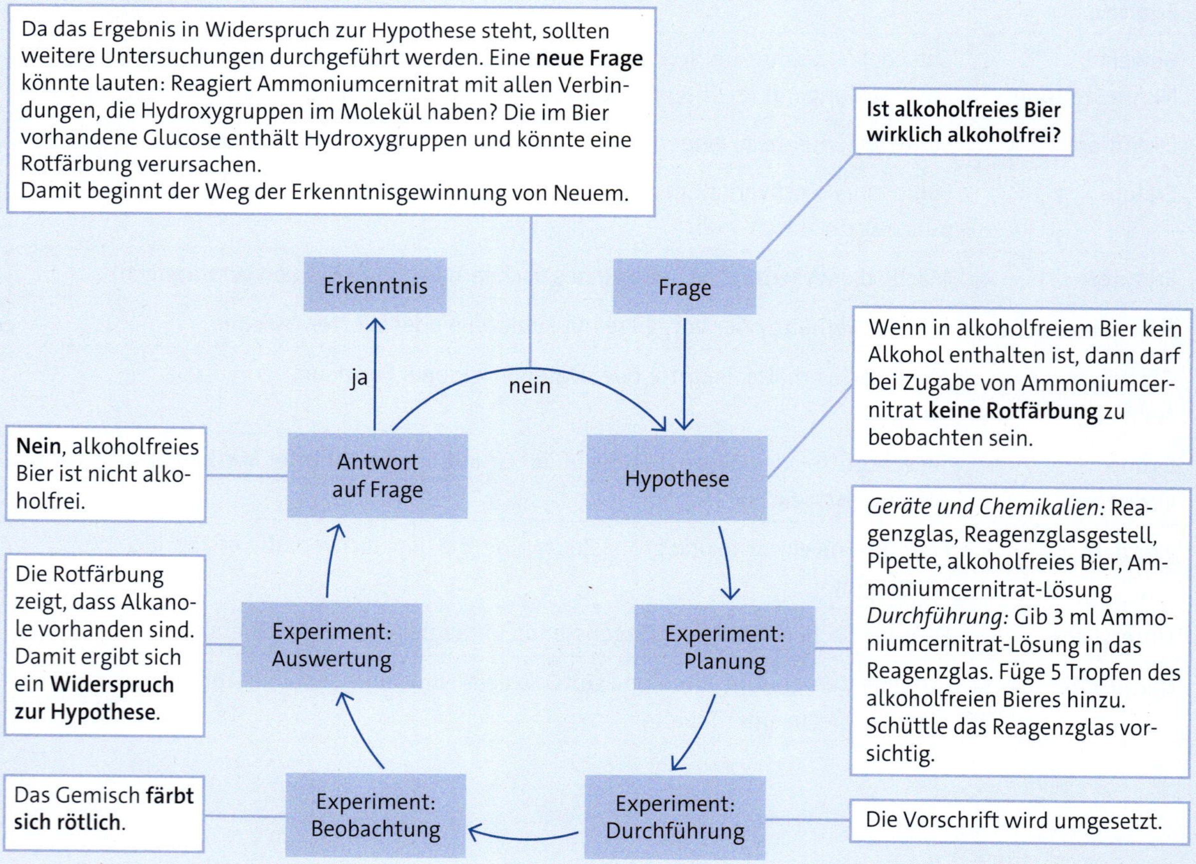

Die Beziehung zwischen den Schritten

Es zeigt sich, dass die verschiedenen Schritte eng miteinander verknüpft sind, ja sich gegenseitig bedingen. Diese Beziehungen sollen in diesem Schuljahr im Mittelpunkt des Weges der Erkenntnisgewinnung stehen. Wenn du mehr über diese Beziehungen weißt, wird es dir leichter fallen, diesen Weg selbständig zu gehen.

Zum Einstieg werden auf dieser Seite die Merkmale der einzelnen Schritte genannt, die du bereits kennengelernt hast. Im Laufe des Buches kommen bei einzelnen Schritten neue Merkmale hinzu.

Frage
① Sie ist genau formuliert. Man weiß, was untersucht werden soll.
② Sie fragt nach einem Sachverhalt oder einem Zusammenhang.
③ Sie lässt sich mit naturwissenschaftlichen Methoden untersuchen.
④ Sie endet mit einem Fragezeichen.

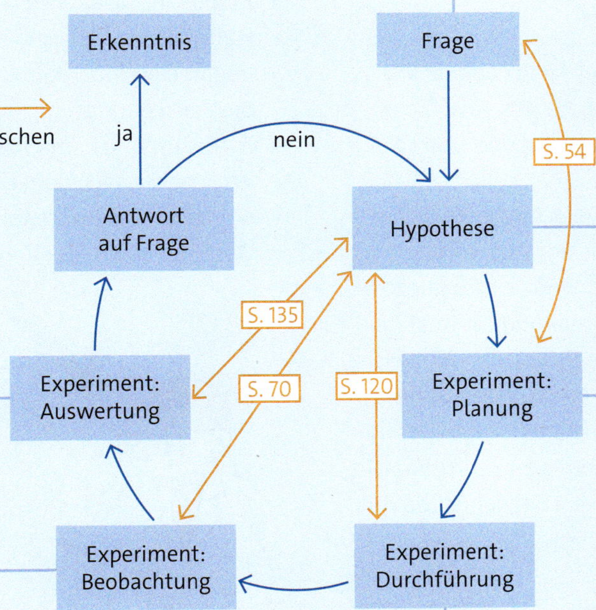

⟷ stellt die Beziehung zwischen zwei Schritten dar

Hypothese
① Sie ist eine begründete Vermutung.
② Sie ist genau (präzise) formuliert.
③ Sie lässt sich überprüfen, in der Chemie vor allem mit einem Experiment.

Auswertung
① Die Daten aus der Beobachtung werden interpretiert.
② Die Auswertung ist ergebnisoffen.
③ Ziehe nur die Schlussfolgerungen, die sich auch wirklich aus den Daten „ablesen" lassen.

Planung
① Das geplante Experiment ist geeignet, die Frage zu untersuchen.
② Es wird geplant, welche Schritte in welcher Reihenfolge durchzuführen sind. Am Ende entsteht eine genaue Versuchsdurchführung.
③ Es wird geplant, welche Materialien und Chemikalien einschließlich der Menge benötigt werden.
④ Die beiden Experimente, die verglichen werden sollen, unterscheiden sich nur in einer Variablen.
⑤ Alle übrigen Variablen sind gleich.

Beobachtung
① Es wird beschrieben, was bei dem Experiment passiert, was man also sehen, riechen, fühlen, hören oder messen kann.
② Aus den Daten werden keine Schlussfolgerungen gezogen.
③ Betrachten verschiedene Personen ein und dasselbe Experiment, kommen sie zur gleichen Beobachtung.

Durchführung
① Es werden zuerst alle benötigten Geräte und Chemikalien bereitgestellt.
② Alle geplanten Arbeitsschritte werden sorgfältig eingehalten.
③ Der Versuch sollte mehrmals wiederholt werden.

Im Fachraum

1 *Fachraum für Chemie*

Sicherheitseinrichtungen

Ein Fachraum für Chemie sieht ganz anders aus als ein normales Klassenzimmer. Es gibt Anschlüsse für Strom und Wasser, Versuchstische und Schränke mit Laborgeräten. ↗ 1

Besonders wichtig sind die verschiedenen Sicherheitseinrichtungen. Mit dem Not-Aus-Schalter kannst du blitzschnell Strom und Gas im ganzen Fachraum ausschalten. Kleine Brände können mit dem Feuerlöscher, der Löschdecke oder mit Löschsand gelöscht werden. Bei Verletzungen ist der Erste-Hilfe-Kasten nützlich. Mit der Augendusche kannst du deine Augen spülen, wenn versehentlich etwas hineingeraten ist. Im Notfall kannst du mit dem Notruf-Telefon Hilfe holen. ↗ 2

2 *Sicherheitseinrichtungen*

Verhalten im Fachraum und beim Experimentieren

Für den Chemieunterricht gelten besondere Regeln. Die wichtigsten Regeln, die für ein sicheres Experimentieren eingehalten werden müssen, werden hier vorgestellt. ↗ 3

- Betritt den Fachraum nur unter Aufsicht einer Lehrkraft.
- Im Chemiesaal darfst du weder essen noch trinken.
- Trage beim Experimentieren grundsätzlich eine Schutzbrille.
- Binde lange Haare zusammen.
- Halte dich genau an die Versuchsvorschriften.
- Beginne erst mit dem Experimentieren, wenn dich die Lehrkraft dazu auffordert.
- Achte auf einen ordentlichen Arbeitsplatz.
- Wasche dir nach dem Experimentieren die Hände.
- Beachte die Gefahrenpiktogramme auf den Gefäßen und in der Versuchsvorschrift.

3 *Wichtige Experimentierregeln*

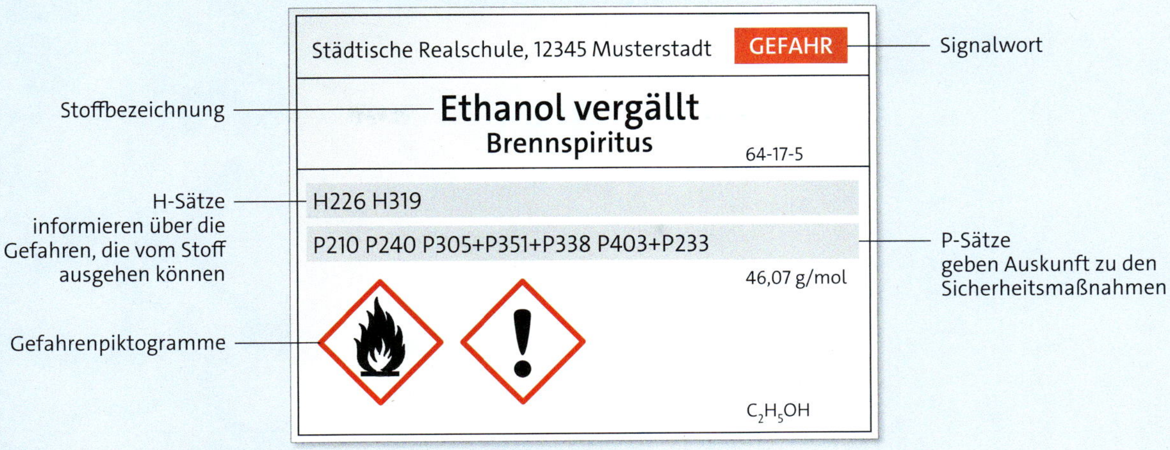

4 *Beispieletikett mit Kennzeichnung*

Kennzeichnung von Gefahrstoffen

Alle Chemikalien in der Schule sind gekennzeichnet. Bild 4 zeigt das Etikett einer Chemikalie mit einer kurzen Erläuterung. ↗ 4

Die Symbole mit dem roten Rand heißen **Gefahrenpiktogramme** oder kurz GHS-Symbole. Bild 5 zeigt die Gefahrenpiktogramme, die dir in der Schule und im Alltag begegnen können. ↗ 5

GHS steht für „Global Harmonisiertes System zur Einstufung und Kennzeichnung von Chemikalien". Es wurde eingeführt, um weltweit eine sichere Handhabung, den zuverlässigen Transport und eine gefahrlose Entsorgung zu gewährleisten. Nähere Informationen zu Gefahrenpiktogrammen, H-Sätzen und P-Sätzen findest du im Anhang ab Seite 164.

5 *GHS-Symbole im Überblick*

Entsorgung

In der Sammlung gibt es für die verschiedenen Abfälle, die nicht in den Abfluss gelangen dürfen, Entsorgungsgefäße. Frage stets deine Lehrkraft, wie du Chemikalienabfälle entsorgen sollst. ↗ 6

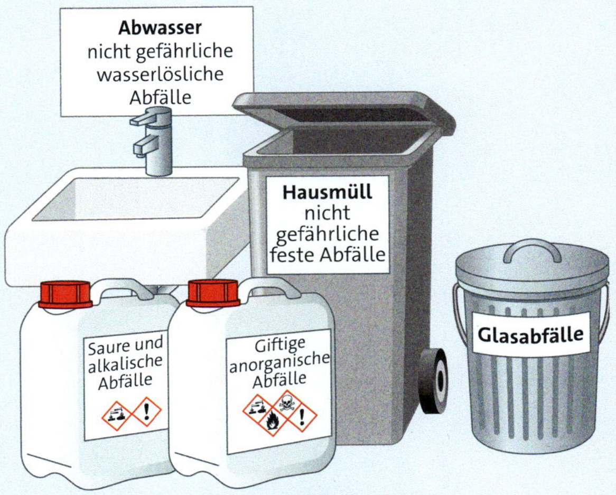

6 *Entsorgung von Chemikalien*

AUFGABEN

1 Finde zu Hause mindestens drei Putzmittel oder Kosmetika, auf denen Gefahrenpiktogramme zu sehen sind. Schlage die Bedeutung der angebrachten Gefahrenpiktogramme nach und notiere sie.

2 Erläutere mindestens fünf Punkte, die beim sicheren Experimentieren falsch gemacht werden können.

1

Elektronenübergänge

Auf dem Bild sind zahlreiche farbige Verbindungen zu sehen. Es handelt sich um Salze aus verschiedenen Teilen der Welt. Das Spektrum reicht vom Steinsalz über Meersalz bis zum Felsensalz. Damit wird deutlich, dass es DAS Salz nicht gibt. Mit Salz bezeichnet man eine ganze Stoffklasse. Allen Salzen ist gemeinsam, dass bei ihrer Bildung Elektronen übertragen werden.

Wenn das Metall Natrium und das Nichtmetall Chlor miteinander reagieren, entsteht das Salz Natriummonochlorid.

► Aus welchen Teilchenarten sind Natrium, Chlor und Natriummonochlorid jeweils aufgebaut?

1.1 Ionenverbindung bilden

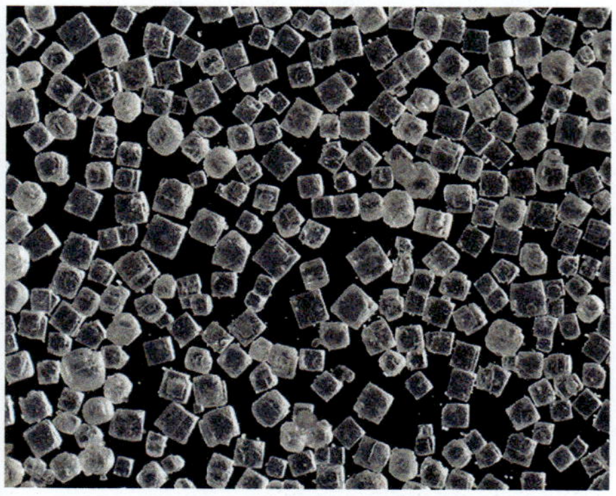

1 *Natriummonochlorid-Kristalle unter der Lupe*

Bildung von Natriummonochlorid – auf Stoffebene

Das Metall Natrium und das Nichtmetall Chlor sollen miteinander reagieren. Dabei wird Natrium im Reagenzglas bis zur Schmelze erhitzt und dann Chlorgas darüber geleitet. Es ist ein grelles Licht zu beobachten. Bei der Reaktion entsteht ein kristalliner Feststoff – das Natriummonochlorid, besser bekannt als Kochsalz. Betrachtet man den Rand des Reagenzglases, in dem die exotherme Reaktion stattgefunden hat, mit der Lupe, kann man die würfelförmigen Kochsalz-Kristalle sehen. ↗ 1

Natrium + Chlor → Natriummonochlorid | exotherm

$2\,Na + Cl_2 \rightarrow 2\,(Na^+)(Cl^-)$ | $\Delta E = -411$ kJ/mol

Bildung von Natriummonochlorid – auf Teilchenebene

Durch das Erhitzen des Metalls Natrium werden Natrium-Atome aus dem Metallgitter freigesetzt und die Chlor-Moleküle in Chlor-Atome getrennt. An diesen Atomsorten kommt es nun zu wichtigen Veränderungen: Das Natrium-Atom besitzt ein Valenzelektron, das Chlor-Atom besitzt sieben Valenzelektronen. Dadurch werden sie zu idealen Reaktionspartnern. Aus dem Natrium-Atom wird ein Elektron entfernt und dieses auf das Chlor-Atom übertragen. Es findet also ein **Elektronenübergang** statt.

Das hat zur Folge, dass das Natrium-Atom zu dem einfach positiv geladenen Natrium-Ion wird und das Chlor-Atom zu dem einfach negativ geladenen Chlorid-Ion. Das Natrium-Ion besitzt die Elektronenkonfiguration eines Neon-Atoms und das Chlorid-Ion die eines Argon-Atoms. Die **Edelgasregel** besagt, dass die Atome anderer (Hauptgruppen-)Elemente diesen stabilen Zustand im Verlauf chemischer Reaktionen durch Abgabe oder Aufnahme von Elektronen erreichen können. Jede der beiden Ionensorten verfügen dann über ein **Elektronenoktett**.

	Na	Na^+	Cl	Cl^-
Protonenzahl	11	11	17	17
Elektronenzahl	11	10	17	18
elektrische Ladung	keine	+1	keine	–1

2 *Vergleich der Atome und der gebildeten Ionen*

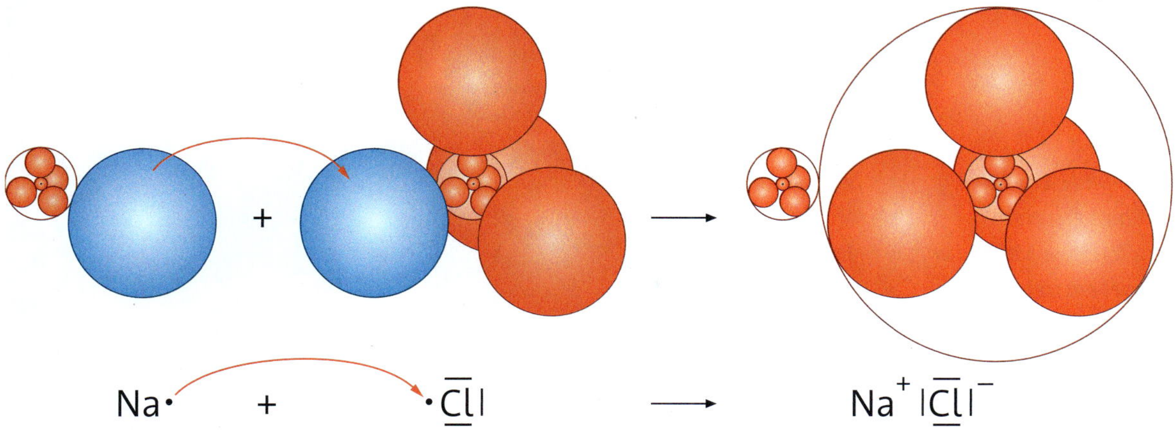

3 *Modelldarstellung: Bildung von Natriummonochlorid im Kugelwolkenmodell und in der Valenzstrichschreibweise*

Bildung von Natriummonochlorid – im Kugelwolkenmodell

Nach dem Kugelwolkenmodell ergibt sich für den Elektronenübergang zwischen Natrium-Atom und Chlor-Atom folgendes Bild: Es wird keine gemeinsame Elektronenwolke gebildet wie bei der Elektronenpaarbindung, sondern es findet ein Übergang von Elektronen statt. Die im Chlor-Atom einfach besetzte Kugelwolke ist im Chlorid-Ion doppelt besetzt. Jede der beiden Ionensorten verfügt über ein Oktett an Elektronen. Bei jedem Oktett lassen sich vier doppelt besetzte Kugelwolken in tetraedrischer Anordnung unterscheiden. ↗ 3

Mit dem Elektronenübergang ist eine Änderung der Größenverhältnisse verbunden: Das Natrium-Ion ist deutlich kleiner als das Natrium-Atom, weil die Kugelwolke der 3. Energiestufe wegfällt. Das Chlorid-Ion und das Chlor-Atom sind etwa gleich groß. ↗ 4

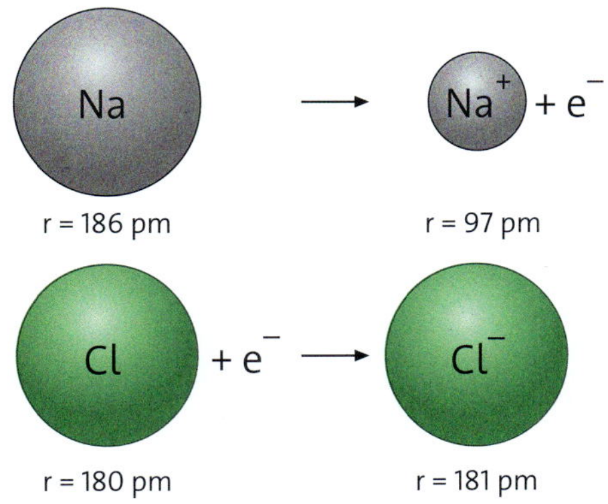

4 *Unterschiede in den Radien der Atome und der entsprechenden Ionen*

Die Ladungszahl

Die Anzahl der Elektronen, die abgegeben werden, richtet sich danach, wie viele Elektronen bis zum Elektronenoktett des entsprechenden Edelgasatoms zu viel vorliegen. Die **Ladungszahl** des entstandenen Metallions (Kation) stellt die Anzahl der abgegebenen Elektronen dar. Wird beispielsweise ein Elektron abgegeben, so ist die Ladungszahl 1+.

Bei den Nichtmetallatomen führt die Aufnahme von Elektronen in die oberste Energiestufe zur Bildung der **Edelgaskonfiguration**. Die Anzahl der Elektronen, die aufgenommen werden können, richtet sich danach, wie viele Elektronen zum Oktett fehlen. Die Ladungszahl des entstandenen Nichtmetallions (Anion) ergibt sich aus der Differenz zwischen Oktett und Hauptgruppennummer. ↗ 5

Bei der Reaktion von Metallen mit Nichtmetallen findet ein Elektronenübergang statt. Dabei bilden sich Ionen mit stabiler Edelgaskonfiguration.

Metallion:
Anzahl positiver Ladungen ≙ Nummer der Hauptgruppe

Nichtmetallion:
Anzahl negativer Ladungen ≙ 8 minus Nummer der Hauptgruppe

5 *Ladungszahl mithilfe des PSE ermitteln*

AUFGABEN

1 ◪ Magnesium wird an der Luft verbrannt. Formuliere die entsprechende Reaktionsgleichung.

2 ◪ Bestimme die Ladungszahlen in der Verbindung Magnesiummonooxid.

In dem Bild ist die Reaktion von Magnesium mit Chlor zu sehen.

► *Äußere eine Vermutung, welcher Stoff dabei entsteht.*

1.2 Redoxreaktion – Reaktion mit Elektronenübergang

	Mg	Mg^{2+}	Cl	Cl^{-}
Protonenzahl	12	12	17	17
Elektronenzahl	12	10	17	18
elektrische Ladung	keine	+2	keine	–1

1 *Vergleich der Atome und der gebildeten Ionen*

Elektronenübertragung – Grundlage der Ionenbildung

Magnesium verbrennt in einer Chloratmosphäre. Es entsteht ein farbloses Salz, die Verbindung Magnesiumdichlorid. Diese Ionenverbindung entsteht bei einer chemischen Reaktion, bei der Elektronen vom Magnesium-Atom auf das Chlor-Atom übertragen werden. Dabei entstehen positiv geladene Kationen (Magnesium-Ionen) und negativ geladene Anionen (Chlorid-Ionen). ↗ 1

Elektronen abgeben – Oxidation

Das Magnesium-Atom gibt zwei Elektronen ab. Es erreicht die Edelgaskonfiguration des Neon-Atoms. Diesen Vorgang kann man mit folgender Teilgleichung darstellen:

Elektronenabgabe: $Mg \rightarrow Mg^{2+} + 2\,e^{-}$

Da das Magnesium-Atom Elektronen abgibt, wird es als **Elektronendonator** bezeichnet (englisch: to donate = schenken, spenden). Die Abgabe von Elektronen wird allgemein als **Oxidation** bezeichnet.

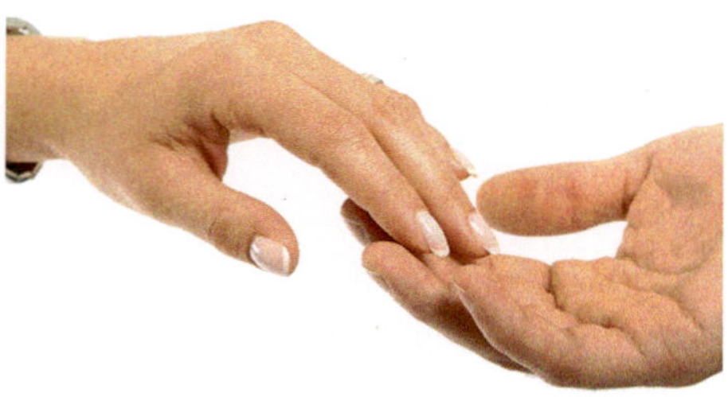

2 *Das Prinzip des Gebens und Nehmens kennst du aus dem Alltag.*

Elektronen aufnehmen – Reduktion

Jedes Chlor-Atom nimmt ein Elektron auf und wird dadurch zum Chlorid-Ion. Es erreicht die Edelgaskonfiguration des Argon-Atoms. Diesen Vorgang kann man mit folgender Teilgleichung darstellen:

Elektronenaufnahme: $Cl_2 + 2\,e^{-} \rightarrow 2\,Cl^{-}$

Da das Chlor-Atom das Elektron aufnimmt, wird es als **Elektronenakzeptor** bezeichnet (englisch: to accept = annehmen). Die Aufnahme von Elektronen wird allgemein als **Reduktion** bezeichnet.

Oxidation und Reduktion = Redoxreaktion

Dieser Vorgang der Aufnahme von Elektronen ist dem Vorgang der Abgabe von Elektronen entgegen gerichtet – gleiches gilt für Reduktion und Oxidation. Damit wird deutlich, dass es keine Oxidation ohne Reduktion geben kann. Oxidation und Reduktion sind Teilreaktionen eines grundlegenden chemischen Reaktionstyps, der **Redoxreaktion**. ↗ 3 In dem Namen sind die beiden Teilreaktionen enthalten: **Red** für Reduktion und **ox** für Oxidation. Die beiden Teilgleichungen fasst man in einer Gesamtgleichung zusammen. In der Gesamtgleichung treten keine Elektronen auf. Die Elektronenbilanz ist ausgeglichen – die Anzahl der abgegebenen Elektronen ist gleich der Anzahl der aufgenommenen Elektronen.

Reduktion: $Cl_2 + 2\,e^- \rightarrow 2\,Cl^-$

Oxidation: $Mg \rightarrow Mg^{2+} + 2\,e^-$

Gesamtgleichung: $Mg + Cl_2 \rightarrow Mg^{2+} + 2\,Cl^-$

Redoxreaktionen lassen sich durch das **Donator-Akzeptor-Konzept** beschreiben. ↗ 4

Oxidationszahlen als Hilfsmittel

Durch den Elektronenübergang kommt es zu Ladungsänderungen bei den Teilchen. Die **Oxidationszahl** ist ein Hilfsmittel, um die Ladungsänderung sichtbar zu machen. Man schreibt die Oxidationszahl als **römische Ziffer** mit positivem oder negativem Vorzeichen über das Elementsymbol. So hat das Magnesium-Ion die Oxidationszahl +II, das Chlorid-Ion die Oxidationszahl –I. Die Atome von Magnesium und Chlor sind nicht geladen und erhalten daher die Oxidationszahl 0. ↗ 5

Gesamtgleichung: $\overset{0}{Mg} + \overset{0}{Cl_2} \rightarrow \overset{+II}{Mg^{2+}} + 2\,\overset{-I}{Cl^-}$

Man erkennt, dass sich die Oxidationszahl vom Magnesium-Atom zum Magnesium-Ion erhöht: von 0 zu +II. Die **Oxidation** (Elektronenabgabe) ist mit einer **Erhöhung der Oxidationszahl** verbunden. Die Oxidationszahl vom Chlor-Atom zum Chlorid-Ion verringert sich: von 0 zu –I. Die **Reduktion** (Elektronenaufnahme) ist mit einer **Verringerung der Oxidationszahl** verbunden.
Man nutzt die Oxidationszahl des Kations auch, um Salze zu benennen: Für Natriummonochlorid kann man Natrium(I)-chlorid schreiben, für Magnesiumdichlorid Magnesium(II)-chlorid. ↗ 6

Redoxreaktionen sind Reaktionen mit Elektronenübergang. Bei der Oxidation werden Elektronen abgegeben, gleichzeitig werden bei der Reduktion Elektronen aufgenommen. Die Oxidationszahl veranschaulicht solche Ladungsveränderungen.

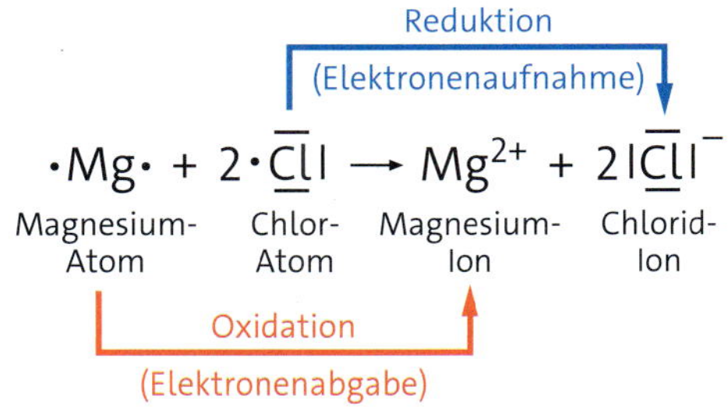

3 *Die Reaktion von Magnesium mit Chlor ist eine Redoxreaktion.*

Donator-Akzeptor-Konzept
Das Donator-Akzeptor-Konzept ist ein Sonderfall des Basiskonzepts Chemische Reaktion. Ein Reaktionspartner wirkt als Donator, der andere als Akzeptor. Bei Redoxreaktionen werden Elektronen übertragen.

4 *Basiskonzept Donator – Akzeptor*

Oxidationszahlen bestimmen
1: Atome in Elementen haben die OZ 0.
2: Kationen tragen positive OZ. Die OZ entspricht der Ladungszahl.
3: Anionen tragen negative OZ. Die OZ entspricht der Ladungszahl.

5 *Regeln zum Bestimmen von Oxidationszahlen (OZ)*

Wenn ein Metallkation nur eine Oxidationsstufe besitzt, wird oft auf deren Angabe verzichtet. Das ist der Fall bei allen Elementen der I. und II. Hauptgruppe oder Aluminium. Für Natrium(I)-chlorid steht dann Natriumchlorid.

6 *Hinweis zur Benennung von Salzen*

AUFGABEN

1 ☐ Stelle die Teilgleichungen und die Gesamtgleichung für die Bildung von Kalium(I)-iodid auf.

2 ◪ Vervollständige die Gesamtgleichung und kennzeichne die Oxidation und Reduktion mit beschrifteten Pfeilen: $Ca + O_2 \rightarrow$???

3 ◪ Bestimme die Oxidationszahlen in folgenden Stoffen: $CaBr_2$, KBr, Br_2.

In der 9. Klasse wurden die Kristalle von Kochsalz und Zucker genauer betrachtet. Diese sehen auf den ersten Blick ähnlich aus. Erhitzt man Zucker und Kochsalz, so verhalten sie sich unterschiedlich. Zucker wird braun und karamellisiert, Kochsalz verändert sich zunächst nicht und schmilzt dann bei genügend hohen Temperaturen.

► *Begründe diesen Unterschied mit dem Aufbau der Stoffe.*

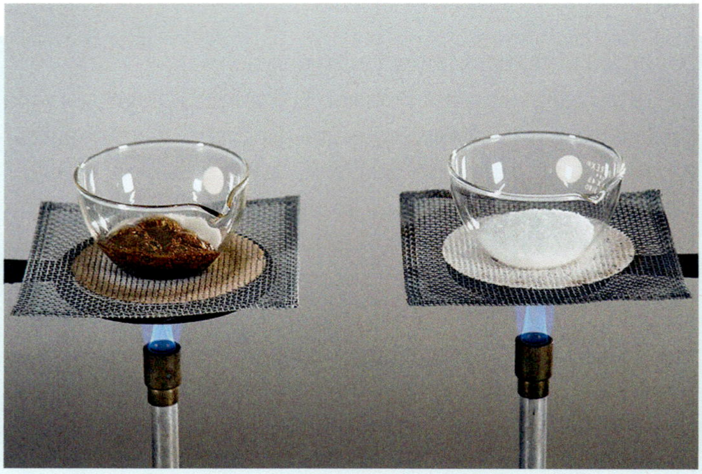

1.3 Ionenbindung und Ionengitter

Vom Ion zum Kristall

Natrium(I)-chlorid besteht aus positiv geladenen Natrium-Ionen (Na^+-Ionen) und negativ geladenen Chlorid-Ionen (Cl^--Ionen). Zwischen den entgegengesetzt geladenen Ionen gibt es elektrostatische Anziehungskräfte, die nach allen Seiten gleichmäßig wirken. Deshalb schließen sich Ionen nicht zu einzelnen Molekülen zusammen, sondern bilden größere Verbände in streng gesetzmäßiger Ordnung. Dadurch entsteht ein so genanntes **Ionengitter**, in dem jedes Ion von einer bestimmten Zahl an entgegengesetzt geladener Ionen umgeben ist. Die positiv geladenen Natrium-Ionen sind im Ionengitter von sechs negativ geladenen Chlorid-Ionen umgeben und umgekehrt. ↗ 1

Die regelmäßige Anordnung der Ionen führt zu typisch geformten Körpern, zu **Kristallen**. Kochsalz kristallisiert in Würfeln.

Die elektrostatischen Anziehungskräfte bewirken die chemische Bindung zwischen den Ionen und werden als **Ionenbindung** bezeichnet. Die Ionenbindung hält das einzelne Ion auf seinem Platz im Ionengitter.

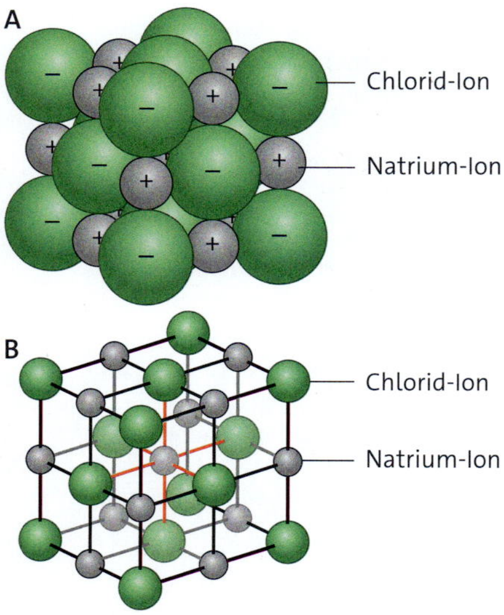

1 *Natrium(I)-chlorid: Kugelpackungsmodell (A) und Gittermodell (B). A verdeutlicht die Größenverhältnisse der Ionen, B zeigt ihre Ladungsschwerpunkte und damit ihre Position im Gitter. Die Linien in B sind keine Bindungen.*

Starke Bindungskräfte

Die Bindungskräfte zwischen Ionen gehören mit zu den stärksten. Man muss viel Energie aufwenden, um ein Ionengitter zu zerstören. Salze besitzen daher im Allgemeinen hohe Schmelztemperaturen. Natrium(I)-chlorid schmilzt beispielsweise bei 800 °C, Magnesium(II)-chlorid bei 712 °C.

Umgekehrt wird beim Zusammenlagern der entgegengesetzt geladenen Ionen viel Energie frei. Diese bei der Ausbildung des Ionengitters abgegebene Energie wird **Gitterenergie** genannt. Mindestens diese Gitterenergie muss aufgebracht werden um Ionengitter wieder in freie Ionen aufzuspalten, zum Beispiel beim Lösen in Wasser. ↗ 2

Verbindung	Gitterenergie (in kJ/mol)
NaF	913
NaCl	778
KBr	674
KCl	703
AgCl	901
$CaCl_2$	2258
$MgCl_2$	2502

2 *Gitterenergie einiger Salze*

Ein bestimmtes Zahlenverhältnis

Die Anordnung der Ionen im Kristall ist für jedes Salz charakteristisch und absolut regelmäßig. Die gegebene Regelmäßigkeit ergibt sich unter anderem daraus, dass der Salzkristall insgesamt elektrisch neutral sein muss. Wenn wir NaCl schreiben, so wird damit nicht „ein Molekül NaCl" symbolisiert. Die Formel drückt vielmehr aus, dass sich im Natrium(I)-chlorid-Gitter Na^+-Ionen und Cl^--Ionen im Zahlenverhältnis 1 : 1 verbunden haben. Man spricht von einer **Verhältnisformel**.

Beim Aufstellen der Formel einer Ionenverbindung ist zu beachten, dass der Ionenkristall insgesamt elektrisch neutral ist. Die Summe der positiven Ladungen muss also gleich der Summe der negativen Ladungen sein. ↗ 3

Natrium(I)-chlorid:
$Na^+ : Cl^- = 1 : 1$
Verhältnisformel: $(Na^+)(Cl^-)$
vereinfachte Formel: NaCl

Calcium(II)-chlorid:
$Ca^{2+} : Cl^- = 1 : 2$
Verhältnisformel: $(Ca^{2+})(Cl^-)_2$
vereinfachte Formel: $CaCl_2$

Aluminium(III)-oxid:
$Al^{3+} : O^{2-} = 2 : 3$
Verhältnisformel: $(Al^{3+})_2(O^{2-})_3$
vereinfachte Formel: Al_2O_3

3 Beispiele für die Bildung von Verhältnisformeln

Zerfall durch Erhitzen

Die Wärmebewegung der Ionen innerhalb eines Ionengitters steigert sich beim Erhitzen zunehmend. Bei der Schmelztemperatur bricht die geordnete Struktur des Ionengitters zusammen. Die Ionen verlassen ihre Gitterplätze und sind in der Schmelze frei beweglich. Um ein Ionengitter zu zerstören, ist in der Regel ein hoher Energieaufwand nötig. Daher haben Salze hohe Schmelztemperaturen. ↗ 4

Verbindung	Schmelztemperatur (in °C)
NaF	992
NaCl	800
KBr	742
KCl	770
AgCl	455
$CaCl_2$	772
$MgCl_2$	712

4 Schmelztemperaturen einiger Salze

Zerfall durch Lösen in Wasser

Da Wasser-Moleküle Dipole sind, tragen sie Teilladungen. Die Dipole schieben sich zwischen die positiv und negativ geladenen Ionen des Salzes. So werden die Anziehungskräfte der Ionen geschwächt. Die aus dem Gitterverband herausgelösten Ionen werden sofort mit einer Hülle aus Wasser-Molekülen umgeben, die sogenannte **Hydrathülle**. Diese verhindert, dass sich die Ionen wieder zum Gitter zusammenlagern. Das Umhüllen der Ionen mit den Wasser-Molekülen wird **Hydratation** genannt. Dabei wird Energie frei. Diese nennt man **Hydratationsenergie.** ↗ 5

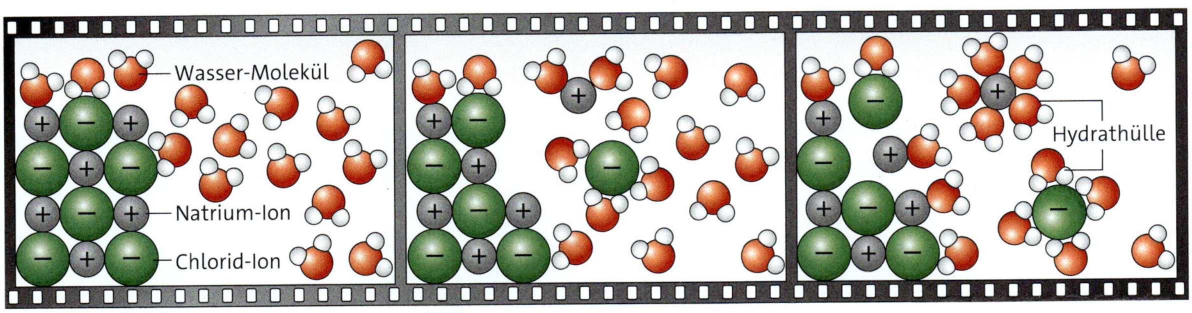

5 Modelldarstellung: Lösen von Natrium(I)-chlorid in Wasser

In einem Salzkristall werden Ionen durch starke elektrostatische Anziehungskräfte zusammengehalten. Durch Schmelzen oder Lösen eines Salzes in Wasser werden die im Ionengitter gebundenen Ionen frei beweglich.

AUFGABEN

1 ◪ Stelle die Verhältnisformel von Kalium(I)-chlorid auf und zeichne das zugehörige Ionengitter.

2 ◪ Erläutere den Begriff Gitterenergie.

Salze benennen

Finde die Formel

Ein Mineralwasser enthält eine Vielzahl von Kationen und Anionen. Dampft man das Mineralwasser ein, so entstehen zahlreiche Salze. Mit einem Spiel wollen wir herausfinden, welche Salze das sein könnten.

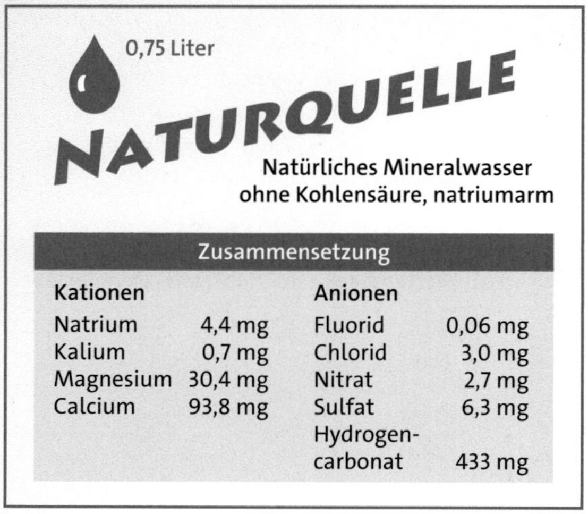

Kationen		Anionen	
Natrium	4,4 mg	Fluorid	0,06 mg
Kalium	0,7 mg	Chlorid	3,0 mg
Magnesium	30,4 mg	Nitrat	2,7 mg
Calcium	93,8 mg	Sulfat	6,3 mg
		Hydrogencarbonat	433 mg

Material & Spielvorbereitung

① Suche dir eine Mineralwasserflasche und betrachte das Etikett.

② Notiere alle aufgeführten Kationen und Anionen einzeln auf kleine Karteikärtchen und ergänze ihre Symbole bzw. Formeln.

③ Lege die Ionen auf zwei getrennte Häufchen – die Kationen auf den einen Stapel und die Anionen auf den anderen Stapel.

Spieldurchführung

④ Ziehe von jedem Kation und jedem Anion je eine Karteikarte und notiere die Formel des Kations und des Anions in dein Heft. Bilde daraus die Verhältnisformel des Salzes und notiere auch diese.
Beispiel: $(Na^+)(NO_3^-)$, vereinfacht $NaNO_3$

⑤ Lege die Karteikärtchen wieder auf den richtigen Stapel zurück und mische jeden Stapel gut.

⑥ Wiederhole die Schritte 4 und 5 mindestens fünfmal – gerne auch öfter.

Oxidationszahlen ermitteln

Die **Oxidationszahl** ist ein Hilfsmittel, um die Ladungsänderung der Teilchen bei chemischen Reaktionen erkennbar zu machen. Man schreibt die Oxidationszahl als **römische Ziffer** mit positivem oder negativem Vorzeichen über das Elementsymbol.
Regeln für die Ermittlung von Oxidationszahlen:

Regel 1:
Atome in Elementen haben die Oxidationszahl 0.

Regel 2:
Kationen tragen positive Oxidationszahlen. Die Oxidationszahl entspricht der Ladungszahl.
Tipp: In vielen Fällen entspricht bei den Kationen die Oxidationszahl der Hauptgruppennummer.

Regel 3:
Anionen tragen negative Oxidationszahlen. Die Oxidationszahl entspricht der Ladungszahl.
Tipp: In vielen Fällen entspricht bei den Anionen die Oxidationszahl der Differenz:
„8 minus Hauptgruppennummer".

Salze benennen

Füge für den Namen des Salzes folgende Bausteine aneinander:

① Name des Kations
② Oxidationszahl des Kations in Klammern
③ Bindestrich
④ Name des Anions

AUFGABEN

1 ◪ Ermittle für folgende Teilchen die Oxidationszahlen: Na, Na^+, O^{2-}, Br^-, Ca^{2+}, O

2 ◪ Begründe die Oxidationszahlen der folgenden Teilchen. Nenne dazu die Regel, die du anwendest.
+I –I +II –II 0
K^+, F^-, Ba^{2+}, S^{2-}, He

3 ◪ Ermittle die Namen folgender Salze:
CaF_2, Al_2O_3, $MgBr_2$, Na_2S

4 ◪ Ermittle die Formeln folgender Salze:
Calcium(II)-oxid, Kalium(I)-oxid, Strontium(II)-chlorid.

Das Lösen von Salzen in Wasser

1 Ändert sich die Temperatur beim Lösen von Salzen?

Material: 2 Bechergläser (50 ml), digitales Thermometer, 2 Glasstäbe, Spatel, Waage

Chemikalien: dest. Wasser, Calcium(II)-chlorid (7), Ammoniumchlorid (7)

Durchführung:
- Beschrifte die Bechergläser und gib in jedes Becherglas 10 ml dest. Wasser.
- Miss die Temperatur.
- Gib in das erste Becherglas 500 mg Ammoniumchlorid. Rühre mit dem Glasstab um.
- Miss die Temperatur alle 15 Sekunden für insgesamt 2 Minuten und notiere die Werte in einer Tabelle.
- Wiederhole die Schritte mit dem zweiten Becherglas und Calcium(II)-chlorid.

Auswertung: Erkläre deine Beobachtungen.

Entsorgung: Lösungen in den Behälter saure und alkalische Abfälle

2 Lösen sich alle Salze gleich gut in Wasser?

Material: 4 Bechergläser (50 ml), 4 Glasstäbe, Spatel, Waage

Chemikalien: dest. Wasser, Kalium(I)-chlorid, Lithium(I)-chlorid (7), Natrium(I)-carbonat (7), Calcium(II)-sulfat

Durchführung:
- Beschrifte die Bechergläser und gib in jedes Becherglas 10 ml dest. Wasser.
- Hinweis: Sobald sich ein Bodensatz bildet, wird das Becherglas aus dem Experiment genommen
- Gib in die Bechergläser jeweils 0,1 g des jeweiligen Salzes. Rühre mit dem Glasstab um.
- Die weiteren Schritte sind 1 g, 2 g, 3 g, 4 g, 5 g.

Auswertung:
- Fertige eine Tabelle an und notiere dir die Menge an Salz, die sich noch in Wasser lösen lässt.
- Ordne die Salze nach ihrer Löslichkeit (von leicht löslich bis schwer löslich).

Entsorgung: Lösungen in den Behälter für saure und alkalische Abfälle

3 Wie kann ich ein Wärmekissen herstellen?

Material: Becherglas (100 ml), Magnetheizrührer, Thermometer, Waage, Pipette

Chemikalien: Natrium(I)-acetat-Trihydrat, dest. Wasser

Durchführung:
- Löse 20 g des Salzes Natrium(I)-acetat-Trihydrat unter Rühren mit 2 ml dest. Wasser auf.
- Erhitze bis zum Schmelzen (ca. 60 °C).
- Kühle die Lösung auf Raumtemperatur ab.
- Löse die spontane Kristallisation aus, indem du einen Natrium(I)-acetat-Kristall zugibst.

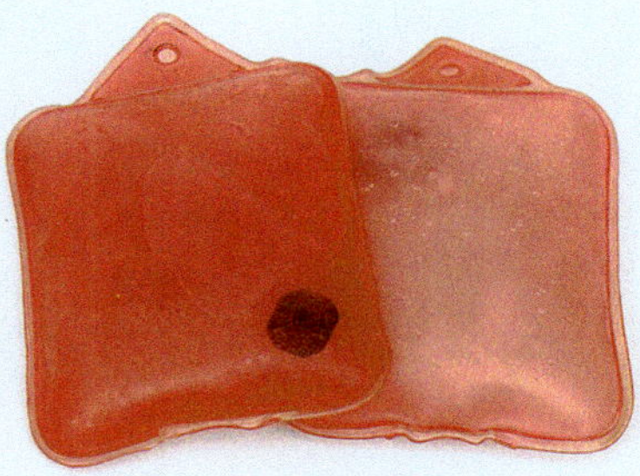

1 *Wärmekissen kann man durch Knicken aktivieren.*

Auswertung: Notiere deine Beobachtung und erkläre sie.

Entsorgung: Ausguss/Restmüll

Ionenverbindung bilden

Bei der Reaktion von Metallen mit Nichtmetallen findet zwischen den Atomen ein Elektronenübergang statt. Dabei bilden sich Ionen mit stabiler Edelgaskonfiguration. ↗ 1

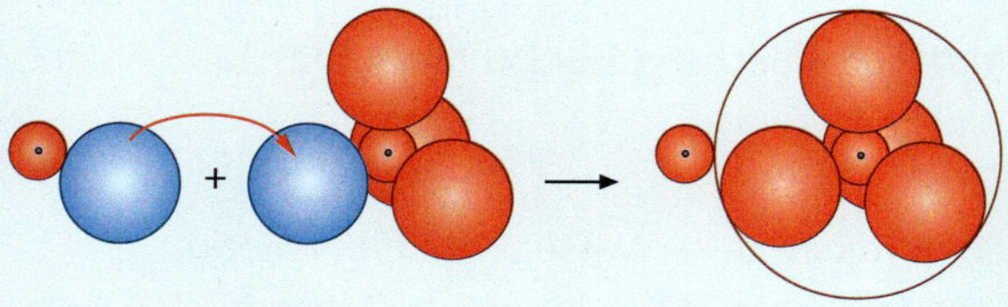

$Li\cdot + \cdot\overline{\underline{F}}| \longrightarrow Li^+|\overline{\underline{F}}|^-$

1 Bildung von Lithium(I)-fluorid im Kugelwolkenmodell und in der Valenzstrichschreibweise

Redoxreaktion – Reaktion mit Elektronenübergang

Redoxreaktionen sind Reaktionen mit Elektronenübergang. Bei der Oxidation werden Elektronen abgegeben, gleichzeitig werden bei der Reduktion Elektronen aufgenommen. Die Oxidationszahl veranschaulicht solche Ladungsveränderungen. ↗ 2, 3

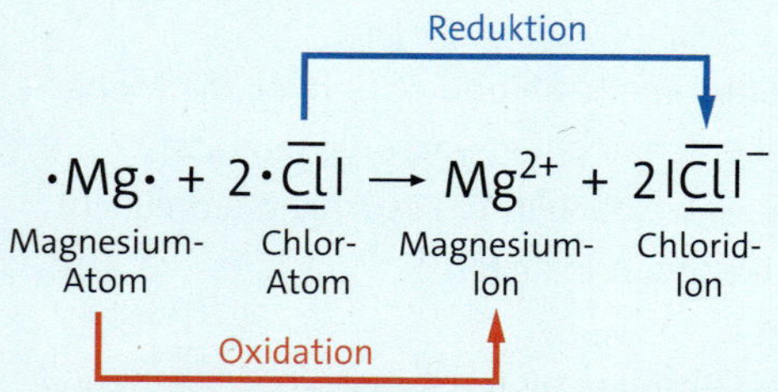

2 Die Reaktion von Magnesium mit Chlor ist eine Redoxreaktion.

Oxidationszahlen bestimmen
Regel 1: Atome in Elementen haben die OZ 0.
Regel 2: Kationen tragen positive OZ. Die OZ entspricht der Ladungszahl.
Regel 3: Anionen tragen negative OZ. Die OZ entspricht der Ladungszahl.

3 Regeln zum Bestimmen von Oxidationszahlen (OZ)

Ionenbindung

In einem Salzkristall werden Ionen durch starke elektrostatische Anziehungskräfte zusammengehalten. Die Energie, die bei der Bildung eines Kristalls aus einzelnen Ionen frei wird, heißt Gitterenergie. Die Verhältnisformel gibt an, in welchem Zahlenverhältnis die Ionen in einem Salz vorliegen. ↗ 4

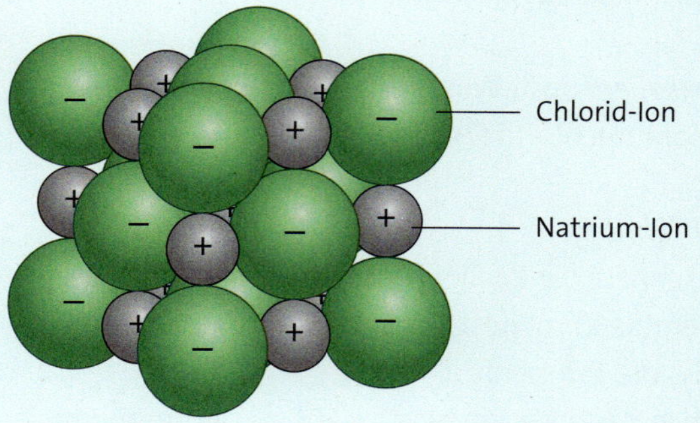

$Na^+ : Cl^- = 1 : 1$
Verhältnisformel: $(Na^+)(Cl^-)$
vereinfachte Formel: NaCl

4 Kugelpackungsmodell und Formel von Natrium(I)-chlorid

Zerfall eines Ionengitters

Durch Schmelzen oder Lösen eines Salzes in Wasser werden die im Ionengitter gebundenen Ionen frei beweglich. Unter Hydratation ist die Umhüllung eines Ions durch Wasser-Moleküle zu verstehen. Die Hydratationsenergie und Gitterenergie wirken gegeneinander. ↗ 5

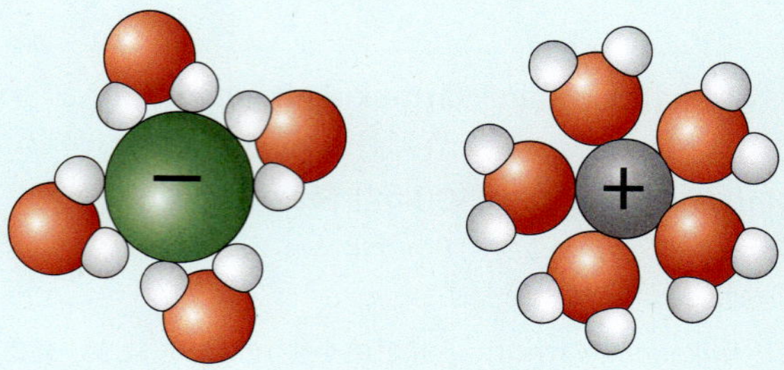

5 Modelldarstellung: Natrium-Ionen und Chlorid-Ionen mit Hydrathülle

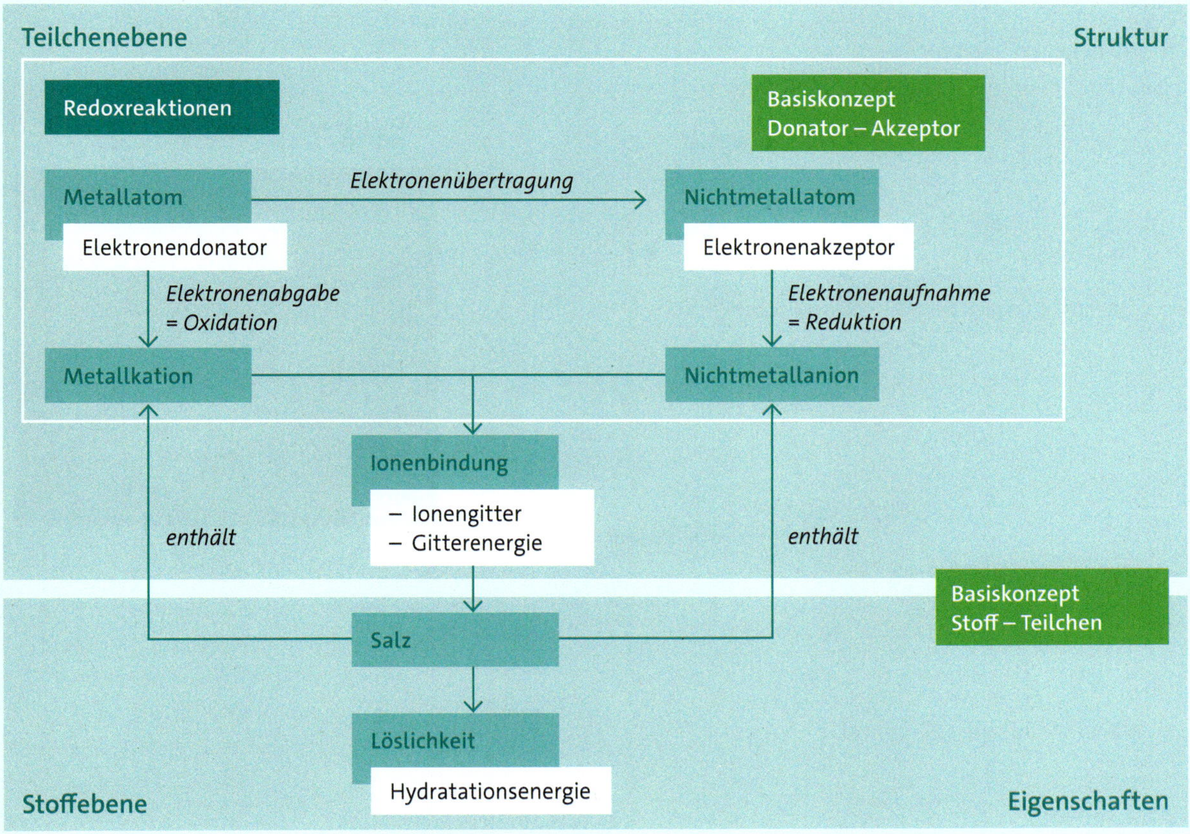

Kompetenzcheck

Hast du alle wichtigen Inhalte des Kapitels verstanden? Schätze dich zuerst selbst ein: ☺ 😐 ☹

Überprüfe nun deine Selbsteinschätzung: Löse dazu die Aufgaben auf Seite 26/27 und vergleiche deine Antworten mit den Lösungsvorschlägen. ↗ S. 154

Ich kann ...	☺	😐	☹	Alles-im-Griff-Aufgaben	Hilfe findest du auf Seite
Redoxvorgänge unter Verwendung von Oxidationszahlen formulieren. Hierzu erstelle ich zwei Teil- und eine Gesamtgleichung, um Elektronenaufnahme und -abgabe als Reduktions- und Oxidationsvorgang zu verdeutlichen.	?	?	?	1, 2, 4	16–19
Salze benennen und aus Salznamen die zugehörige Formel angeben.	?	?	?	5, 6	20–22
mithilfe von Oxidationszahlen Verhältnisformeln aufstellen.	?	?	?	6	20–22
das Schmelzen und Lösen von Salzen auf Teilchenebene beschreiben.	?	?	?	3, 7	21, 23

1 Bildung von Salzen

□ Bilde sinnvolle Sätze zur Ionenbildung.

Protonen

Nichtmetallatome | geben | Valenzelektronen | auf.

Metallatome | nehmen | Elektronen | ab.

Neutronen

positiv geladene

Dadurch entstehen | negativ geladene | Nichtmetallionen.

nicht geladene | Metallionen.

2 Redoxreaktion?

■ Antonia meint, dass es sich beim Verbrennen von Magnesium um eine Redoxreaktion handelt. Hat sie Recht? Begründe deine Antwort unter Verwendung von Fachbegriffen.

3 Warum kühlt der „Eisbeutel"?

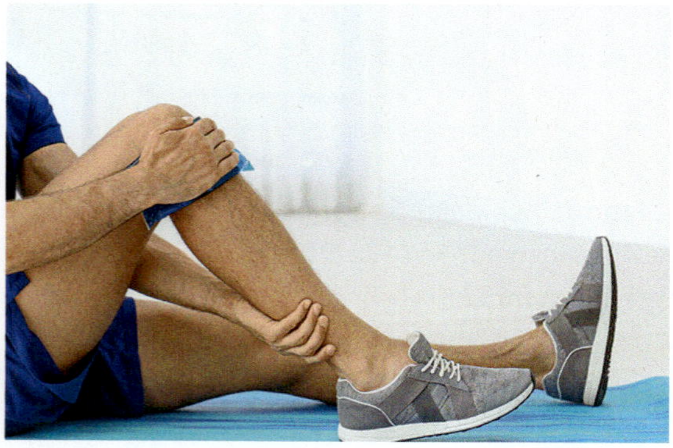

Bei Sportverletzungen wird häufig ein „Eisbeutel" aufgelegt. Dieser enthält Wasser und ein bestimmtes Salz. Der Beutel muss kräftig geknetet werden, damit die Mischung abkühlt.

a □ Gib an, um welches Salz es sich handeln könnte.

b ◪ Erkläre das Abkühlen unter Verwendung von Fachbegriffen.

4 Übung macht den Meister

a □ Entscheide, ob es sich bei den Verbindungen im Bild unten um Salze handelt oder nicht.

b ◪ Formuliere die Redoxgleichungen für die Bildung der Salze (Oxidations-, Reduktions- und Gesamtgleichung).

KCl Na_2O HF I_2O Ca_3N_2 CBr_4 H_2O Al_2O_3

5 Welches Ion wird gebildet?

◪ Übertrage die Tabelle in dein Heft und ersetze dabei die Fragezeichen.

Atomsymbol	Hauptgruppennummer	Anzahl der Valenzelektronen	Ladungszahl des gebildeten Ions	gebildetes Ion	Edelgaskonfiguration von
Na	I	1	1+	Na^{+}	Neon
Cl	VII	?	1–	?	?
Al	?	3	?	?	?
O	VI	?	?	?	Neon
?	II	?	?	Ca^{2+}	?
Br	?	7	?	?	?
K	?	?	?	?	Argon
?	II	?	2+	?	Neon

6 Richtig kombiniert

a □ Gib für alle Ionen im Bild unten die Oxidationszahlen an.

b ◪ Kombiniere die Kationen und Anionen zu fünf Salzen und stelle die zugehörige Verhältnisformel auf.

c ◪ Benenne die gebildeten Salze mithilfe der Oxidationszahlen.

Magnesium-Ion

Natrium-Ion

Calcium-Ion

Nitrid-Ion

Kalium-Ion

Sulfid-Ion

Aluminium-Ion

Oxid-Ion

Chlorid-Ion

7 Stellung beziehen

■ Nimm unter Nutzung der beiden Bilder rechts zu folgender Aussage Stellung: Die elektrische Leitfähigkeit einer Lithium(I)-bromid-Schmelze beweist, dass beim Schmelzvorgang Ionen entstehen.

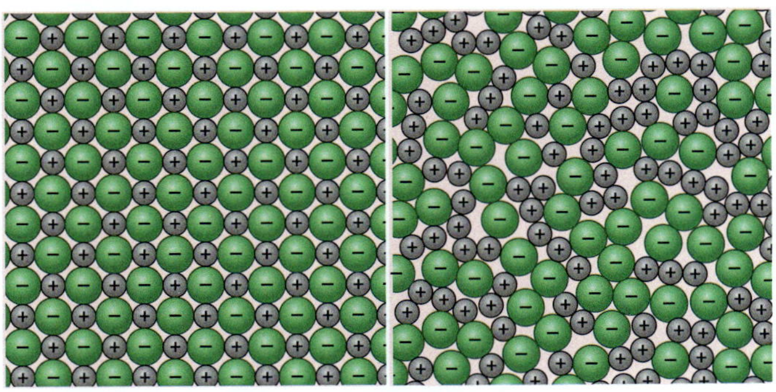

2

Protonen-übergänge

Bei Gefahr verspritzen Ameisen eine Flüssigkeit. Jeder, der diese schon einmal auf die eigene Haut bekommen hat, kennt das Brennen, das sie auslöst. Der Stoff, der dieses Brennen verursacht, ist die Alkansäure Ameisensäure. Ihr systematischer Name ist Methansäure. Bei der Reaktion von Methansäure mit Wasser werden Protonen übertragen.

Betrachte das Foto rechts.
- *Was kannst du erkennen?*
- *Wieso reagiert der Junge auf der Abbildung so?*
- *Kennst du weitere Lebensmittel, die so eine Reaktion auslösen würden?*
- *Was haben diese gemeinsam?*

2.1 Saure und alkalische Lösungen im Alltag

1 *Essig schmeckt sauer und konserviert Lebensmittel.*

Saure Lösungen im Alltag

In der Küche hast du es oft mit Flüssigkeiten zu tun, die sauer schmecken. Dabei handelt es sich um saure Lösungen, also Lösungen von Säuren in Wasser. Essig ist beispielsweise eine Lösung der Essigsäure in Wasser. Ein Bestandteil des Zitronensafts ist gelöste Citronensäure. ↗ 1

Dein Körper produziert für die Verdauung Magensäure, die Bakterien abtötet. Dabei handelt es sich um verdünnte Salzsäurelösung. Viele flüssige Entkalker sind wässrige Lösungen mit Citronensäure. In den Bleiakkumulatoren von Fahrzeugen findest du beispielsweise Schwefelsäurelösung.

Alkalische Lösungen im Alltag

Auch alkalische Lösungen spielen in deiner Alltagswelt eine Rolle. So bilden beispielsweise Kernseifen alkalische Lösungen. Manche Fensterputzmittel enthalten Salmiakgeist, eine alkalische Lösung von Ammoniak in Wasser. Der Begriff alkalische Lösung ist allerdings in der Alltagswelt nicht sehr gebräuchlich: Dort spricht man meist von Lauge, zum Beispiel von Seifenlauge. Viele Abflussreiniger enthalten Natronlauge.

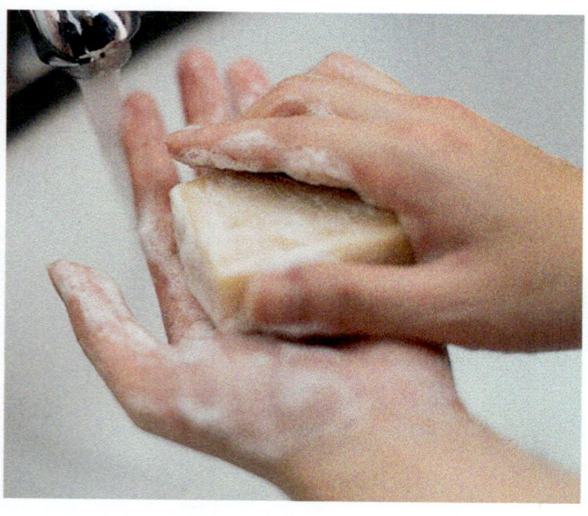

2 *Kernseife schäumt und bildet mit Wasser eine alkalische Lösung.*

Eigenschaften saurer und alkalischer Lösungen

Aus deiner Alltagserfahrung weißt du, dass saure Lösungen wie Essig oder Zitronensaft einen **sauren Geschmack** haben. Eine typische Eigenschaft vieler alkalischer Lösungen ist das **seifige Gefühl**, das sie auf der Haut verursachen. ↗ 2

Du weißt aber mittlerweile, dass das Schmecken und auch das Berühren von Stoffen in der Chemie aufgrund der möglichen Gefährlichkeit keine geeigneten Testverfahren für uns sind.

Saure und alkalische Lösungen identifizieren

Zum Erkennen saurer und alkalischer Lösungen helfen dir **Indikatoren**, die dies durch ihre typische Färbung anzeigen. Auch im Alltag gibt es solche Stoffe: So wird schwarzer Tee durch Zitronensaft gelblich, Blaukrautsaft durch Zugabe von Essig rot, durch Zugabe von alkalischen Lösungen wie Reinigungsmittel grünlich. ↗ 3

3 Im Reagenzglas: Blaukrautsaft mit Essig (links) und Reinigungsmittel (rechts)

Wie sauer, wie alkalisch – der pH-Wert als Maß

Für das Labor wurden viele unterschiedliche Indikatoren entwickelt. Häufig wird ein sogenannter **Universalindikator** verwendet, mit dem man sowohl saure als auch alkalische Lösungen identifizieren kann. Dieser hat je nach Lösung eine so typische Farbe, dass man eine Farbskala erstellen kann. Über den Vergleich mit der mitgelieferten Farbskala lässt sich ein Zahlenwert angeben. Diesen Zahlenwert bezeichnet man als **pH-Wert.** Er liegt zwischen 1 (sauer) und 14 (alkalisch). Bei einem pH-Wert von 7 spricht man von einer neutralen Lösung.
Für jeden pH-Wert nimmt der Universalindikator eine ganz bestimmte Farbe an. Es gibt ihn als Flüssigkeit zum Zutropfen, als Teststäbchen oder auf Papierstreifen als sogenanntes Indikatorpapier. ↗ 4

4 Universalindikatorpapier mit pH-Farbskala

Gefährdungspotenzial

Wenn du einen Spritzer Zitronensaft ins Auge bekommst, brennt es, das Auge wird aber nicht nachhaltig geschädigt. Ein Spritzer der Schwefelsäure aus der Autobatterie gefährdet dagegen das Augenlicht. Schwefelsäure zerstört Textilien, Haut, Knochen sowie jegliches organisches Gewebe. Genauso gefährlich sind Abflussreiniger, die Natronlauge enthalten. Sie können schwere Verätzungen verursachen.
Je nach Inhaltsstoffen und Konzentration bergen also auch haushaltsübliche saure und alkalische Lösungen Gefahren. Sie können ätzend sein oder deine Gesundheit bzw. die Umwelt gefährden. Deshalb sind diese Gefahrstoffe in gekennzeichneten Behältern und für Kinder unzugänglich aufzubewahren, die mit den GHS-Symbolen versehen sind. ↗ 5
Schütze dich zu Hause und natürlich auch im Labor durch die Verwendung von säure- und laugenfesten Schutzhandschuhen und einer Schutzbrille gegen Spritzer. Du darfst saure oder alkalische Lösungen keinesfalls probieren. Entsorge sie in den dafür vorgesehenen Behältern.

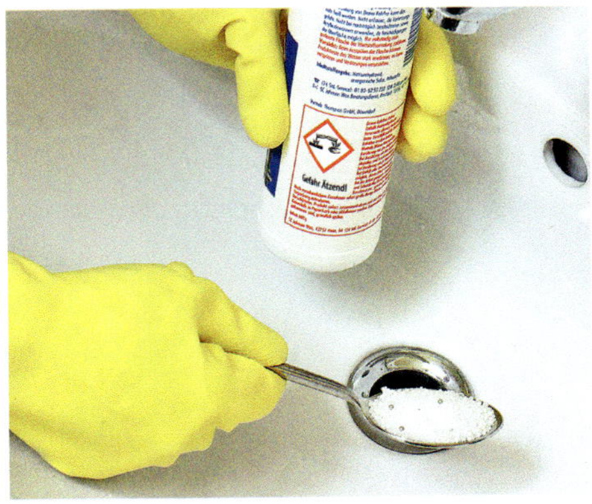

5 GHS-Symbole auf Haushaltsreinigern

Zur Unterscheidung saurer und alkalischer Lösungen nutzt man Indikatoren, die diese durch ihre typische Färbung anzeigen. Der pH-Wert gibt an, wie sauer oder alkalisch eine Lösung ist. Saure und alkalische Lösungen können auch im Alltag Gefahrstoffe sein.

AUFGABEN

1 □ Suche zu Hause Reinigungsmittel, die GHS-Symbole aufgedruckt haben. Stelle sie mit ihren GHS-Symbolen und den dazugehörigen Verhaltensregeln in einer Tabelle dar.

2 □ Brühe dir einen schwarzen Tee auf und beobachte die Farbänderung, wenn du Zitronensaft dazu tropfst.

3 □ Gib den pH-Bereich von sauren bzw. alkalischen Lösungen an. ↗ 4

Die beiden Fotos rechts zeigen den Springbrunnenversuch. Im Kolben oben befindet sich Wasserstoffmonochloridgas, in der Schale unten Wasser mit Universalindikator.
- ▶ Worauf weist die Farbänderung auf dem rechten Foto hin?
- ▶ Überlege dir, wie es dazu kommt, dass die Flüssigkeit nach dem Öffnen des Hahns nach oben sprudelt.

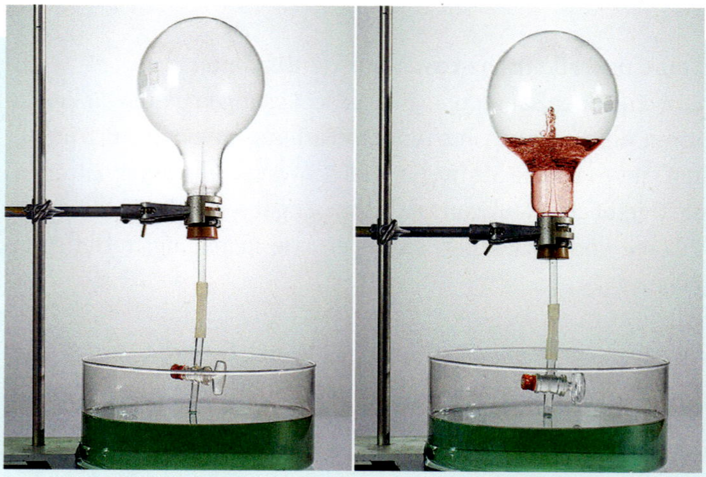

2.2 Säure-Base-Reaktionen

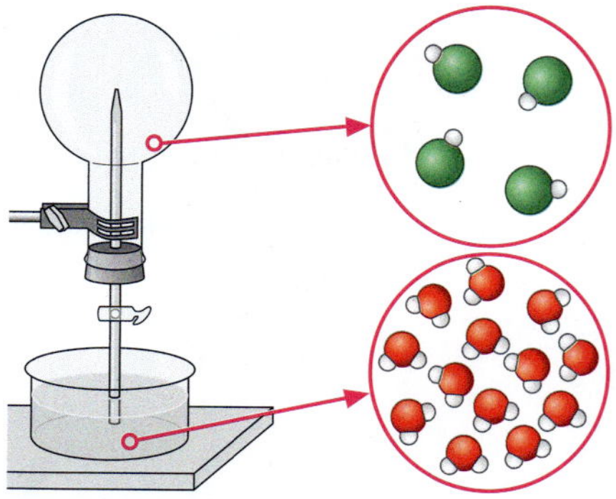

1 *Modelldarstellung: Teilchen vor der Reaktion*

Reaktion von Wasserstoffmonochlorid mit Wasser

Das farblose Gas Wasserstoffmonochlorid löst sich gut in Wasser. Dabei bildet sich eine Lösung, die Universalindikator rot färbt. Die Rotfärbung zeigt an, dass eine **saure Lösung** entstanden ist. Eine Lösung von Wasserstoffmonochlorid in Wasser nennt man auch Salzsäure.

Reines Wasser und das Gas Wasserstoffmonochlorid sind Molekülverbindungen und darum nicht elektrisch leitfähig. ↗ 1 Salzsäure dagegen leitet den elektrischen Strom. Daraus kann man schließen, dass in der sauren Lösung frei bewegliche **Ionen** enthalten sein müssen. Wie werden sie gebildet?

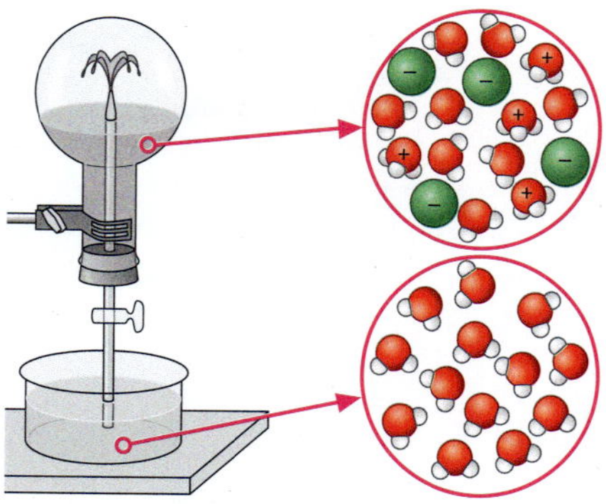

2 *Modelldarstellung: Teilchen nach der Reaktion*

Vorgänge auf Teilchenebene

Wasserstoffmonochlorid-Moleküle sind Dipolmoleküle. Die Bindung zwischen dem Chlor-Atom und dem Wasserstoff-Atom kann gelöst werden, das bindende Elektronenpaar bleibt dabei am Chlor-Atom. Es entsteht ein negativ geladenes Chlorid-Ion (Cl^-). Das gebildete Proton (H^+) ist extrem reaktiv und wird sofort auf das Wasser-Molekül (H_2O) übertragen. Dabei entsteht ein positiv geladenes Oxonium-Ion (H_3O^+). ↗ 2

Der Gesamtvorgang – also die Übertragung des Protons vom Wasserstoffmonochlorid-Molekül auf das Wasser-Molekül – wird als Protonenübergang oder **Protolyse** bezeichnet. ↗ 3

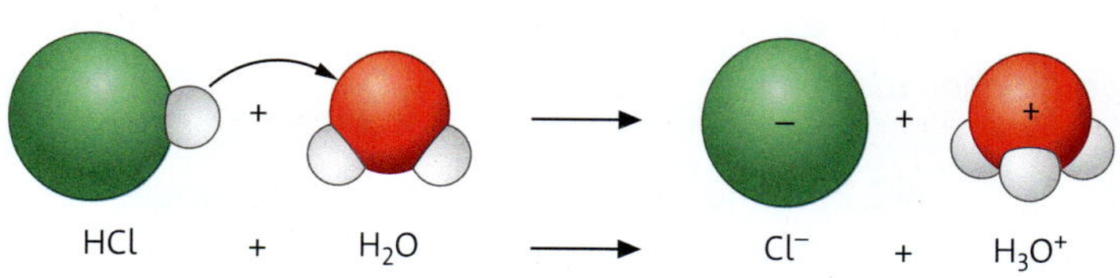

3 *Modelldarstellung: Protonenübergang zwischen Wasserstoffmonochlorid-Molekül und Wasser-Molekül*

Reaktionen mit Protonenübergang

Der Protonenübergang zwischen dem Wasserstoffmonochlorid-Molekül und dem Wasser-Molekül ist ein Beispiel für eine Donator-Akzeptor-Reaktion. Das Wasserstoffmonochlorid-Molekül gibt ein Proton ab und wirkt darum als **Protonendonator**. Das Wasser-Molekül nimmt ein Proton auf und wirkt als **Protonenakzeptor**.

Protonenabgabe: $HCl \rightarrow H^+ + Cl^-$
Protonenaufnahme: $H^+ + H_2O \rightarrow H_3O^+$

Protonenübergang: $HCl + H_2O \rightarrow Cl^- + H_3O^+$

Das **Donator-Akzeptor-Konzept** ist dir bereits bekannt: Ein Reaktionspartner wirkt als Donator, der andere als Akzeptor. Bei Redoxreaktionen werden Elektronen übertragen. ↗ S. 19 Bei Säure-Base-Reaktionen werden Protonen übertragen.

Säure-Base-Konzept nach Brönsted

Der dänische Chemiker Johannes Nicolaus Brönsted schlug vor, die Teilchen, die während einer chemischen Reaktion als **Protonendonator** wirken, als **Säuren** zu bezeichnen. Teilchen, die während einer chemischen Reaktion Protonen aufnehmen, also **Protonenakzeptoren**, definierte er als **Basen**. Die Protonenübergangsreaktion selbst bezeichnete Brönsted als Säure-Base-Reaktion. Ist die Base Wasser, kann man allgemein schreiben:

Säure + Wasser → Säurerest-Ion + Oxonium-Ion

Betrachtet man die Reaktion von Wasserstoffmonochlorid mit Wasser, sind nach Brönsted bei der dabei ablaufenden Reaktion das Wasserstoffmonochlorid-Molekül die Säure (Protonendonator) und das Wasser-Molekül die Base (Protonenakzeptor).

Wichtige Säuren

Auch die Moleküle anderer Säuren reagieren mit Wasser-Molekülen. Dabei bilden sich immer Oxonium-Ionen. Sie sind für saure Lösungen typisch.

Salpetersäure: $HNO_3 + H_2O \rightarrow NO_3^- + H_3O^+$

Ameisensäure:
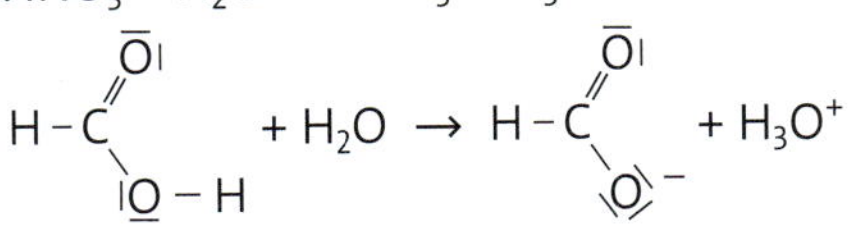

In der Tabelle rechts ist zu erkennen, dass einige Säuren mehr als nur ein Proton zur Verfügung stellen können, z. B. die Schwefelsäure. Man nennt sie **mehrprotonige Säuren**. ↗ 5 Das Schwefelsäure-Molekül kann in zwei Schritten beide Protonen abgeben, sodass ein zweifach negativ geladenes Säurerest-Ion entsteht. Dieses heißt Sulfat-Ion.

$H_2SO_4 + H_2O \rightarrow HSO_4^- + H_3O^+$
$HSO_4^- + H_2O \rightarrow SO_4^{2-} + H_3O^+$

4 *Johannes Nicolaus Brönsted (1879–1947)*

Säure		**Säurerest-Ion**	
Name	**Formel**	**Name**	**Formel**
Wasserstoffmonochlorid	HCl	Chlorid-Ion	Cl^-
Schwefelsäure	H_2SO_4	Sulfat-Ion	SO_4^{2-}
Salpetersäure	HNO_3	Nitrat-Ion	NO_3^-
Kohlensäure	H_2CO_3	Carbonat-Ion	CO_3^{2-}
Phosphorsäure	H_3PO_4	Phosphat-Ion	PO_4^{3-}
Ameisensäure	$HCOOH$	Formiat-Ion	$HCOO^-$
Essigsäure	CH_3COOH	Acetat-Ion	CH_3COO^-

5 *Wichtige Säuren und ihre Säurerest-Ionen*

6 *Springbrunnenversuch mit Ammoniak*

Reaktion von Ammoniak mit Wasser

Das farblose Gas Ammoniak löst sich ebenfalls gut in Wasser. Dabei bildet sich eine Lösung, die Universalindikator blau färbt. ↗ 6 Die Blaufärbung zeigt an, dass eine **alkalische Lösung** entstanden ist. Eine Lösung von Ammoniak in Wasser nennt man auch Salmiakgeist.

Das Gas Ammoniak ist ebenso wie Wasser eine Molekülverbindung und darum nicht elektrisch leitfähig. Salmiakgeist dagegen leitet den elektrischen Strom. Daraus kann man schließen, dass in der alkalischen Lösung **Ionen** enthalten sein müssen.

Vorgänge auf Teilchenebene

Bei der Reaktion von Ammoniak mit Wasser findet zwischen den Teilchen ein Protonenübergang statt. Das Wasser-Molekül gibt ein Proton (H^+) ab. Dieses wird vom Ammoniak-Molekül (NH_3) aufgenommen. Bei der Reaktion bilden sich ein negativ geladenes Hydroxid-Ion (OH^-) und ein positiv geladenes Ammonium-Ion (NH_4^+). ↗ 7 Hydroxid-Ionen sind für alkalische Lösungen typisch.

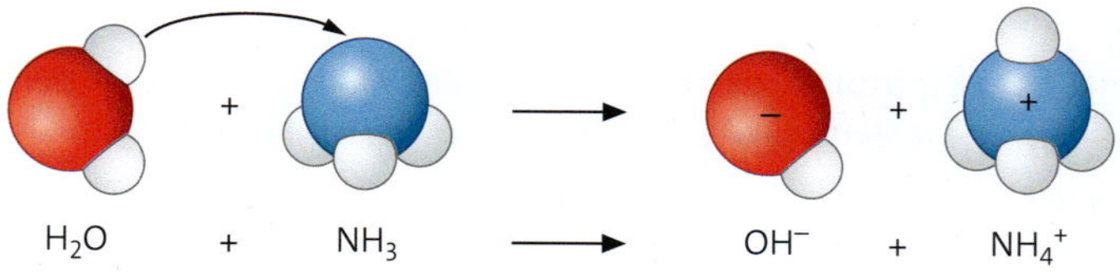

7 *Modelldarstellung: Protonenübergang zwischen Wasser-Molekül und Ammoniak-Molekül*

Nach dem Säure-Base-Konzept von Brönsted ist das Ammoniak-Molekül die Base (Protonenakzeptor) und das Wasser-Molekül die Säure (Protonendonator).

Manche Moleküle können beides

Vergleicht man die Reaktion von Ammoniak mit Wasser und die Reaktion von Wasserstoffmonochlorid mit Wasser, so fällt auf, dass das Wasser-Molekül im ersten Fall als Säure, im zweiten Fall als Base wirkt. In Abhängigkeit vom Reaktionspartner gibt es einmal ein Proton ab oder es nimmt ein Proton auf. Solche Teilchen wirken je nach Reaktionspartner als Protonendonator oder als Protonenakzeptor. In der Fachsprache heißen sie **Ampholyte.** Weitere Beispiele für Ampholyte sind das Hydrogensulfat-Ion (HSO_4^-) oder das Hydrogencarbonat-Ion (HCO_3^-).

Saure Lösungen enthalten Oxonium-Ionen, alkalische Lösungen Hydroxid-Ionen. Die Protolysereaktion ist eine Donator-Akzeptor-Reaktion, bei der ein Proton übertragen wird. Dabei wirkt die Säure als Protonendonator, die Base als Protonenakzeptor.

AUFGABEN

1 □ Beschreibe die Veränderung der Teilchen, wenn Wasserstoffmonochlorid mit Wasser reagiert.

2 ◪ Erstelle die Teilgleichungen für die Reaktion von Kohlensäure mit Wasser.

3 ◪ Formuliere die Reaktionsgleichung für die Protolysereaktion von Essigsäure. Verwende Strukturformeln.

4 ◪ Ammoniak reagiert mit Wasser. Formuliere die Gleichungen für die Protonenabgabe, die Protonenaufnahme und den Protonenübergang.

5 ■ Trockenes Indikatorpapier zeigt in reinem Ammoniak keine Farbänderung. Erkläre.

Saure und alkalische Lösungen untersuchen

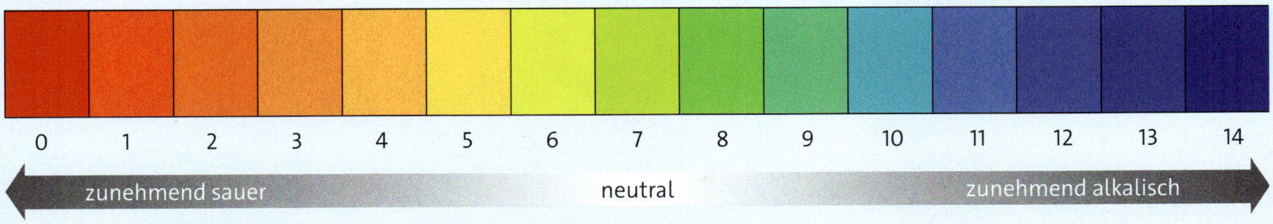

1 *pH-Skala mit den Farben des Universalindikators*

1 Alltagssubstanzen – sind sie sauer oder alkalisch?

Material: 9 Reagenzgläser, Reagenzglasständer

Chemikalien: dest. Wasser, Essig, Abflussreiniger, 2 verschiedene Indikatoren, z. B. Universalindikator (2, 7), Lackmuslösung oder Bromthymolblaulösung

Durchführung: Teste jeweils nacheinander in einem Reagenzglas durch Zutropfen die Farbveränderung der Indikatoren mit den Flüssigkeiten.

Auswertung:
- Fertige ein Versuchsprotokoll an, das eine Tabelle deiner Beobachtungen enthält (Spalten: Probelösung, Zeilen: unterschiedliche Indikatoren).
- Beantworte die Untersuchungsfrage.

Entsorgung: Flüssigkeiten in den Entsorgungsbehälter

2 Welchen pH-Wert haben die verschiedenen Alltagssubstanzen?

Material: pH-Meter, 3 kleine Bechergläser

Chemikalien: dest. Wasser, saure Lösung (z. B. Essig), alkalische Lösung (z. B. Abflussreiniger)

Durchführung: Ermittle von jeder Flüssigkeit den pH-Wert durch Messung mit dem pH-Meter. Spüle das pH-Meter nach jeder Messung mit dest. Wasser.

Auswertung:
- Fertige ein Versuchsprotokoll an und beantworte die Untersuchungsfrage.
- Vergleiche deine Ergebnisse mit denen aus Versuch 1.

Entsorgung: Flüssigkeiten in den Ausguss

3 Wie kann man Pflanzensäfte als Indikatoren nutzen?

Material: Reagenzgläser, Reagenzglasständer

Chemikalien: dest. Wasser, saure Lösung (z. B. Essig), alkalische Lösung (z. B. Abflussreiniger), Brombeersaft, Sauerkirschsaft, Heidelbeersaft

Durchführung: Teste jeweils nacheinander in einem Reagenzglas durch Zutropfen die Farbveränderung der Beerensäfte.

Auswertung: Beantworte die Untersuchungsfrage.

2 *Manche Farbstoffe in Beeren sind Indikatoren.*

Entsorgung: Flüssigkeiten in den Ausguss

Verdünnte Salzsäure und verdünnte Natronlauge werden mit Universalindikator versetzt und wie im Bild rechts zusammengegeben.

► *Gib an, was du aus der Farbänderung ableiten kannst.*

2.3 Die Neutralisation

Reaktion einer sauren mit einer alkalischen Lösung

Wenn du wie im Bild oben ein bestimmtes Volumen Natronlauge in Salzsäure gibst, färbt sich die Lösung grün. Das zeigt dir an, dass die Lösung neutral geworden ist. Wie du im letzten Kapitel erfahren hast, hat sie dann den pH-Wert 7. Da sich die Lösung beim Zusammengießen erwärmt, läuft eine exotherme Reaktion ab. Beim Eindampfen der neutralen Lösung bleibt ein Salz zurück, in unserem Fall Kochsalz, Natrium(I)-chlorid.

Immer wenn du die passenden Volumina von sauren und alkalischen Lösungen miteinander reagieren lässt, erreichst du den Punkt, an dem die Lösung mit pH 7 **neutral** wird. Diesen Vorgang bezeichnet man als **Neutralisation.**

Neutralisation auf Teilchenebene

Du hast bereits gelernt, dass sich in sauren Lösungen positiv geladene Oxonium-Ionen (H_3O^+) und negativ geladene Säurerest-Ionen befinden. Alkalische Lösungen enthalten wiederum negativ geladene Hydroxid-Ionen (OH^-) und die entsprechend positiv geladenen Kationen. ↗ 1

Die Neutralisation ist eine Säure-Base-Reaktion. Positiv geladene Oxonium-Ionen (H_3O^+) übertragen Protonen auf negativ geladene Hydroxid-Ionen (OH^-) und bilden ungeladene Wasser-Moleküle. ↗ 2, 3 Die Teilgleichung lautet:

$$H_3O^+ + OH^- \rightarrow 2\,H_2O \mid -\Delta E$$

Natürlich sind auch die Säurerest-Ionen und die Kationen der alkalischen Lösung, in unserem Beispiel Chlorid-Ion (Cl^-) und Natrium-Ion (Na^+) weiterhin in der Lösung vorhanden. ↗ 4 Die Gesamtgleichung lautet:

$$H_3O^+ + Cl^- + Na^+ + OH^- \rightarrow 2\,H_2O + Na^+ + Cl^- \mid -\Delta E$$

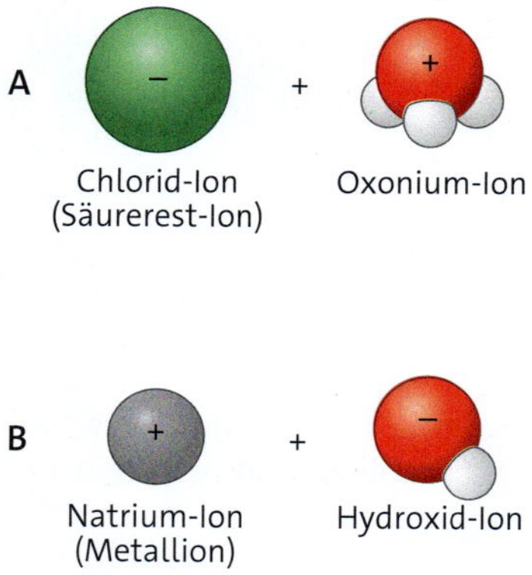

1 *Modelldarstellung: Teilchen in saurer (A) und alkalischer Lösung (B)*

Donator-Akzeptor-Konzept
Das Donator-Akzeptor-Konzept ist dir bereits bekannt: Ein Reaktionspartner wirkt als Donator, der andere als Akzeptor. Bei **Säure-Base-Reaktionen** werden Protonen übertragen.

2 *Basiskonzept Donator – Akzeptor*

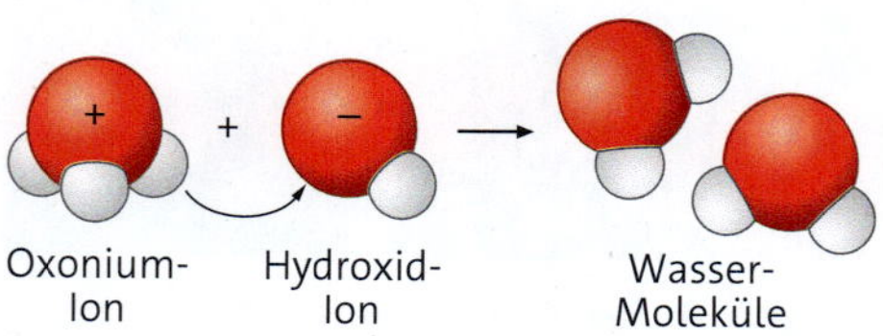

3 *Modelldarstellung: Oxonium-Ionen und Hydroxid-Ion als Partner einer Säure-Base-Reaktion*

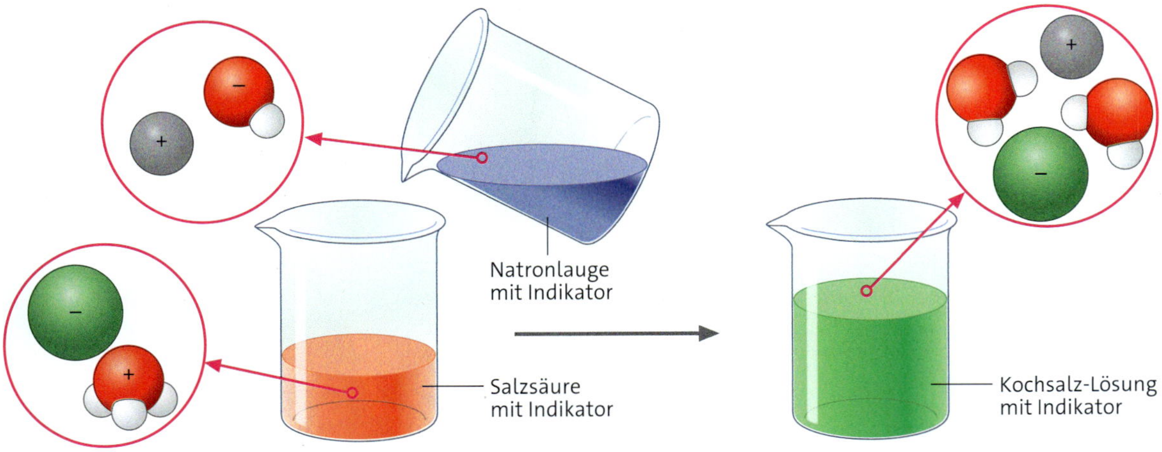

4 *Modelldarstellung: Neutralisation einer sauren und alkalischen Lösung auf Teilchenebene*

Entstehung von Salzlösungen

Saure und alkalische Lösungen reagieren durch Neutralisation zu Salzlösungen:

saure Lösung + alkalische Lösung → Wasser + Salz | exotherm

Die Säurerest-Ionen (R^-) und die Metallionen (M^+) der Lösungen sind unterschiedlich, je nach Ausgangslösungen. Diese Ionen verändern sich durch die Neutralisationsreaktion nicht, sie liegen danach unverändert in der Lösung vor. ↗ 5

$H_3O^+ + R^- + M^+ + OH^- \rightarrow 2\,H_2O + M^+ + R^- \mid -\Delta E$

Verdampft man das Wasser der Lösungen, kristallisiert ein Salz aus. Je nachdem, welche sauren und alkalischen Lösungen man einsetzt, entstehen unterschiedliche Salze. ↗ 5, 6

Neutralisationswärme – Gefährdungspotential

Neutralisationsreaktionen sind stark **exotherm**. Konzentrierte Lösungen können sich beim Zusammengeben stark erhitzen, wodurch neben Verätzungen weitere Gefahren (Dämpfe und Spritzer) ausgehen können.

Neutralisationsreaktionen in Alltag und Technik

Die Ursache für Sodbrennen ist ein Überschuss an Magensäure. Mit bestimmten Medikamenten (Antazida) kann man diese neutralisieren. Der pH-Wert von Böden wird zum Beispiel durch Kalken verändert, um so für Pflanzen bessere Wachstumsbedingungen zu schaffen. Im Labor lassen sich mithilfe der Neutralisation Konzentrationen von sauren und alkalischen Lösungen bestimmen, man nennt das **Titration**.

Bei der Neutralisation reagieren saure und alkalische Lösungen zu Wasser und Salz. Dieser Vorgang verläuft exotherm.

Salpetersäure-Lösung und Kalilauge:
$H_3O^+ + NO_3^- + K^+ + OH^- \rightarrow$
$2\,H_2O + K^+ + NO_3^- \mid -\Delta E$

Salzsäure und Kalkwasser:
$2\,H_3O^+ + 2\,Cl^- + Ca^{2+} + 2\,OH^- \rightarrow$
$4\,H_2O + Ca^{2+} + 2\,Cl^- \mid -\Delta E$

Schwefelsäure-Lösung und Lithiumlauge:
$2\,H_3O^+ + SO_4^{2-} + 2\,Li^+ + 2\,OH^- \rightarrow$
$4\,H_2O + 2\,Li^+ + SO_4^{2-} \mid -\Delta E$

5 *Beispiele für Neutralisationsreaktionen*

1. Name des Metalls des Kations
2. Oxidationszahl des Kations in Klammern
3. Bindestrich
4. Name des Säurerest-Ions

Beispiel (Na^+)(Cl^-): Natrium(I)-chlorid

6 *Vorgehen beim Benennen von Salzen*

AUFGABEN

1 □ Benenne alle Salze, die bei den Beispielen in Bild 5 beim Eindampfen der Lösung entstehen. ↗ 5, 6

2 ◪ Formuliere die Reaktionsgleichungen für alle möglichen Neutralisationsreaktionen: HCl, H_2CO_3, H_3PO_4, KOH, $Mg(OH)_2$.

3 ■ Erläutere, warum man bei einem Unfall mit einem Fass Salzsäure nicht einfach ein Fass Natronlauge zugeben darf.

Wenn Armaturen lange nicht gereinigt werden, bildet sich eine Kalkschicht, wie auf dem Bild rechts zu sehen ist.
- ► *Beschreibe, wie man solche Verkalkungen wieder lösen kann. Wie macht ihr das zu Hause?*

2.4 Reaktionen von sauren Lösungen

1 *Auch der Kalk in der Eierschale reagiert mit Essig.*

Kalk entfernen mit Essig

Kalkrückstände kann man mit Badreiniger, Essig oder Citronensäure-Lösung entfernen. Alle diese Möglichkeiten beruhen auf dem gleichen Prinzip, denn immer wird eine saure Lösung genutzt. In der Essigsäure-Lösung sind die positiv geladenen Oxonium-Ionen (H_3O^+) wirksam. Sie entstehen durch die Abgabe des Protons der Essigsäure (CH_3COOH). Übrig bleiben negativ geladene Acetat-Ionen (CH_3COO^-).
Kalk besteht zu großen Teilen aus Calcium(II)-carbonat $(Ca^{2+})(CO_3^{2-})$. Wenn man Essigsäure-Lösung auf den Kalk gibt, entstehen Gasbläschen. Dieses Gas kannst du auffangen. Die positive Kalkwasserprobe zeigt dir, dass es sich um Kohlenstoffdioxid (CO_2) handelt.
Durch die Reaktion von Essigsäure-Lösung mit dem festen Calcium(II)-carbonat entstehen neben Kohlenstoffdioxid das wasserlösliche Salz Calcium(II)-acetat und Wasser. ↗ 1

$$(Ca^{2+})(CO_3^{2-}) + 2\,CH_3COO^- + 2\,H_3O^+ \rightarrow CO_2 + Ca^{2+} + 2\,CH_3COO^- + 3\,H_2O \mid -\Delta E$$

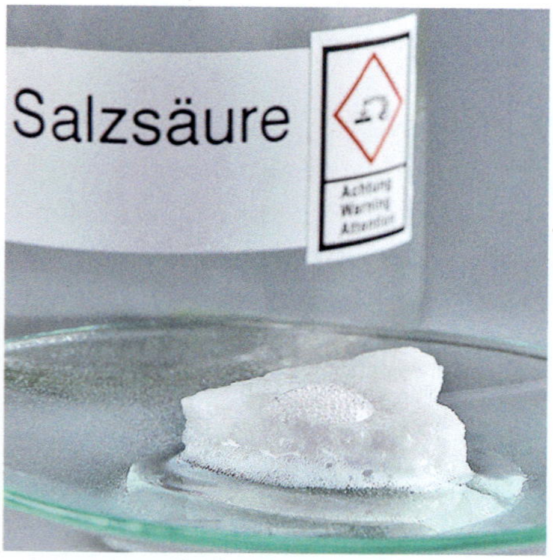

2 *Reaktion von Marmor mit Salzsäure*

Carbonate und saure Lösungen

Carbonate kommen in der Natur in verschiedenen Mineralien vor, zum Beispiel als Magnesit (Magnesium(II)-carbonat) oder Soda (Natrium(I)-carbonat). Neben Kalk bestehen auch Kalkstein und Marmor zu großen Teilen aus Calcium(II)-carbonat. Alle diese Carbonate reagieren mit sauren Lösungen unter Bildung von Kohlenstoffdioxid-Gas und Salzlösungen. ↗ 2

Carbonat + saure Lösung → Kohlenstoffdioxid + Salzlösung | exotherm

Durch die Einwirkung von Niederschlägen gelangen diese Mineralien ins Trinkwasser.

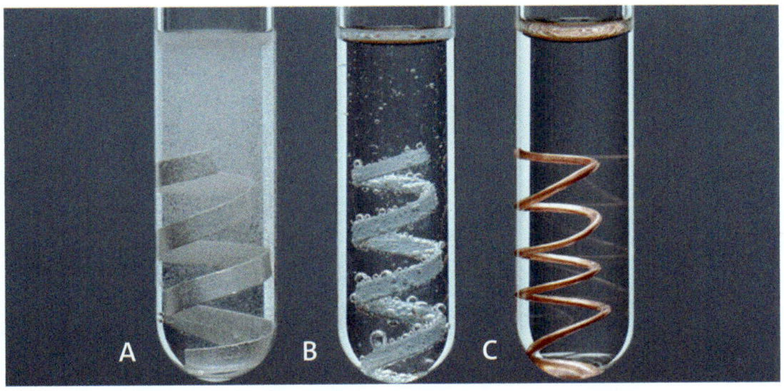

3 *Die unedlen Metalle Magnesium (A) und Zink (B) reagieren mit sauren Lösungen, das Edelmetall Kupfer (C) nicht.*

Unedle Metalle und saure Lösungen

Wenn du in Essigsäure-Lösung Magnesium gibst, kannst du eine heftige Gasentwicklung beobachten. Dieses Gas kannst du auffangen. Die positive Knallgasprobe zeigt dir, dass es sich um Wasserstoff handelt. Aus dem metallischen Magnesium bildet sich lösliches Magnesium(II)-acetat.

$$Mg + 2\,CH_3COO^- + 2\,H_3O^+ \rightarrow H_2 + Mg^{2+} + 2\,CH_3COO^- + 2\,H_2O \mid -\Delta E$$

Bei der Reaktion handelt es sich um eine Redoxreaktion. Magnesium-Atome (Mg) werden zu Magnesium-Ionen (Mg^{2+}) oxidiert. Oxonium-Ionen (H_3O^+) werden zu Wasserstoff-Molekülen (H_2) reduziert. Allgemein kann man sagen, dass saure Lösungen mit unedlen Metallen wie Magnesium, Zink oder Eisen unter Wasserstoffentwicklung reagieren. ↗ 3 Je nach saurer Lösung und Metall entstehen unterschiedliche Salzlösungen:

unedles Metall + saure Lösung →
Wasserstoff + Salzlösung | exotherm

Wenn man die Salzlösung eindampft, so erhält man einen Feststoff, in unserem Beispiel das Salz Magnesium(II)-acetat. Je nach den eingesetzten Ausgangsstoffen erhält man unterschiedliche Salze. ↗ S. 37

Verwendung der Salze

Viele organischen Salze werden als Lebensmittelzusatzstoffe eingesetzt, zum Beispiel als Konservierungsstoffe. Auf Verpackungen sind sie ausgeschrieben oder verbergen sich hinter E-Nummern. ↗ 4 Magnesium(II)-acetat in Kombination mit Calcium(II)-acetat wird als alternatives Streusalz eingesetzt, da es weder Bauwerke noch Pflanzen schädigt. Es ist aber leider viel teurer als herkömmliches Natrium(I)-chlorid als Streusalz.

Mit Carbonaten reagieren saure Lösungen zu Kohlenstoffdioxid und Salzlösungen.
Mit unedlen Metallen reagieren saure Lösungen zu Wasserstoff und Salzlösungen.

E-Nummer	Name der Salze
Salze der Essigsäure: mildern als Säureregulatoren zu stark sauren Geschmack	
E 261	Kalium(I)-acetat
E 262	Natrium(I)-acetat
E 263	Calcium(II)-acetat
Salze der Propionsäure: Konservierung von abgepacktem Schnittbrot und Backwaren	
E 281	Natrium(I)-propionat
E 282	Calcium(II)-propionat
E 283	Kalium(I)-propionat
Salze der Citronensäure: Regulatoren für Geliervorgänge; Festigungsmittel für Früchte und Gemüse	
E 331	Natrium(I)-citrat
E 332	Kalium(I)-citrat
E 333	Calcium(II)-citrat

4 *Organische Salze in Lebensmitteln und ihre Verwendung*

AUFGABEN

1 ◪ Formuliere die Formelgleichung zur Reaktion in Bild 2. ↗ 2

2 ◪ Gib an, wie du mithilfe von Kalk und Essig den Säureregulator Calcium(II)-acetat herstellen kannst. ↗ 4

3 ◪ Benenne E 263 und E 283 nach IUPAC-Nomenklatur und zeichne jeweils die Strukturformel des Anions.

4 ■ Formuliere die Formelgleichungen zu folgenden Reaktionen: Soda + Salzsäure // Zink + Salpetersäure-Lösung // Magnesium + Schwefelsäure-Lösung.

Reaktionen von sauren Lösungen

1 Wie neutralisiert man eine saure mit einer alkalischen Lösung?

Material: Messzylinder (25 ml), Erlenmeyerkolben (100 ml), Abdampfschale, Dreifuß mit Netz, Gasbrenner, Feuerzeug

Chemikalien: alkalische Lösung: 0,4 %ige Natronlauge (0,1 mol/l; 5); saure Lösung: 0,4 %ige Salzsäure (0,1 mol/l; 5), Universalindikator-Lösung (2, 7)

Durchführung:
- Miss ein bestimmtes Volumen Salzsäure ab, gib es in den Erlenmeyerkolben und füge 3 Tropfen Indikator-Lösung zu.
- Miss das gleiche Volumen Natronlauge ab.
- Gib nun schrittweise kleine Mengen der Natronlauge in die Salzsäure, bis der Indikator dauerhaft von Rot nach Grün umschlägt. Schwenke dabei den Erlenmeyerkolben. ↗1
- Wie kannst du zeigen, dass ein Salz als Reaktionsprodukt entsteht? Führe den Versuch nach Rücksprache mit deiner Lehrerin/deinem Lehrer durch.

Auswertung: Fertige ein Versuchsprotokoll an. Formuliere die Reaktionsgleichung.

Entsorgung: neutralisierte Probe in Ausguss

1 *Erlenmeyerkolben schwenken, um den Farbumschlag von Rot nach Grün zu erkennen*

2 *Muschelschalen bestehen hauptsächlich aus Calcium(II)-carbonat.*

2 Wie reagiert Calcium(II)-carbonat mit verschiedenen sauren Lösungen?

Material: je nach Versuchsplanung

Chemikalien: Calcium(II)-carbonat-Pulver, verd. Methansäure (< 10 %; 5), verd. Ethansäure (< 25 %; 5), verd. Salzsäure (< 10 %; 5, 7), gesättigte Calcium(II)-hydroxid-Lösung (Kalkwasser; 5, 7)

Planung/Durchführung:
- Plane ein Experiment, bei dem jeweils die unterschiedlichen sauren Lösungen mit dem Calcium(II)-carbonat reagieren und du das entstehende Gas auffangen kannst.
- Erstelle dafür geeignete Versuchsaufbauten.
- Halte Rücksprache mit deiner Lehrerin/deinem Lehrer.
- Führe dann die abgesprochenen Versuche durch.
- Überlege dir anhand der Formeln der Stoffe und der Beobachtungen im Experiment, welches Gas entstehen könnte.
- Prüfe mit den bekannten Nachweisreaktionen, um welches Gas es sich handelt.
- Überlege dir weiterhin, welche Salzlösungen entstanden sein müssen.

Auswertung: Werte den Versuch mit einem Versuchsprotokoll aus.

Entsorgung: saure und alkalische Abfälle

3 Wie reagieren Marmorflächen mit Badreiniger?

Problemstellung:
In einem mit Marmor gefliesten Bad soll geputzt werden. Wie üblich greifst du zur Sprühflasche mit Badreiniger, entdeckst aber folgende Aufschrift: „Nicht anwenden auf Marmor und Kalksteinflächen."

3 *Sprühflasche mit Badreiniger*

Material: je nach Versuchsplanung

Chemikalien: Badreiniger (7), Marmorstück

Planung/Durchführung:
- Plane ein Experiment, um die Versuchsfrage zu beantworten.
- Erstelle dafür einen geeigneten Versuchsaufbau.
- Halte Rücksprache mit deiner Lehrerin/deinem Lehrer.
- Führe dann den abgesprochenen Versuch durch.

Auswertung: Werte den Versuch mit einem Versuchsprotokoll aus und erkläre dabei die Aufschrift auf dem Badreiniger.

Entsorgung: Marmorstücke reinigen, einsammeln und wiederverwenden

4 Wie reagieren unedle Metalle mit sauren Lösungen?

Material: Reagenzgläser, Pipetten, Stativ, Stativklemme, Stopfen mit Bohrung und Glasdüse/Glasröhrchen, große Pinzette, Feuerzeug und/oder Teelicht

Chemikalien: Zink (granuliert), Magnesiumband (2), verd. Methansäure (< 10 %; 5), verd. Ethansäure (< 25 %; 5), verd. Salzsäure (< 10 %; 5, 7)

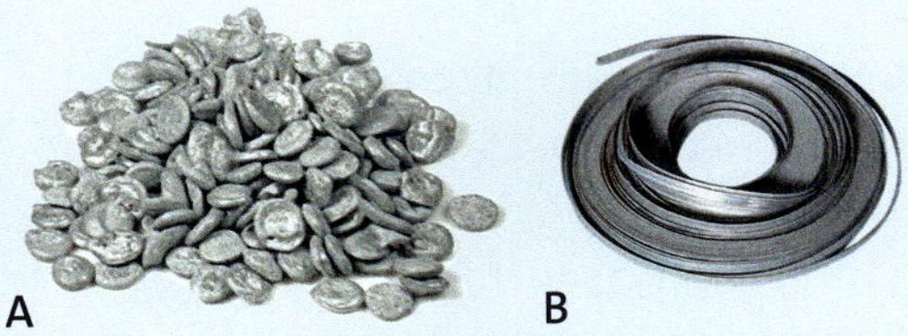

4 *Granuliertes Zink (A) und Magnesiumband (B)*

Durchführung:
- Befestige ein kleines Reagenzglas mit der Klemme am Stativ. ↗ 5
- Bring nun jeweils saure Lösung (daumenbreit) und eine kleine Menge Metall im Reagenzglas zur Reaktion.
- Fange das Gas auf und prüfe, um welches Gas es sich handelt.

Auswertung: Werte den Versuch mit einem Protokoll aus. Benenne dabei die Salze, die in den Lösungen entstehen.

Entsorgung: saure und alkalische Abfälle

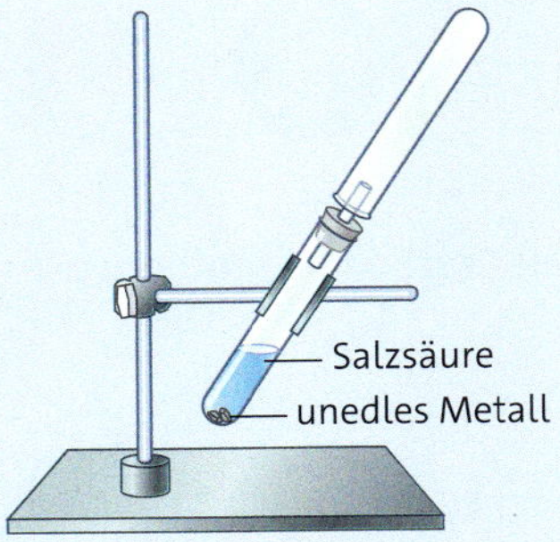

5 *Aufbau zu Versuch 3*

1 *pH-Skala mit den Farben des Universalindikators und Beispielen aus dem Alltag*

Saure und alkalische Lösungen im Alltag

Zitronensaft und Essig sind Beispiele für saure Lösungen im Alltag. Du erkennst sie an ihrem sauren Geschmack. Kernseife bildet alkalische Lösungen, die sich seifig anfühlen. Je nach Inhaltsstoffen und Konzentration können auch saure und alkalische Lösungen im Alltag Gefahrstoffe sein. Sie sind dann mit GHS-Piktogrammen gekennzeichnet.
Zum Erkennen saurer und alkalischer Lösungen nutzt man Indikatoren, die diese durch ihre typische Färbung anzeigen. Der pH-Wert gibt an, wie sauer oder alkalisch eine Lösung ist. ↗1

Säure-Base-Reaktionen

Saure Lösungen enthalten Oxonium-Ionen, alkalische Lösungen Hydroxid-Ionen.
Die Protolysereaktion ist eine Donator-Akzeptor-Reaktion, bei der ein Proton übertragen wird.
Säuren sind Teilchen, die als Protonendonatoren wirken. Beispiel Wasserstoffmonochlorid:

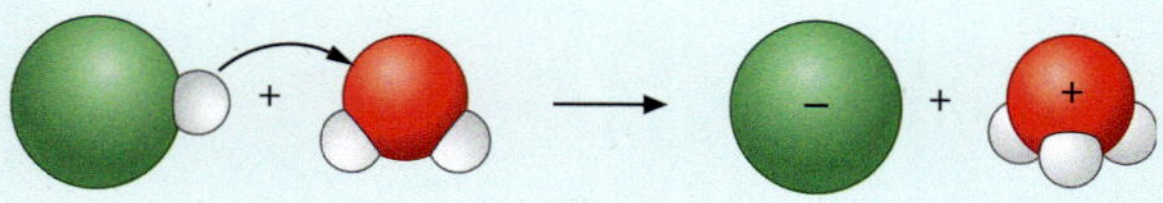

$HCl + H_2O \longrightarrow Cl^- + H_3O^+$

Basen sind Teilchen, die als Protonenakzeptoren wirken. Beispiel Ammoniak:

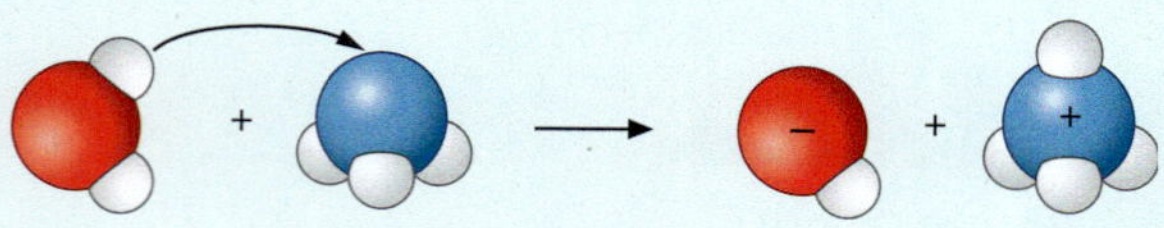

$H_2O + NH_3 \longrightarrow OH^- + NH_4^+$

Die Neutralisation

Bei der Neutralisation reagieren saure Lösungen mit alkalischen Lösungen zu Wasser und Salz. Dieser Vorgang ist stark exotherm.

saure Lösung + alkalische Lösung →
Wasser + Salz | exotherm

Da bei der Neutralisation die Rest-Ionen der sauren und alkalischen Lösungen erhalten bleiben, kann man durch Eindampfen des Wassers unterschiedliche Salze (= Ionenverbindungen) gewinnen.

Reaktionen von sauren Lösungen

Carbonate reagieren mit sauren Lösungen zu Kohlenstoffdioxid und den entsprechenden Salzlösungen.

Carbonat + saure Lösung →
Kohlenstoffdioxid + Salzlösung | exotherm

Dieses Prinzip nutzt man bei Kalklösemitteln für Küchen, Bäder oder Wasserkocher, die alle Säurelösungen enthalten.

Unedle Metalle reagieren mit sauren Lösungen in einer Redoxreaktion zu Wasserstoff und den jeweiligen Salzlösungen.

unedles Metall + saure Lösung →
Wasserstoff + Salzlösung | exotherm

Dabei werden die unedlen Metallatome zu positiven Metallionen oxidiert, die Oxonium-Ionen werden zu Wasserstoff-Molekülen reduziert.

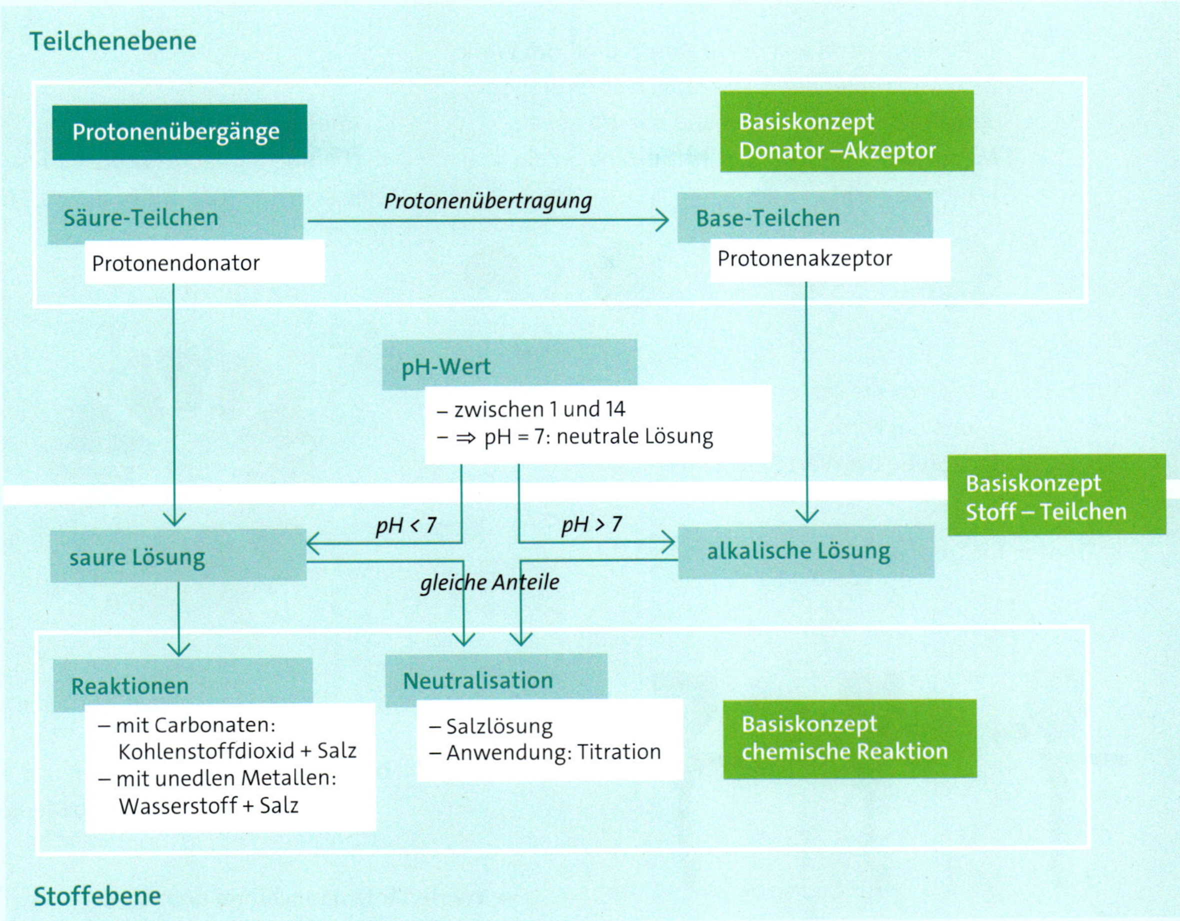

Kompetenzcheck

Hast du alle wichtigen Inhalte des Kapitels verstanden? Schätze dich zuerst selbst ein: ☺ 😐 ☹.

Überprüfe nun deine Selbsteinschätzung: Löse dazu die Aufgaben auf Seite 44/45 und vergleiche deine Antworten mit den Lösungsvorschlägen. ↗ S. 155

Ich kann ...	☺	😐	☹	Alles-im-Griff-Aufgabe	Hilfe findest du auf Seite
wichtige saure und alkalische Lösungen des Alltags nennen und typische Eigenschaften und Gefährdungspotenziale beschreiben.	?	?	?	5, 6	S. 30, 31
saure, neutrale und alkalische Lösungen mithilfe des pH-Wertes unterscheiden und mithilfe von Indikatoren nachweisen.	?	?	?	2	S. 30, 31, 35
mithilfe von Strukturformeln die Protonenübergänge und das Säure-Base-Konzept nach Brönsted erklären.	?	?	?	1, 4	S. 32–34
die Neutralisationsreaktionen anhand des Säure-Base-Konzepts erklären.	?	?	?	7	S. 36, 37
Neutralisationsgleichungen von sauren mit alkalischen Lösungen aufstellen und die gebildeten Salze benennen.	?	?	?	3, 7	S. 36, 37
untersuchen, wie Carbonate und unedle Metalle mit sauren Lösungen reagieren und einschätzen, was das bedeutet.	?	?	?	8	S. 38–41

1 Protolyse – da war der „Fehlerteufel" am Werk
Dein Mitschüler hat versucht, sich die Protolyse vom Wasserstoffmonochlorid mit Wasser als Modell zu veranschaulichen. Dabei hat er ein paar Fehler gemacht.

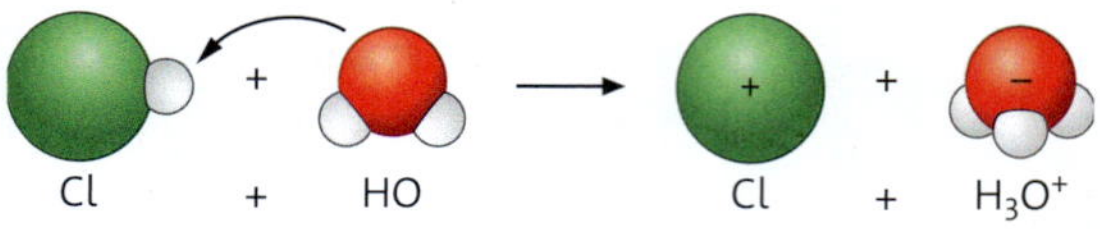

a □ Finde die Fehler in der Modelldarstellung und der Formelgleichung.
b □ Stelle die Wortgleichung auf.

2 Alles eine Sache der Farbe
In chemischen Labors kannst du häufig eine Dose mit gelblich-orangem Papier finden.

a □ Nenne den Fachbegriff für dieses Papier.
b ◪ Erläutere, was die Farben und die Zahlen zwischen 1 und 14 bedeuten.

3 Tropfen für Tropfen

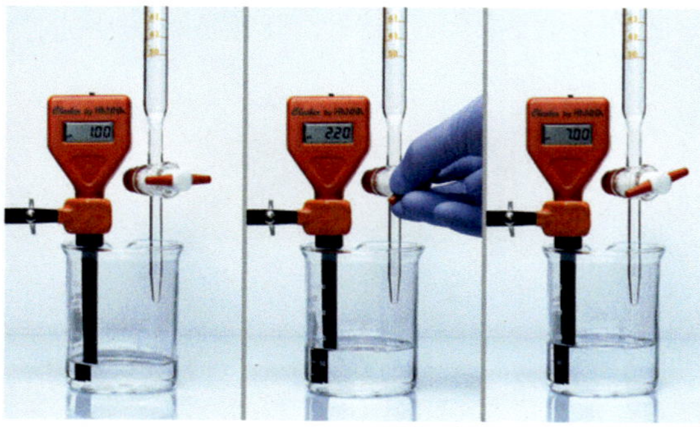

a □ Beschreibe, was du beobachten kannst, wenn du wie oben in drei Schritten dargestellt, in eine saure Lösung eine alkalische Lösung zutropfst.
b ◪ Erkläre deine Beobachtung und gehe dabei auf die dargestellten Anzeigewerte ein.

4 Wasserstoffmonochlorid und Wasser
Im Kolben befindet sich Wasserstoffmonochlorid, in der Wanne Wasser.
a □ Übertrage die Skizze in dein Heft, ergänze und beschrifte sie.
b □ Zeichne ein, was du erwartest, wenn der Hahn geöffnet wird.
c ◪ Beschreibe unter Verwendung von Fachbegriffen, was passiert.
d ◪ Formuliere die Reaktionsgleichung.
e □ Nenne ein anderes Gas, mit dem man im Kolben eine ähnliche Reaktion beobachten könnte.

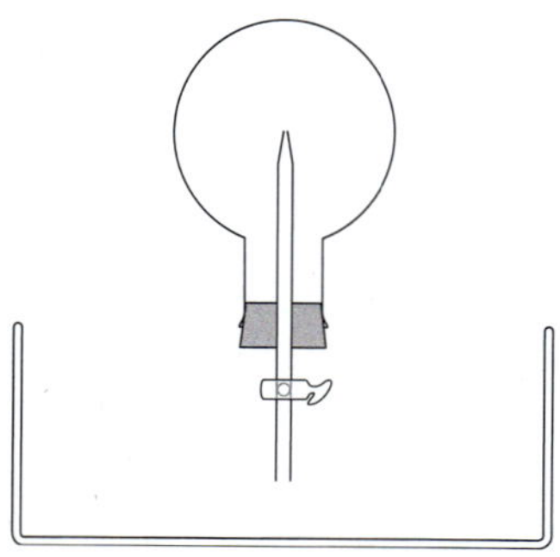

5 Säuren – Säurerest-Ionen

□ Übertrage die Tabelle in dein Heft und ersetze dabei die Fragezeichen.

Säure		Säurerest-Ionen	
Name	**Formel**	**Name**	**Formel**
Wasserstoffmonochlorid	HCl	?	Cl^-
Schwefelsäure	H_2SO_4	?	?
?	?	Nitrat-Ion	NO_3^-
Kohlensäure	?	Carbonat-Ion	?
?	H_3PO_4	?	PO_4^{3-}
?	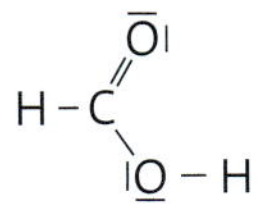	Formiat-Ion	?
?	?	Acetat-Ion	?

6 Hat man zu Hause – aber Vorsicht!

Auf Haushaltsreinigern sind oft Gefahrenpiktogramme aufgedruckt.

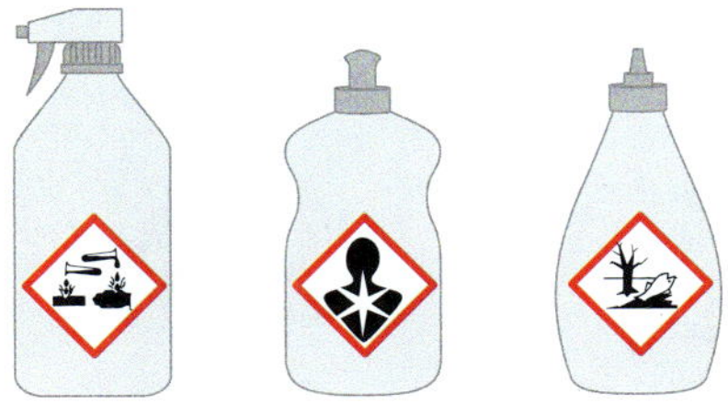

a □ Gib an, welche Bedeutung die abgebildeten Piktogramme haben.

b □ Beschreibe, welche Sicherheitsmaßnahmen du beachten musst.

c ◪ Überlege dir, auf welche Inhaltsstoffe das Piktogramm auf der linken Flasche hindeuten könnte.

7 So stelle ich mir das im Modell vor

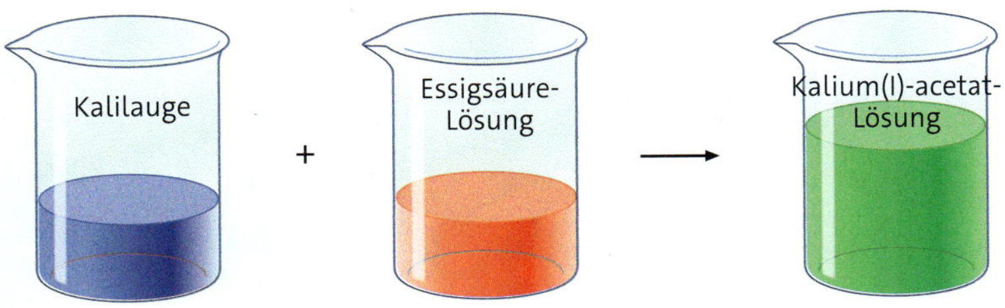

a □ Skizziere in dein Heft zu den drei Lösungen in den Bechergläsern jeweils eine Modelldarstellung auf Teilchenebene.

b ◪ Beschreibe, was auf Teilchenebene passiert, wenn du die beiden Ausgangslösungen zusammengießt. Verwende Fachbegriffe.

8 Eine gute Idee?

Da Tim schon das eine oder andere Glasgefäß heruntergefallen ist, macht er folgenden Vorschlag:

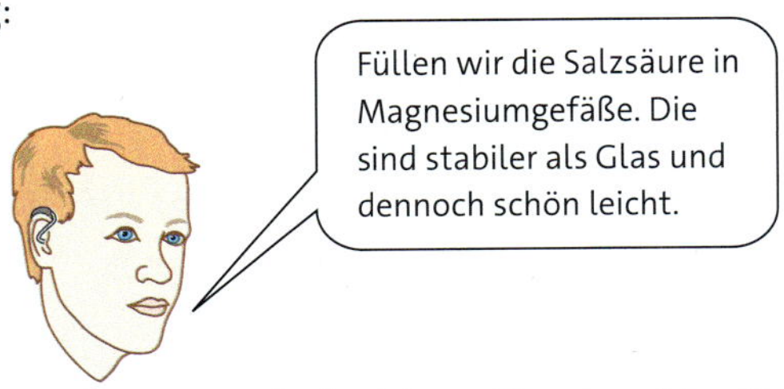

■ Nimm zu Tims Idee Stellung. Begründe deinen Standpunkt mithilfe einer Reaktionsgleichung.

3

Herkunft organischer Verbindungen

Streuobstwiesen prägen seit jeher das Bild der Fränkischen Schweiz. Im Frühsommer hängen die Kirschbäume voller roter Kirschen. Die Zweige biegen sich durch die vielen Früchte bis zum Boden. Es duftet süßlich nach reifem Obst. Durch die Fotosynthese wird in allen grünen Pflanzenteilen Traubenzucker (Glucose) aus Wasser und Kohlenstoffdioxid aufgebaut. Das Sonnenlicht liefert die dafür benötigte Energie.

Tims Mutter hat aus Wasser, Öl, Mehl und Salz ein Pfannenbrot zubereitet. Beim nachfolgenden Aufräumen der Zutaten gab es jedoch ein Missverständnis.

► Stelle Vermutungen an, welcher Logik Tim beim Einsortieren der Zutaten gefolgt sein könnte.

3.1 Kohlenstoff – Baustein organischer Stoffe

1 *Jöns Jacob Berzelius (1779–1848)*

Unterteilung der Chemie

Anfang des 19. Jahrhunderts teilte der schwedische Chemiker J.J. Berzelius das Stoffgebiet der Chemie in die Bereiche anorganisch und organisch auf. ↗ 1 Organische Verbindungen wie Zucker, Harnstoff oder Fette wurden nach damaliger Lehrmeinung ausschließlich in Lebewesen hergestellt. Hierfür schien eine besondere Lebenskraft nötig zu sein. Anders verhielt es sich mit den anorganischen Stoffen wie Salzen oder Metallen. So erklärte man sich, dass im Labor nur anorganische, nicht aber organische Verbindungen synthetisiert werden konnten.

Harnstoff machte den Anfang

Im Jahr 1828 widerlegte ein Experiment des deutschen Chemikers Friedrich Wöhler die Hypothese von der Existenz der Lebenskraft. Denn er schaffte es, im Labor ohne Zutun eines Lebewesens Harnstoff herzustellen. ↗ 2

Damit verlor die bisherige Abgrenzung zwischen organischer und anorganischer Chemie ihre Berechtigung. Man erkannte, dass organische Stoffe den gleichen chemischen Gesetzmäßigkeiten folgen wie anorganische Stoffe.

Dennoch hält man bis heute an der Einteilung in anorganische und organische Chemie fest. Untersuchungen zeigten, dass die organischen Verbindungen ausschließlich Kohlenstoffverbindungen sind. Darauf lassen sich auch die gemeinsamen Merkmale der organischen Stoffe zurückführen. Dies gilt für Naturstoffe genauso wie für künstlich hergestellte Verbindungen.

Kohlenstoffmonooxid und Kohlenstoffdioxid sowie Kohlensäure und deren Salze, die Carbonate, rechnet man nicht zu den organischen, sondern zu den anorganischen Stoffen.

2 *„... ich kann sozusagen mein chemisches Wasser nicht halten und muss Ihnen erzählen, dass ich Harnstoff machen kann, ohne dazu Nieren oder überhaupt ein Thier, sey es Mensch oder Hund, nöthig zu haben.“ Friedrich Wöhler (1800–1882)*

Kohlenstoff nachweisen

Verkohlte Würstchen auf dem Grill sind ärgerlich. Doch ganz zufällig hat man so einen chemischen Nachweis durchgeführt. Wie die meisten organischen Verbindungen zersetzen sich die Würstchen bei höheren Temperaturen. Zurück bleibt eine schwarze Masse aus Kohlenstoff. Stoffe, die beim Erhitzen verkohlen, sind als Kohlenstoff-Verbindungen zu erkennen. ↗ 3

Leitet man beim Erhitzen organischer Substanzen die gasförmigen Produkte in eine Calcium(II)-hydroxid-Lösung, erkennt man eine Trübung der Lösung. Diese sogenannte Kalkwasserprobe dient als Nachweis des Kohlenstoffdioxids, das beim Zersetzen der Substanz entsteht. ↗ 4

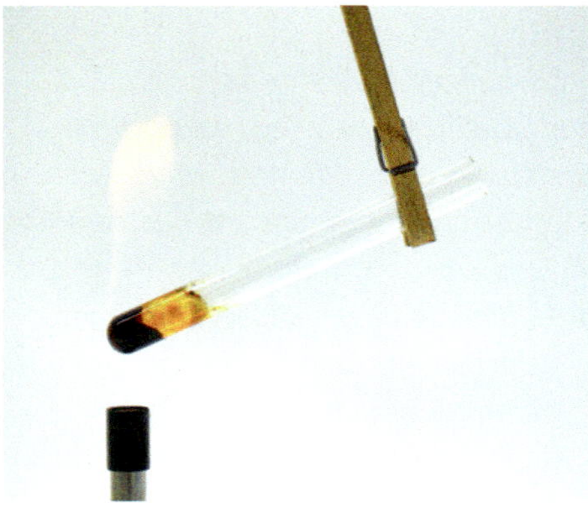

3 *Organische Stoffe verkohlen beim Erhitzen.*

Zusammensetzung organischer Verbindungen

Am Aufbau organischer Verbindungen sind neben dem Element Kohlenstoff sehr häufig auch die Elemente Wasserstoff und Sauerstoff beteiligt. Hält man beim Erhitzen einer organischen Verbindung ein Stück Wassernachweispapier über die Reagenzglasöffnung, färbt sich dieses blau. ↗ 5 Beim Zersetzen der Substanz entsteht also Wasser.

Analysen zeigten, dass organische Verbindungen auch die Elemente Stickstoff, Schwefel und Phosphor enthalten können.

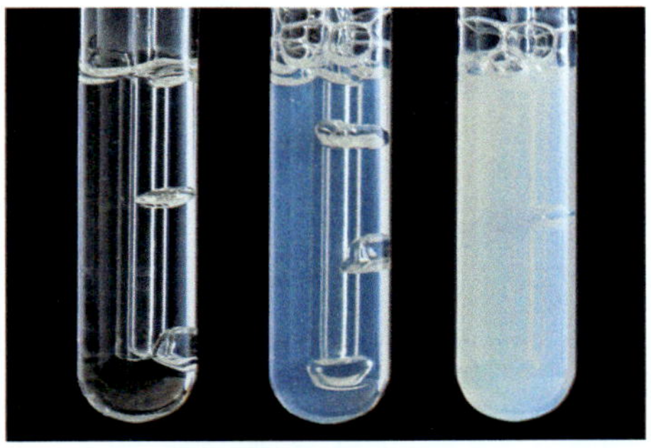

4 *Nachweis von Kohlenstoffdioxid mit der Kalkwasserprobe*

Merkmale organischer Verbindungen

Etliche organische Verbindungen lassen sich an ihrem charakteristischen Geruch erkennen, wie etwa Pfefferminzöl, Klebstoffe oder die Duftstoffe in Waschmitteln. Das Verkohlen zeigt außerdem, dass organische Stoffe häufig hitzeempfindlich sind. Viele organische Stoffe wie Ethanol oder Benzin sind brennbar.

Bedeutung organischer Verbindungen

Ganz egal, ob es um die Energiebereitstellung, den Muskelaufbau oder die Einlagerung von Reservestoffen geht – an sämtlichen Lebensvorgängen sind organische Verbindungen beteiligt. Zu den organischen Stoffen zählen aber genauso Nahrungsmittel, Medikamente und Waschmittel.

Auf der Grundlage von Erdöl lassen sich viele weitere Produkte der chemischen Industrie wie etwa Kunststoffe herstellen. Die chemische Industrie entwickelt nahezu täglich neue organische Verbindungen, inzwischen gibt es über 40 Millionen davon. Diese große Zahl ist auf die Fähigkeit der Kohlenstoff-Atome zurückzuführen, sich praktisch unbegrenzt miteinander verbinden zu können.

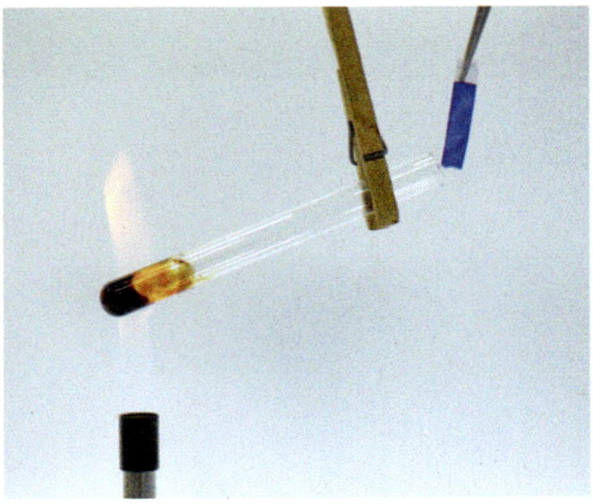

5 *Positiver Wassernachweis*

Organische Verbindungen spielen eine wichtige Rolle bei sämtlichen Lebensvorgängen, aber auch in der chemischen Industrie. Sie bestehen hauptsächlich aus Kohlenstoff, sind vielfach hitzeempfindlich und häufig brennbar.

AUFGABEN

1 □ Nenne drei Kohlenstoffverbindungen, die zu den anorganischen Stoffen zählen.

2 ◪ Du hast Zucker und Salz in zwei Reagenzgläser gegeben, aber vergessen, diese zu beschriften. Beschreibe einen Versuch, mit dem du herausfinden kannst, in welchem Reagenzglas sich welcher Stoff befindet.

Wissenschaftler stellten beim Vergleich von Satellitenbildern fest, dass sich die Blattflächen von Bäumen, Sträuchern und sonstigen Landpflanzen in den letzten 25 Jahren messbar vergrößert haben.

- ▶ *Stelle mithilfe des Bildes rechts und deiner Kenntnisse über die Fotosynthese Vermutungen an, wie es zu dieser Zunahme der Blattflächen gekommen sein könnte.*

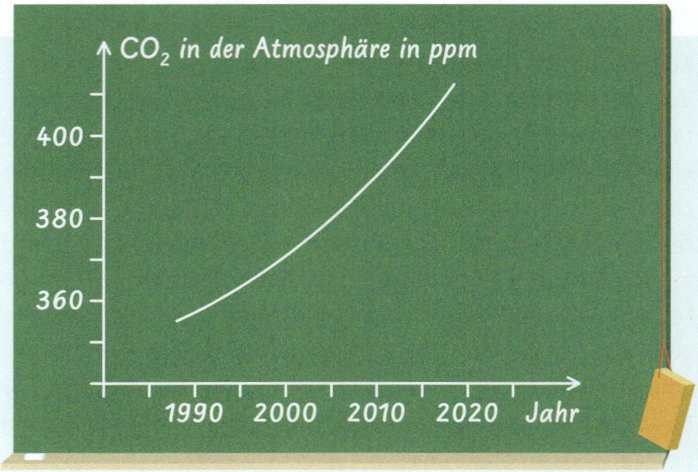

3.2 Aufbau energiereicher Stoffe

Ursprung aller organischen Verbindungen

Das Pflanzenwachstum beruht auf der Verarbeitung von Kohlenstoffdioxid bei der Fotosynthese. Alle grünen Pflanzen nehmen Kohlenstoffdioxid aus der Atmosphäre auf und bauen daraus mithilfe der Energie des Sonnenlichts und Wasser Traubenzucker, die Glucose, auf. Als weiteres Produkt entsteht Sauerstoff. Die Chloroplasten sind der eigentliche Ort der Fotosynthese. ↗ 1 In diesen befindet sich der grüne Blattfarbstoff Chlorophyll, der die Lichtenergie der Sonne aufnehmen kann. Diese wird in chemische Energie umgewandelt und in der Glucose gespeichert. ↗ 2

1 *Pflanzenzellen mit Chloroplasten (Vergrößerung 160-fach)*

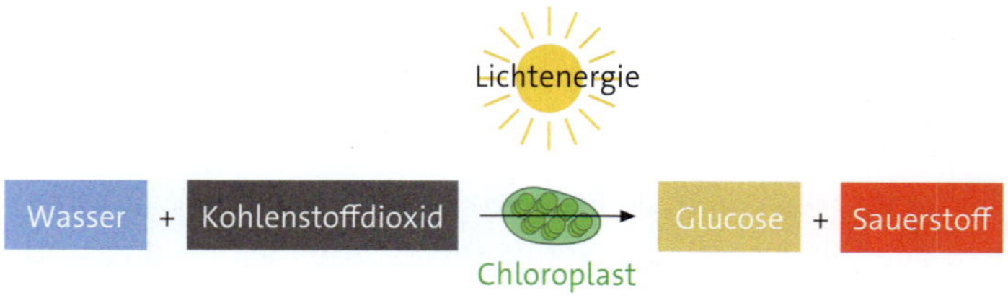

2 *Vereinfachte Reaktionsgleichung der Fotosynthese*

Alles dreht sich um Glucose

Fast alle Lebewesen verwerten Glucose als Kohlenstoff- und Energielieferant. Auf Grundlage der Glucose werden in den Organismen durch eine Vielzahl von Auf- und Umbaureaktionen sämtliche Bau- und Betriebsstoffe wie etwa Eiweiße oder Fette gebildet. Baustoffe ermöglichen das Wachstum und die Erneuerung des Körpers, wohingegen Betriebsstoffe als Energielieferanten dienen. Es handelt sich dabei stets um Kohlenstoffverbindungen.

Häufig nehmen Lebewesen jedoch nicht die Glucose direkt auf, sondern chemische Verbindungen, die aus dieser hervorgegangen sind, wie etwa die Saccharose aus Zuckerrüben. ↗ 3

3 *Saccharose aus der Zuckerrübe*

Fossile und nichtfossile Energieträger

In der Pflanze wird Glucose unter anderem in Cellulose und Stärke umgewandelt. Holz besteht zu einem großen Anteil aus dem Baustoff Cellulose, der Betriebsstoff Stärke wird zum Beispiel in Kartoffelknollen abgelagert. Cellulose und Stärke sind energiereiche Kohlenhydrate. Man zählt beide zu den nachwachsenden, also nichtfossilen Energieträgern. Die in der Cellulose gespeicherte Energie wird beim Verbrennen von Holz in Form von Licht- und Wärmeenergie freigesetzt.

Erdöl, Erdgas und Kohle dagegen sind nicht-erneuerbare, fossile Energieträger. Diese Kohlenstoffverbindungen entstanden über Jahrmillionen aus Abbauprodukten toter Pflanzen und Tiere. ↗ 4

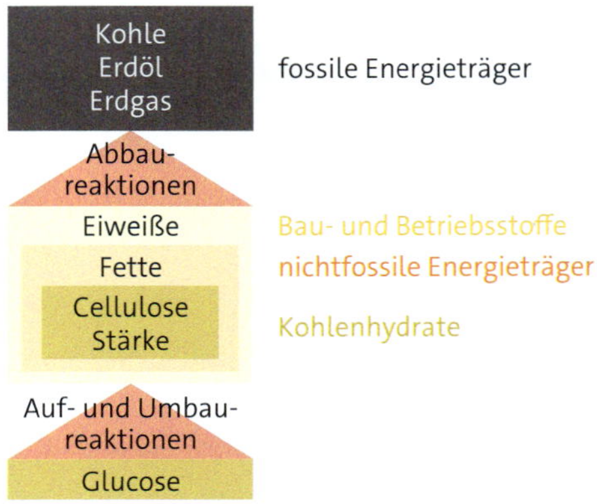

4 *Glucose als Kohlenstoff- und Energielieferant*

Natürlicher Kohlenstoffkreislauf

Die Prozesse Fotosynthese und Zellatmung sind für die wichtigsten Bewegungen und Umwandlungen von Kohlenstoffverbindungen verantwortlich. Der gesamte Kohlenstoff, der bei der Fotosynthese in Biomasse gebunden wurde, wird bei der Zersetzung ausgeschiedener oder abgestorbener organischer Substanzen wieder als Kohlenstoffdioxid freigesetzt. Dieses Wechselspiel beschreibt den natürlichen Kohlenstoffkreislauf. ↗ 5

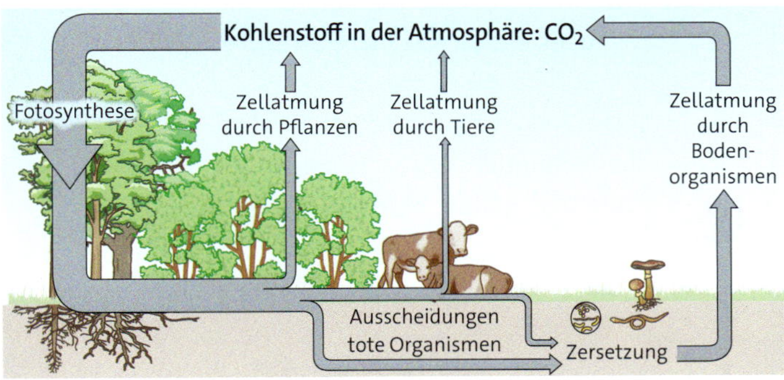

5 *Natürlicher Kohlenstoffkreislauf*

Menschlicher Einfluss

Im Laufe der Erdgeschichte hatte sich ein Gleichgewicht zwischen Abgabe und Aufnahme von Kohlenstoffdioxid eingestellt. Denn die Bildung der fossilen Energieträger hat dem Kreislauf große Mengen Kohlenstoff entzogen. Durch das Verbrennen der fossilen Energieträger wird Kohlenstoff, der seit Jahrmillionen gebunden war, in Form von Kohlenstoffdioxid freigesetzt. Daher steigt seit Beginn der Industrialisierung die Kohlenstoffdioxid-Konzentration in der Atmosphäre stetig an. ↗ 6

Fotosyntheseprodukte sind die Grundlage für die Bau- und Betriebsstoffe von Lebewesen sowie für fossile und nichtfossile Energieträger. Der Mensch beeinflusst durch das Verbrennen fossiler Energieträger den Kohlenstoffkreislauf.

6 *Verbrennung von Kohle in einem Kraftwerk*

AUFGABEN

1 □ Notiere die Formelgleichung der Fotosynthese. Die Formel der Glucose ist $C_6H_{12}O_6$.

2 ◪ Begründe, weshalb man die Fotosynthese als grundlegende Aufbaureaktion aller organischen Verbindungen bezeichnet.

3 ■ Erläutere den Einfluss der Industrialisierung auf den Kohlenstoffdioxid-Gehalt der Atmosphäre. ↗ 6

Organische Stoffe untersuchen

1 Welche Substanzen enthalten Kohlenstoff?

Material: 4 Reagenzgläser, Reagenzglasgestell, Reagenzglashalter, Gasbrenner, Steinwolle, Spatel

Chemikalien: Mehl, Kochsalz, Zucker, Sand

Durchführung:
- Gib eine Spatelspitze der Stoffe jeweils in ein eigenes Reagenzglas.
- Verschließe die Reagenzgläser mit etwas Steinwolle.
- Erhitze die Reagenzgläser nacheinander für etwa eine Minute über dem Gasbrenner.

Auswertung:
- Halte deine Beobachtungen in einer Tabelle fest.
- Erkläre deine Beobachtungen.

Entsorgung: Restmüll

2 Welche Substanzen enthalten Wasserstoff?

Material: 4 Reagenzgläser, Reagenzglasgestell, Reagenzglashalter, Gasbrenner, Spatel, Tiegelzange

Chemikalien: Mehl, Kochsalz, Zucker, Sand, Wassernachweispapier

Durchführung:
- Erhitze die Reagenzgläser mit je einer Spatelspitze Substanz nacheinander über dem Gasbrenner.
- Halte mit der Tiegelzange je ein kurzes Stück Wassernachweispapier über die Reagenzglasöffnung.

Auswertung:
- Beantworte die Untersuchungsfrage.
- Gib an, wie sich Wasser gebildet hat.

Entsorgung: Restmüll

3 Welche Substanz ist eine organische Verbindung?

Material: 4 Reagenzgläser, Reagenzglasgestell, Gasbrenner, gewinkeltes Glasrohr, Stopfen mit Bohrung, Stativ, Muffe

Chemikalien: Kochsalz, Zucker, Calcium(II)-hydroxid-Lösung (5, 7)

Durchführung:
- Erhitze den Inhalt der Reagenzgläser nacheinander und leite das gasförmige Produkt jeweils in frische Calcium(II)-hydroxid-Lösung. ↗1

Auswertung:
- Beantworte die Untersuchungsfrage unter Zuhilfenahme deiner Ergebnisse.
- Gib an, wie sich Kohlenstoffdioxid gebildet hat.

Entsorgung: verkohlte Stoffe in den Restmüll, Reste der Calcium(II)-hydroxid-Lösung in den Behälter für saure und alkalische Abfälle

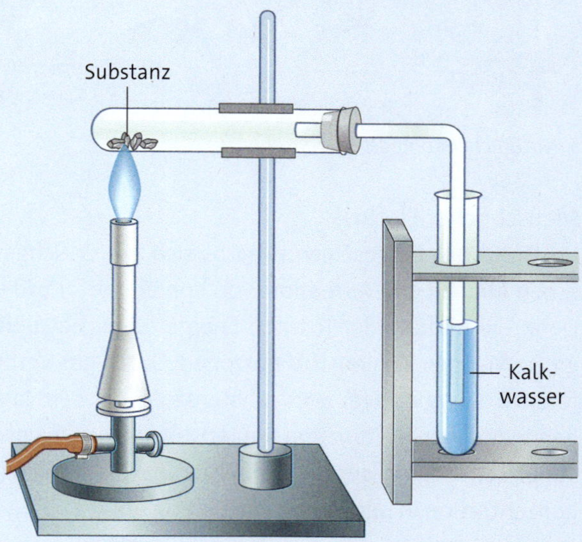

1 *Versuchsaufbau zum Nachweis von Kohlenstoffdioxid*

Über eine Frage debattieren

1 *Eine Schülergruppe beim Debattieren*

Was ist eine Debatte?

Eine Debatte ist eine besondere Form der Diskussion nach strikten Regeln. Ausgangspunkt ist immer eine Entscheidungsfrage, deren Antwort viele Menschen betrifft. Entscheidungsfragen sind Fragen, die man nur mit „Ja" oder „Nein" beantworten kann.

Beispiel: Sollen Landwirte in Deutschland verpflichtet werden, 50 % ihrer Anbauflächen für nichtfossile Energieträger zu nutzen?

Eine Debatte vorbereiten

Für jede Debatte ist eine gute Sachkenntnis eine wichtige Voraussetzung. Nur so könnt ihr später überzeugend argumentieren. Zunächst müsst ihr daher Hintergrundinformationen und Argumente für beide Seiten sammeln und notieren.

Eine Debatte durchführen

Führt die Debatte jeweils zu viert durch, wobei zwei die Pro- und zwei weitere die Kontra-Position übernehmen. Die Position, die du in der Debatte vertrittst, muss nicht deiner persönlichen Meinung entsprechen. Dies kann auch das Los entscheiden. In Anlehnung an den Bundeswettbewerb „Jugend debattiert" bietet es sich an, die Debatte in drei Phasen zu gliedern. ↗ 2 Jeweils ein Moderator achtet auf die Einhaltung der Gesprächsregeln und Zeiten. Ihr solltet auch während der Phasen Notizen anfertigen.

A Eröffnungsrunde

Im ersten Teil der Debatte erläutert und begründet ihr eure jeweilige Position. Tragt die Argumente abwechselnd vor. Startet immer mit der Pro-Seite. Jeder Redner erhält zwei Minuten Zeit.

B Freie Aussprache

In dieser Phase könnt ihr Argumente aus der ersten Phase nochmals erörtern oder auch neue Argumente vorbringen. Dafür habt ihr insgesamt zwölf Minuten.

C Schlussrunde

In der dritten Phase steht es euch frei, eure Position gegenüber der Eröffnungsrunde zu verändern. Dabei solltet ihr aber nur auf Argumente zurückgreifen, die in den ersten beiden Phasen genannt wurden. Je eine Minute steht hierfür zur Verfügung.

Eine Debatte beenden

Stimmt abschließend gemeinsam über die Entscheidungsfrage ab und beurteilt den Ablauf der Debatte.

AUFGABE

■ Debattiert in der Klasse in mehreren Gruppen über das im Text genannte Beispielthema.

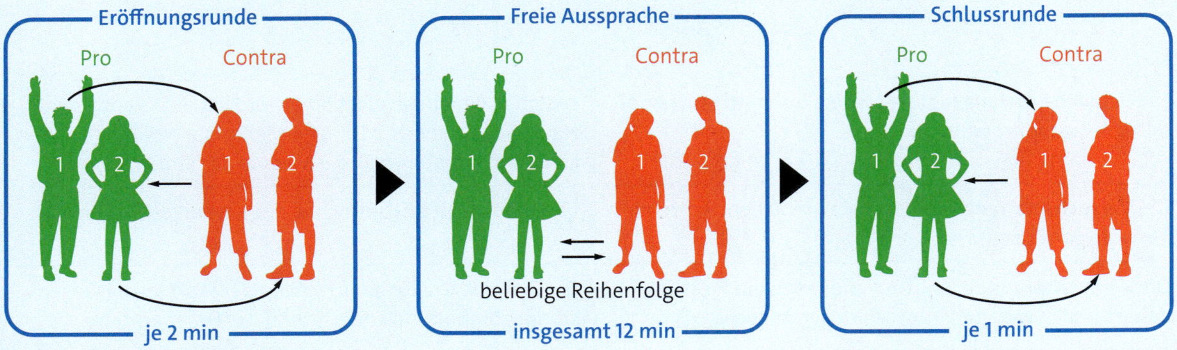

2 *Möglicher Ablauf einer Debatte*

Weg der Erkenntnisgewinnung – Frage und Versuchsplanung

Weitere Merkmale	Beispiel
Die **Frage** muss festlegen, welche Variable verändert werden soll.	Verändert wird der eingesetzte Stoff.
Die **Frage** muss festlegen, welche Variable beobachtet werden soll.	Beobachtet wird die Brenndauer.

Die **Frage** steht in enger Beziehung zur Versuchsplanung.

In der **Versuchsplanung** spiegelt sich die Frage wider.

Die **Versuchsplanung** legt fest, wie die zu untersuchende Variable geändert wird.	Lediglich der eingesetzte Stoff wird variiert: Rapsöl und Haushaltszucker; alle übrigen Merkmale werden konstant gehalten, z. B. die Massen der Stoffe.
Die **Versuchsplanung** legt fest, wie die zu beobachtende Variable gemessen wird.	Es wird die Zeit bestimmt, die der jeweilige Stoff brennt.
Die **Versuchsplanung** legt fest, wie lange die Messung dauert und in welchen Intervallen gemessen wird.	Die Zeitmessung beginnt, sobald der Stoff jeweils eigenständig brennt und endet, wenn das Feuer erlischt.

Energiegehalt organischer Verbindungen

Was brennt am längsten?

Material: 4 kleine Porzellanschalen, Holzspan, Watte aus Baumwolle, Waage, Wägeschiffchen, Stoppuhr mit Sekundenanzeige, Abzug

Chemikalien: Feinzucker, Rapsöl, geschälter Erdnusskern

Durchführung:
- Bedecke den Boden einer Porzellanschale mit so viel Watte, dass der Boden möglichst nicht mehr zu sehen ist, die Watte aber nur eine maximale Höhe von etwa 5 Millimetern einnimmt.
- Notiere die Masse der eingesetzten Watte.
- Wiege entsprechend des notierten Wertes die gleiche Wattemasse für die weiteren drei Porzellanschalen ein.
- Präpariere zwei weitere Porzellanschalen so mit Watte wie die erste Schale.
- Notiere die Masse des geschälten Erdnusskerns.
- Wiege entsprechend des notierten Wertes je die gleiche Masse Feinzucker und Rapsöl ein.
- Gib den Erdnusskern in eine leere Porzellanschale, bedecke ihn mit der abgewogenen Watte und zerdrücke ihn möglichst fein mit dem Daumen, sodass sich die zerkleinerte Masse gleichmäßig in der Watte verteilt.
- Wische mit dieser Watte den Boden der Porzellanschale aus und lege sie nun mit der verteilten Erdnussmasse nach oben in die Schale. ↗ 1

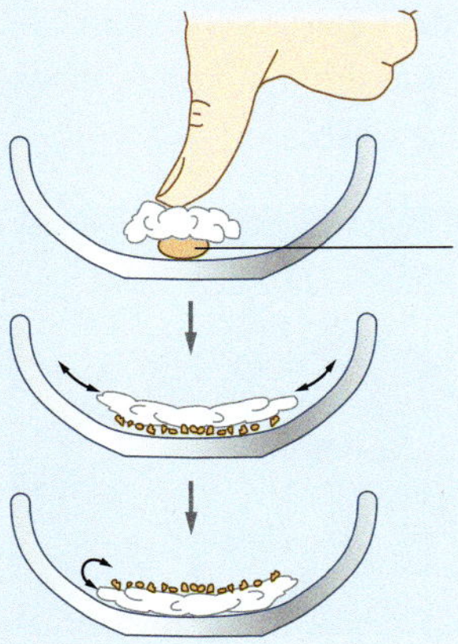

1 *Präparation der Erdnuss*

2 *Versuchsaufbau zur Brenndauer*

- Verteile den Zucker und das Rapsöl gleichmäßig auf der Watte der beiden übrigen Porzellanschalen.
- Entzünde mit einem brennenden Holzspan zunächst die Watte alleine im Abzug und notiere die Brenndauer. ↗ 2
- Verfahre für die übrigen Porzellanschalen nacheinander in der gleichen Weise.

Auswertung:
- Halte die Brenndauern in einer Tabelle fest.
- Gib an, wozu die Porzellanschale nur mit Watte dient.
- Stelle begründete Vermutungen für deine Beobachtungen an.
- Vergleiche deine Ergebnisse mit den Daten von ↗ 3.
- Bewerte den Versuchsaufbau zur Brenndauer.

Entsorgung: Restmüll

	Brennwert pro 100 g
Zucker	1676 kJ
Erdnuss	2667 kJ
Rapsöl	3699 kJ

3 *Verschiedene Brennwerte*

Das Bild rechts zeigt die Förderung von Erdöl mithilfe einer Plattform im Meer. Viele Lagerstätten befinden sich in durchlässigen Gesteinsschichten mit zahlreichen Hohlräumen. Sie enthalten meist dünnflüssiges Öl.

► *Leite aus dem Bild rechts Voraussetzungen ab, die für die Entstehung von Erdöl nötig sind.*

3.3 Erdöl, Erdgas und Kohle

Zusammensetzung der fossilen Energieträger

Erdöl ist ein Stoffgemisch. Es besteht hauptsächlich aus Kohlenwasserstoffen. Der Hauptbestandteil von Erdgas ist Methan. Kohle enthält vor allem das Element Kohlenstoff, wobei der Kohlenstoffanteil in den unterschiedlichen Sorten variiert.

Entstehung von Erdöl und Erdgas

Vor mehr als 250 Millionen Jahren bedeckten riesige Meere die Erdoberfläche. Kleinstlebewesen wie pflanzliches und tierisches Plankton sanken nach ihrem Absterben auf den Meeresboden. ↗ 1 Dort kam an das organische Material kaum Sauerstoff. Deshalb konnte es nicht verwesen und es entstand Faulschlamm. Durch Einschwemmungen lagerten sich darüber Sedimente aus Sand und Schlamm ab. Der Faulschlamm gelangte so in immer größere Tiefen. Durch hohen Druck und hohe Temperaturen entstanden aus großen Molekülen kleinere. Aus fester Substanz wurde so flüssiges Öl oder Gas. Der hohe Druck quetschte Öl und Gas soweit nach oben, bis undurchlässige Gesteinsschichten den weiteren Aufstieg verhinderten. Das Erdöl lagerte sich in den Gesteinen in kleinste Hohlräume ein wie in die Poren eines Schwamms. Darüber bildeten sich riesige Gasblasen. ↗ 2

1 *Meeresplankton*

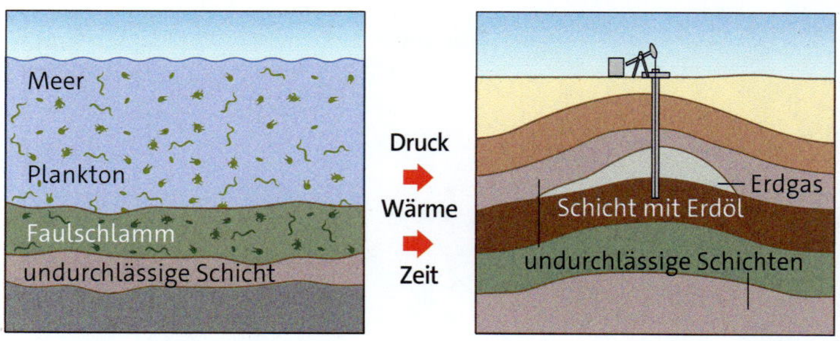

2 *Entstehung von Erdöl und Erdgas*

Entstehung von Kohle

Vor 300 Millionen Jahren sah es auf dem Gebiet des heutigen Deutschland noch ganz anders aus: Zunächst herrschten riesige Sümpfe und Moore vor. Dann entwickelte sich ein undurchdringlicher Urwald mit gigantischen Bäumen. Starben Bäume und Pflanzen in den Urwäldern, fielen sie auf den sumpfigen Boden. Dort gelangte aber kaum Sauerstoff an die Pflanzenreste. Deshalb verwesten sie nicht, sondern wurden zu Torf. Darüber wuchsen dann neue Pflanzen. Immer wieder überfluteten Ozeane die Sumpfgebiete und führten große Mengen Sand und Geröll mit sich. Dieser Prozess wiederholte sich vielfach. Auf Ablagerungen von Pflanzen folgten Ablagerungen von Sand und Geröll. Obenauf siedelten sich regelmäßig wieder Pflanzen an. Durch den Druck der zahlreichen Erdschichten wurden die unteren Torfschichten bei hoher Wärme zusammengepresst. Es bildete sich Braunkohle. Weitere Schichten ließen Druck und Hitze zunehmen, sodass aus Braunkohle Steinkohle wurde. ↗ 3

3 *Entstehung von Kohle*

Verwendung von Erdöl, Erdgas und Kohle

Die fossilen Energieträger Erdöl, Erdgas und Kohle werden zur Freisetzung der in ihnen gespeicherten Energie eingesetzt. Viele Automobile fahren mit den aus Erdöl gewonnenen Kraftstoffen Benzin oder Diesel. Heizungen werden häufig mit Erdgas betrieben, ein geringerer Teil mit Öl. Kohlekraftwerke tragen weltweit zur Stromerzeugung bei.

Aus Erdöl werden zudem viele Produkte hergestellt. Hierzu zählen Textilien, Farben, Kunststoffe, Medikamente und Lösungsmittel. Daher gilt Erdöl als wertvoller fossiler Rohstoff. ↗ 4

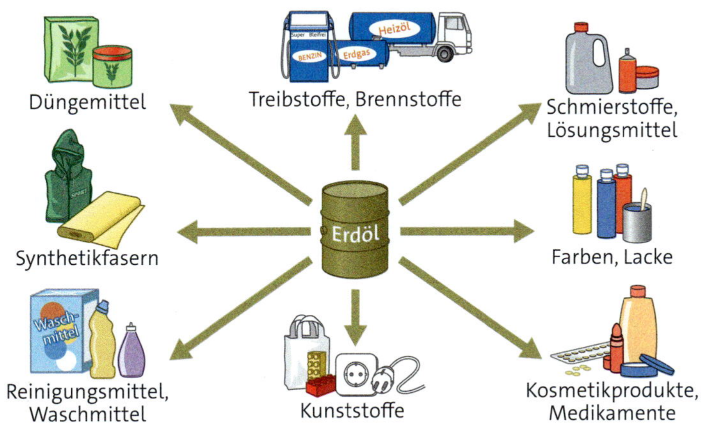

4 *Erdöl ist ein wertvoller fossiler Rohstoff.*

Kohle, Erdöl und Erdgas sind aus abgestorbenen organischen Materialien unter Luftabschluss, Druck und Wärme über Millionen von Jahren entstanden. Sie sind wichtige fossile Energieträger. Aus dem Rohstoff Erdöl werden viele weitere Produkte hergestellt.

AUFGABEN

1 □ Gib an, was man unter fossilen Energieträgern versteht.

2 ◪ Vergleiche die Entstehung von Erdöl und Kohle.

3 ■ Stelle begründete Vermutungen an, ob Braun- oder Steinkohle den höheren Energiegehalt hat.

Du sollst einen Blumentopf aus dem Gewächshaus holen. „Ausgerechnet heute", denkst du. „Wo es draußen doch so kalt ist. Da hilft das bisschen Sonne auch nichts ..." Als du das Gewächshaus betrittst, fällt dir auf, dass es innen deutlich wärmer ist, obwohl es keine Heizung gibt.

▶ *Erkläre mithilfe deiner Kenntnisse aus der Physik, weshalb es bei Sonnenschein im Gewächshaus wärmer ist.*

3.4 Treibhauseffekt

Der natürliche Treibhauseffekt

Die Glasflächen eines Gewächshauses sind für Sonnenstrahlen durchlässig. Die Energie der Sonneneinstrahlung erwärmt den Boden darin, wodurch er Wärmestrahlung abgibt. Es kommt zu einem Wärmestau im Treibhaus, da die Glasflächen einen Teil der Strahlung reflektieren. Die Temperatur im Gewächshaus steigt an.

Das gleiche Prinzip gilt für unsere Erde: Die Erdoberfläche wird durch die Sonneneinstrahlung erwärmt und strahlt Wärme ab. Sogenannte Treibhausgase der Atmosphäre verhindern, dass diese Wärmestrahlung komplett ins Weltall abgegeben wird. Zu den Treibhausgasen zählen neben Kohlenstoffdioxid und Methan auch Distickstoffmonooxid und Wasserdampf. ↗ 1 Durch sie wird ein Teil der Wärmestrahlung zurückgeworfen, wodurch sich die Erdoberfläche weiter erwärmt. ↗ 2 Ohne den natürlichen Treibhauseffekt läge die Temperatur in Bodennähe bei –18 °C.

Treibhausgas	Beitrag
Wasserdampf	62 %
Kohlenstoffdioxid	22 %
Distickstoffmonooxid	4 %
Methan	2,5 %

1 *Beitrag ausgewählter Treibhausgase zum natürlichen Treibhauseffekt*

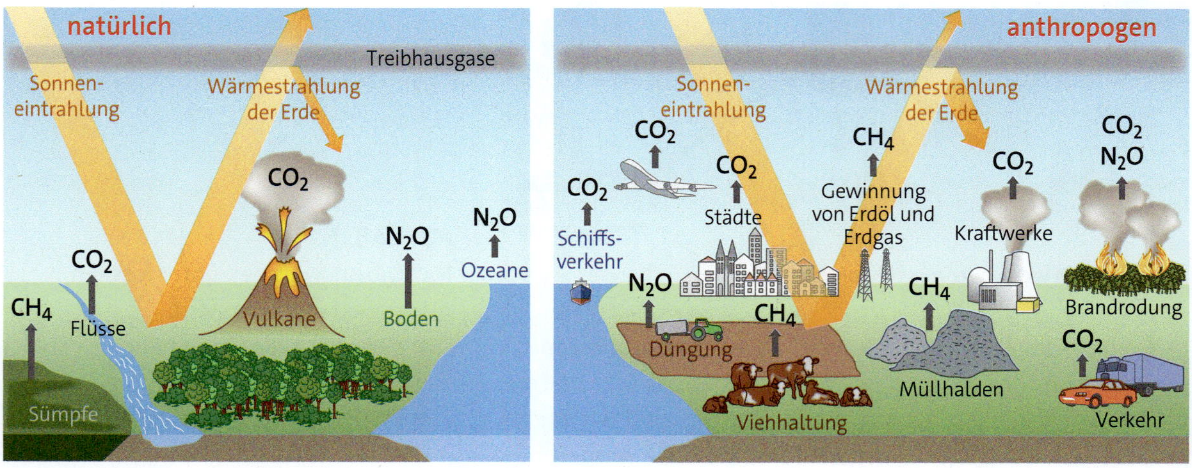

2 *Natürlicher Treibhauseffekt (links) und Verstärkung durch den Menschen (rechts)*

Einfluss des Menschen

Durch anthropogene, also durch den Menschen verursachte Einflüsse, hat sich der atmosphärische Gehalt der bereits vorhandenen Treibhausgase deutlich erhöht. Große Mengen Kohlenstoffdioxid entstehen bei der Verbrennung fossiler Energieträger wie Erdöl, Erdgas und Kohle. Methan wird in Mülldeponien, bei der Erdöl- und Erdgasgewinnung sowie in der Massentierhaltung freigesetzt. Massiver Düngemitteleinsatz in der Landwirtschaft und die Brandrodung von Wäldern lassen zusätzlich Distickstoffmonooxid entweichen. Dadurch verändert sich die Strahlungsbilanz der Atmosphäre, denn es wird deutlich mehr Wärmestrahlung reflektiert. ↗ 2 Der natürliche Treibhauseffekt verstärkt sich, wodurch die globale Temperatur ansteigt. ↗ 3 Diese globale Erwärmung hat unter anderem besonders heiße Sommer, Überschwemmungen durch Starkregen oder massive Stürme zur Folge. Ein Abschmelzen der Polkappen führt außerdem zu einem Anstieg der Meeresspiegel.

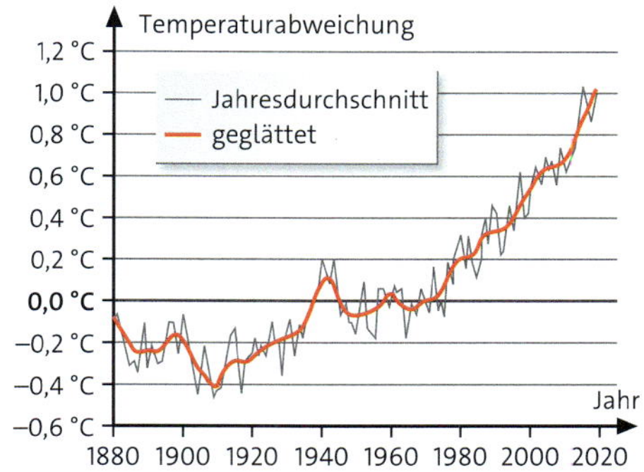

3 *Globale Erwärmung*

Kohlenstoffdioxid schafft Probleme

In den vergangenen zehn Jahren wurden durch menschliche Aktivitäten jährlich über 35 Milliarden Tonnen Kohlenstoffdioxid in die Atmosphäre abgegeben. Ein Teil der jährlichen Kohlenstoffdioxid-Emissionen durch den Menschen wird von den Wäldern aufgenommen oder in den Weltmeeren gespeichert. ↗ 4 Das restliche Kohlenstoffdioxid wirkt als zusätzliches Treibhausgas. Der immer höhere Kohlenstoffdioxid-Anteil in den Meeren führt zu einer Versauerung und schädigt dadurch viele Lebewesen wie Plankton, Korallen und Muscheln.

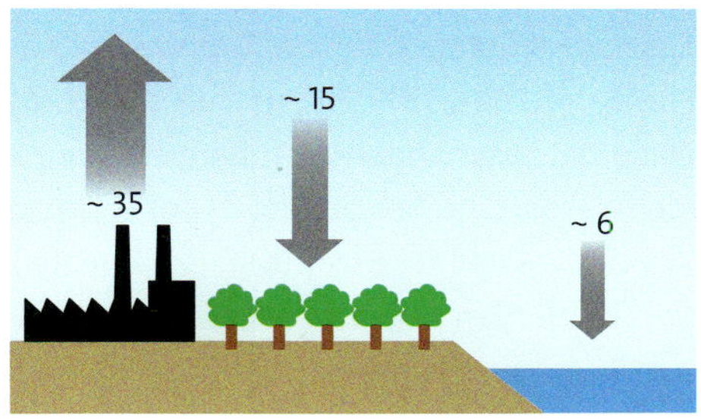

4 *Anthropogene Kohlenstoffdioxid-Abgabe und Aufnahme (in Gigatonnen pro Jahr)*

Übereinkommen von Paris

Um einem gefährlichen Wandel des Klimas entgegenzutreten, wurde im Dezember 2015 in Paris eine rechtsverbindliche weltweite Klimaschutzvereinbarung geschlossen. Dieses Übereinkommen von Paris zählt knapp 190 Vertragsparteien und gilt seit November 2016.

Die Staaten einigten sich dabei auf das Ziel, den Anstieg der weltweiten Durchschnittstemperatur auf möglichst 1,5 °C zu begrenzen. Wissenschaftliche Modelle gehen davon aus, dass diese Begrenzung die Risiken und Folgen des Klimawandels deutlich vermindern würde. Gleichzeitig reichten die Staaten Pläne zur hierfür nötigen Reduzierung des Kohlenstoffdioxid-Ausstoßes ein. ↗ 5

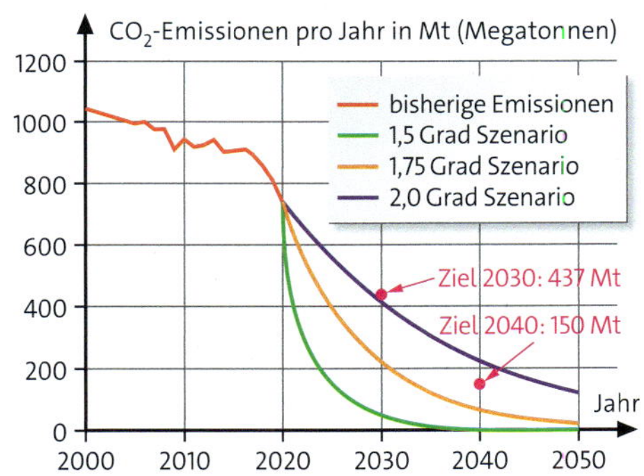

5 *Wie viel Kohlenstoffdioxid darf Deutschland noch ausstoßen?*

Durch den Einfluss des Menschen hat sich der Gehalt der Treibhausgase in der Atmosphäre stark erhöht. Dadurch wird die Wirkung des natürlichen Treibhauseffekts gesteigert. Dies wird als hauptsächliche Ursache der globalen Erwärmung angesehen.

AUFGABEN

1 ◪ Erkläre, wie es durch den natürlichen Treibhauseffekt zu einer durchschnittlichen Temperatur der Erdoberfläche von +15 °C kommt.

2 ◪ Erläutere die Aussage: „Kohlenstoffdioxid entfaltet nicht nur als Treibhausgas eine negative Wirkung.“

3 ■ Recherchiere Möglichkeiten, wie du dazu beitragen kannst, den CO_2-Ausstoß zu reduzieren.

Diskussion: Sind nachwachsende Rohstoffe die Lösung?

Nachhaltigkeit – keine „Erfindung“ von heute

Der Universalgelehrte Alexander von Humboldt wird zu den Wegbereitern der oberfränkischen Porzellanindustrie gezählt. ↗1 Er stand diesem Industriezweig grundsätzlich positiv gegenüber, weil die Menschen in der bislang armen oberfränkischen Gegend so zu Arbeit kamen. Jedoch sorgte er sich wegen des großen Holzbedarfs für die Porzellan-Brennöfen auch um den Raubbau in den Wäldern des Fichtelgebirges und des Frankenwaldes. Humboldt setzte daher während seiner Zeit in Franken (1792 – 1797) bereits auf das Prinzip der Nachhaltigkeit, indem er folgendes Konzept gegen die übermäßige Abholzung der oberfränkischen Wälder vorschlug: Es sollten nur so viele Bäume gefällt werden, wie im gleichen Zeitraum wieder nachwachsen konnten.

1 *Alexander von Humboldt (1769–1859) – auch ein Wegbereiter der Porzellanindustrie in Oberfranken*

Aussagen über fossile Energieträger

Nachteile	Vorteile
... fördern den Treibhauseffekt.	... bewirken, dass emissionsärmere Technologien entwickelt werden.
... sind nur begrenzt verfügbar.	... können mit modernen Technologien sparsam eingesetzt werden.
... lösen internationale Konflikte aus.	... tragen auch zu unserem Wohlstand bei.
... machen viele Länder von exportierenden Staaten abhängig.	... sind eine wichtige Einnahmequelle exportierender Länder.

3 *Fossile Energieträger – nicht nur Nachteile*

Ein wichtiger Wirtschaftsfaktor

Die zehn größten Öl- und Gaskonzerne erwirtschafteten 2019 zusammen einen Umsatz von mehr als 2,5 Billionen US-Dollar und beschäftigten mehr als 1,8 Millionen Angestellte.

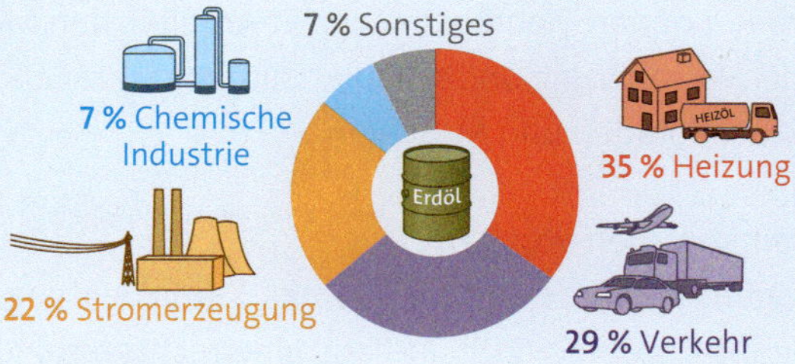

4 *Wozu Erdöl verwendet wird.*

2 *Nachwachsende Rohstoffe – die Lösung aller Probleme?*

Produkte und Energie aus Mais

Aus verarbeiteter Maisstärke werden unter anderem Tragetaschen und Einmalbesteck hergestellt. ↗ 5 Maiskeimöl dient als Rohstoff für Farben und Seifen. Mais ist wichtig für die Produktion von Bioethanol. In Biogasanlagen gewinnt man aus Mais mithilfe von Bakterien Methan, das zu Strom und Wärme verarbeitet wird. ↗ 6

Tank oder Teller

Auf immer mehr Flächen weltweit wird Mais nur noch angebaut, um ihn als Rohstoff einzusetzen. Allerdings ist er in vielen Ländern nach wie vor auch ein Grundnahrungsmittel. Das geringere Angebot führt zu einer Erhöhung der Preise im Lebensmittelsektor.
Ein Beispiel dafür ist die „Tortilla Krise" aus dem Jahr 2007. Innerhalb eines halben Jahres verdoppelte sich in Mexiko der Preis für Mais. Plötzlich konnten sich viele Mexikaner ihr Grundnahrungsmittel nicht mehr leisten. In Massen protestierten sie auf der Straße. ↗ 7

5 *Einmalbecher aus Cellulose (links) und Einmalbesteck aus Maisstärke (rechts)*

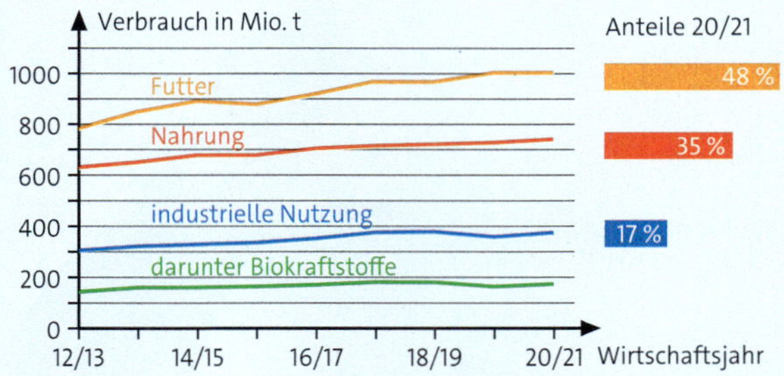

6 *Weltweiter Getreideverbrauch in Millionen Tonnen*

7 *Wütende Proteste während der „Tortilla Krise"*

AUFGABEN

1 □ Stelle die Meinungen aus Bild 2 in einer Tabelle als Pro- und Kontra-Liste zusammen. ↗ 2
2 ◪ Ergänze die Tabelle um weitere Argumente.
3 ◪ Gewichte die Argumente, indem du jeweils 0 bis 3 Punkte vergibst (0: nicht wichtig, 3: sehr wichtig).
4 ■ Werte dein persönliches Ergebnis aus.

Kohlenstoff – Baustein organischer Stoffe

Organische Verbindungen spielen eine wichtige Rolle bei sämtlichen Lebensvorgängen, aber auch in der chemischen Industrie. Sie bestehen hauptsächlich aus Kohlenstoff, sind vielfach hitzeempfindlich und häufig brennbar. Stoffe, die beim Erhitzen verkohlen, sind als Kohlenstoffverbindungen zu erkennen. ↗ 1
Leitet man beim Erhitzen organischer Substanzen das gasförmige Zersetzungsprodukt in eine Calcium(II)-hydroxid-Lösung, erkennt man eine Trübung der Lösung. Diese Kalkwasserprobe dient als Nachweis des entstehenden Kohlenstoffdioxids.

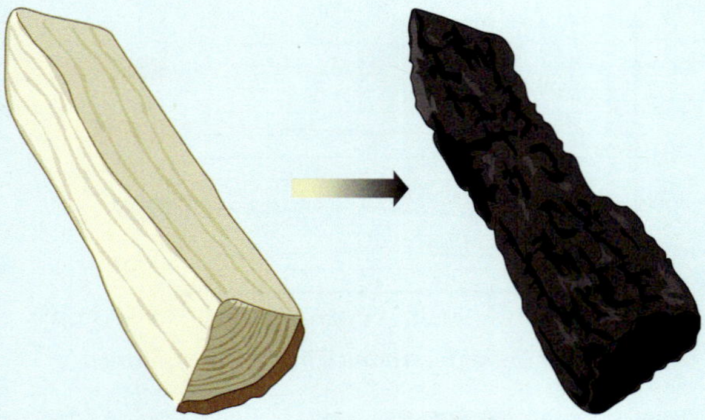

1 *Holz besteht aus organischen Verbindungen und verkohlt beim Erhitzen.*

Aufbau energiereicher Stoffe

Die Fotosynthese ist die grundlegende Aufbaureaktion für organische Verbindungen. ↗ 2
Fotosyntheseprodukte sind die Grundlage für die Bau- und Betriebsstoffe von Lebewesen sowie für fossile und nichtfossile Energieträger.

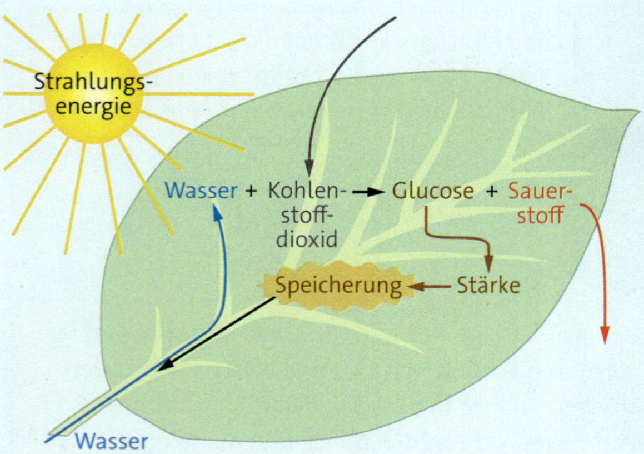

2 *Schema der Fotosynthese*

Erdöl, Erdgas und Kohle

Kohle, Erdöl und Erdgas sind aus abgestorbenen organischen Materialien unter Luftabschluss, Druck und Wärme über Millionen von Jahren entstanden. Sie sind wichtige fossile Energieträger. ↗ 3 Aus Erdöl werden viele weitere Produkte hergestellt.

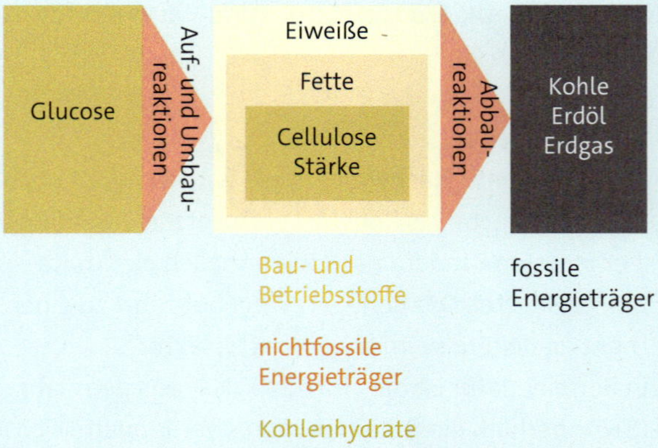

3 *Die fossilen Energieträger sind aus abgestorbenen organischen Materialien entstanden.*

Treibhauseffekt

Durch das Verbrennen der fossilen Energieträger wird Kohlenstoff, der seit Jahrmillionen gebunden war, in Form von Kohlenstoffdioxid freigesetzt. Daher steigt die Kohlenstoffdioxid-Konzentration in der Atmosphäre stetig an. Dies steigert die Wirkung des natürlichen Treibhauseffekts und gilt als Ursache der globalen Erwärmung. ↗ 4

4 *Treibhauseffekt (Schema)*

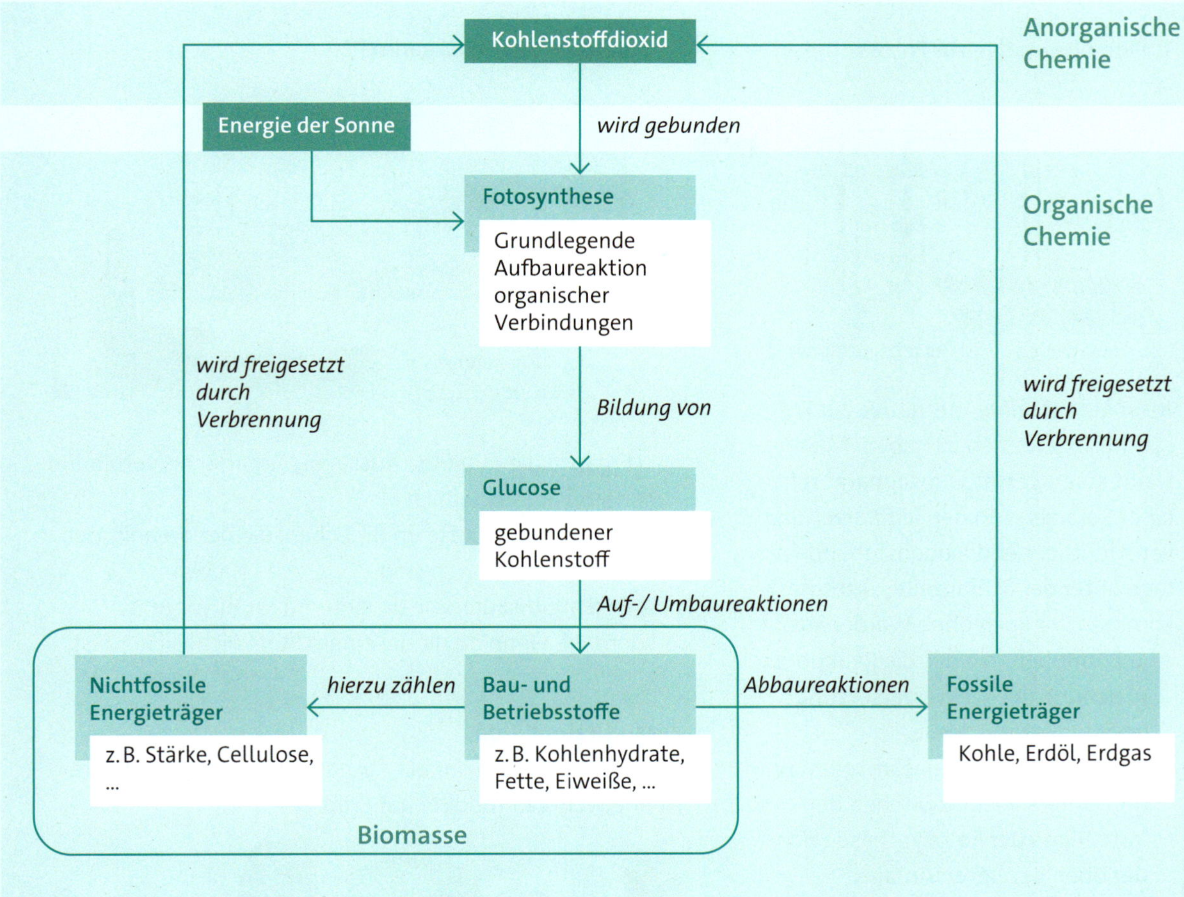

Kompetenzcheck

Hast du alle wichtigen Inhalte des Kapitels verstanden? Schätze dich zuerst selbst ein: ☺, 😐, ☹.

Überprüfe nun deine Selbsteinschätzung: Löse dazu die Aufgaben auf Seite 64/65 und vergleiche deine Antworten mit den Lösungsvorschlägen. ↗ S. 157

Ich kann ...	☺	😐	☹	Alles-im-Griff-Aufgaben	Hilfe findest du auf Seite
Kohlenstoff als Grundbaustein organischer Verbindungen nachweisen.	?	?	?	2, 5	48, 49, 52
die Bedeutung der durch die Fotosynthese gebildeten Biomasse als Energieträger beschreiben.	?	?	?	1, 6	50, 51, 55
Aufbau, Entstehung und Verwendung der fossilen Rohstoffe beschreiben.	?	?	?	3, 4	56, 57
ökologische, ökonomische und ethische Aspekte der Nutzung fossiler und nachwachsender Rohstoffe bewerten.	?	?	?	1, 3, 7	53, 58–61

1 Eine Alternative zur Fotosynthese?

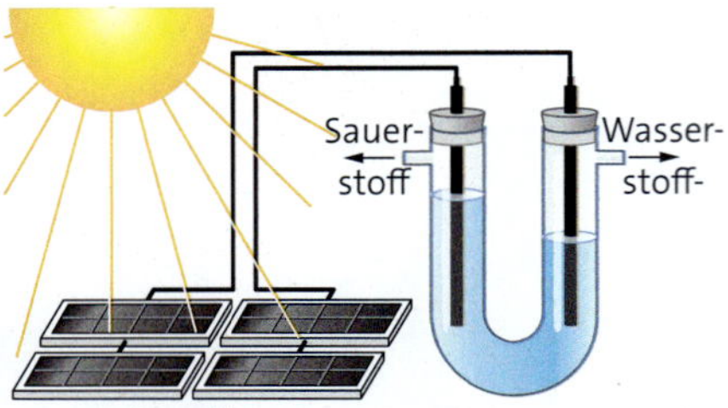

Josef glaubt, eine Alternative zur Fotosynthese gefunden zu haben: Man betreibt einen Zersetzungsapparat mit einer Solarzelle. In der Schülerzeitung veröffentlicht er die obenstehende Anlage unter der Schlagzeile: „Ab sofort kommen wir auch ohne Wälder aus."

a ◪ Formuliere jeweils die Reaktionsgleichung der Wasserzersetzung und der Fotosynthese.

b ◪ Nenne drei Gemeinsamkeiten und drei Unterschiede zwischen den Vorgängen der Fotosynthese und der oben gezeigten Anlage.

c ■ Nimm in einem kurzen Leserbrief an die Schülerzeitung kritisch Stellung zu der Schlagzeile.

2 Organisch oder anorganisch?

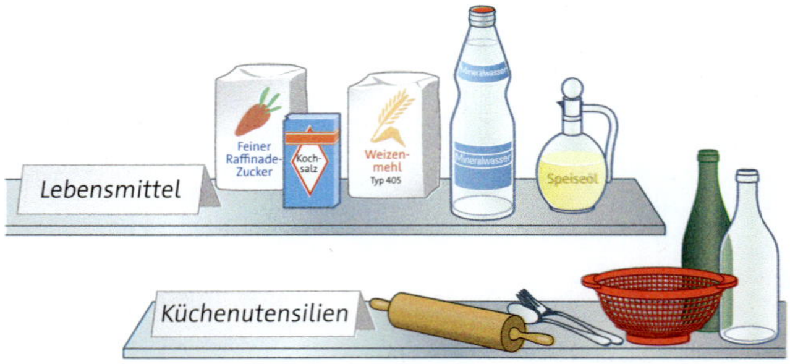

a □ Ergänze die folgende Aussage: „Organische Verbindungen sind ausschließlich ..."

b ◪ Benenne die Stoffe im Bild oben, die der organischen Chemie zuzurechnen sind.

c ◪ Beschreibe kurz, wie du experimentell vorgehen könntest, wenn du dir bei einem Stoff nicht sicher bist.

3 Multitalent Erdöl

□ Erdöl dient nicht nur als Ausgangsstoff für Kraftstoffe. Nenne weitere Produkte auf Erdölbasis.

4 Vom Lebewesen zum Erdöl und Erdgas

◪ Beschreibe die Entstehung von Erdöl und Erdgas mithilfe des Filmstreifens unten unter Verwendung der folgenden Bausteine.

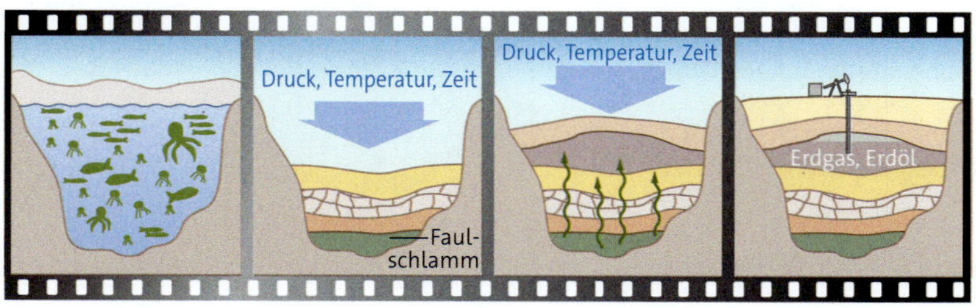

			... starb ab ...
			... Plankton ...
			... Gasblasen ...
			... riesige Meere ...
			... kaum Sauerstoff ...
... aus großen Molekülen entstanden kleinere ...	... Faulschlamm entstand ...	... mehr als 250 Millionen Jahren ...	... quetschte Öl und Gas nach oben ...
... Flüsse schoben Sand und Geröll darüber ...	... konnte es nicht verwesen ...	... sank auf den Meeresboden ...	... hoher Druck und hohe Temperaturen ...

5 Ein Experiment für zu Hause

Kerzenwachs ist ein organischer Stoff. Mit dem folgenden Experiment lässt sich das ganz einfach zu Hause nachweisen. Halte hierzu einen flachen, weißen Teller dicht über eine Kerzenflamme.

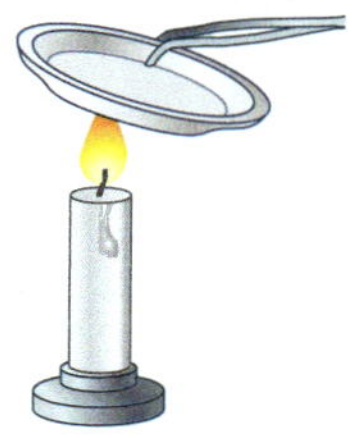

a □ Notiere deine Beobachtungen.

b ◪ Erkläre deine Beobachtungen.

c ◪ Bei der Verbrennung von Kerzenwachs entsteht auch Kohlenstoffdioxid. Beschreibe eine Möglichkeit, dieses Kohlenstoffdioxid nachzuweisen.

6 „Bedenke Mensch, dass Du Staub bist und zum Staub zurückkehren wirst."

Diese Formel wird gläubigen Katholiken bei der Spendung des Aschenkreuzes zu den Messfeiern am Aschermittwoch vorgetragen. Damit beschreibt man eigentlich den Weg aller Lebewesen unserer Erde.

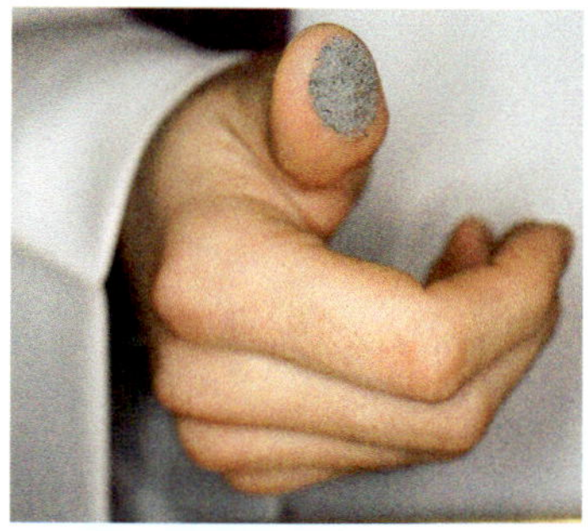

a □ Erkläre diese Formel bezüglich des Kohlenstoffs aus chemischer Sicht.

b ◪ Um die Asche für das traditionelle Kreuzzeichen zu erhalten, werden Palmwedel verbrannt. Begründe, weshalb man in der zurückbleibenden Asche zwar Mineralstoffe, aber kaum Kohlenstoff findet.

7 Modellversuch zum Treibhauseffekt

Mit nebenstehendem Modellversuch soll die Wirkung von Kohlenstoffdioxid als Treibhausgas demonstriert werden.

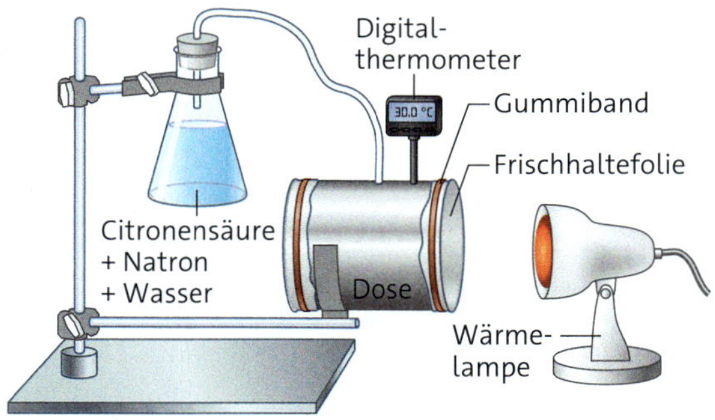

a □ Nenne drei weitere Treibhausgase.

b ◪ Beschreibe den Versuchsaufbau.

c ◪ Erkläre, weshalb die Temperatur in der Dose zunächst ansteigt, dann aber trotz ständiger Energiezufuhr relativ konstant bleibt, solange kein Kohlenstoffdioxid eingeleitet wird.

d ■ Bei der Reaktion von Citronensäure, Natrium(I)-hydrogencarbonat (Natron) und Wasser wird Kohlenstoffdioxid freigesetzt und in die Dose eingeleitet. Dabei kann ein kontinuierlicher Anstieg der Temperatur beobachtet werden. Gib an, welcher Teil des Modellversuchs jeweils welchen Teil der Realität symbolisieren soll.

- Übergang zum Weltall
- Zusammensetzung der Atmosphäre vor der Erhöhung des CO_2-Ausstoßes durch den Menschen
- erhöhter Kohlenstoffdioxidgehalt der Atmosphäre durch menschliche Einflüsse
- Atmosphäre
- Kohlekraftwerk
- Erdoberfläche
- von der Erdoberfläche in die Atmosphäre zurückgeworfene Wärmestrahlung

- Dose
- Wärmelampe
- Dosenwand
- Erlenmeyerkolben mit Substanzen
- Dose mit Kohlenstoffdioxid
- Dose vor dem Einleiten von Kohlenstoffdioxid
- von der Wärmelampe abgegebene Wärmestrahlung

4

Reaktionen organischer Moleküle

Prächtige Farben, angenehme Düfte und der Genuss von Früchten führen uns mitten hinein in die Vielfalt organischer Substanzen.
Deren Struktur schafft nicht nur Verständnis für ihre Eigenschaften, sondern regt zugleich an nachzudenken, wie diese Stoffe entstehen. Sie bilden sich mithilfe weniger grundlegender chemischer Reaktionen.

Je eine Probe von Hex-1-en und n-Hexan wurden in Reagenzgläser gefüllt, aber versehentlich nicht beschriftet. Beide Flüssigkeiten sind farblos.

- ► *Notiere die Strukturformeln beider Substanzen und benenne den Unterschied.*

4.1 Additionsreaktion

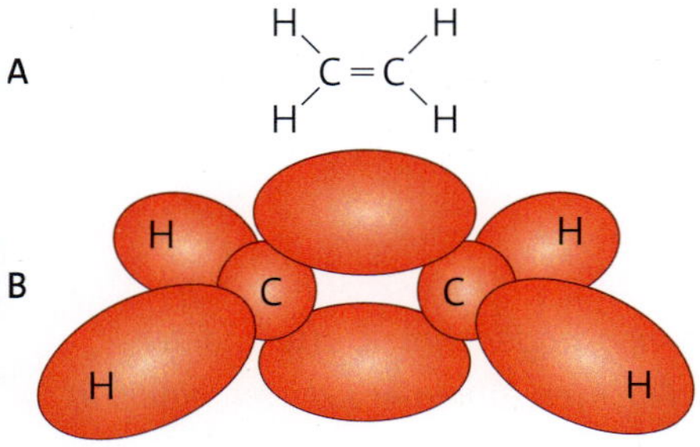

1 *Ethen-Molekül: Valenzstrichformel (A) und Kugelwolkenmodell (B)*

Doppelbindung als funktionelle Gruppe

Alkene sind ungesättigte Kohlenwasserstoffverbindungen. Der einfachste Vertreter ist das Ethen. Die Valenzstrichformel zeigt, dass die beiden Kohlenstoff-Atome im Ethen-Molekül durch eine Doppelbindung, also durch zwei Elektronenpaare, verbunden sind. ↗ 1A

Die Darstellung im Kugelwolkenmodell zeigt, dass zwischen den beiden Kohlenstoff-Atomen eine erhöhte Elektronendichte herrscht. Die **Doppelbindung** ist das kennzeichnende Strukturmerkmal der Alkenmoleküle, es ist deren funktionelle Gruppe. ↗ 1B

Ethen reagiert mit Brom

Leitet man das Gas Ethen in das orangefarbene Bromwasser, so entfärbt sich das Gemisch. Es kommt zur Reaktion zwischen Ethen und Brom, bei der ein farbloses Reaktionsprodukt entsteht. ↗ 2

Setzt man größere Mengen von Ethen und Brom ein, so lässt sich dieses Reaktionsprodukt sogar isolieren. Es mischt sich nicht mit Wasser und kann deshalb abgetrennt werden.

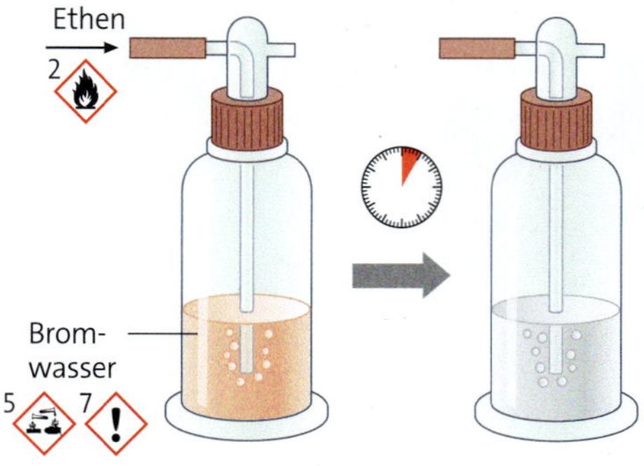

2 *Das Gas Ethen entfärbt Bromwasser.*

Alken + Brom = Addition

Diese Reaktion mit Brom gehen alle Alkene ein. Sie dient deshalb als Nachweis von Doppelbindungen in Molekülen. Du kennst sie unter dem Namen **Bromwasserprobe**. Um zu testen, ob es sich bei einer Substanz um ein Alken handelt, gibt man Bromwasser zu. Wenn die orange Farbe verschwindet, ist die Bromwasserprobe positiv und es handelt sich um ein Alken. ↗ 3

Das Reaktionsprodukt der Bromwasserprobe mit Ethen heißt 1,2-Dibromethan mit der Summenformel $C_2H_4Br_2$. Die Gleichung für diese Reaktion lautet:

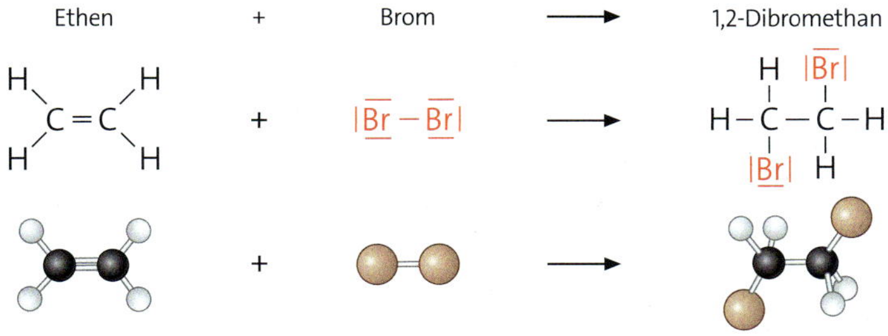

Ein Brom-Molekül lagert sich an die C=C-Doppelbindung im Alkenmolekül an. Dabei bricht die Doppelbindung auf und es bleibt eine C–C-Einfachbindung.

Da aus zwei Edukten nur ein einziges Reaktionsprodukt entsteht, bezeichnet man diesen Reaktionstyp als **Additionsreaktion**. Additionsreaktionen sind exotherme Reaktionen und charakteristisch für Alkene.

Vielfältige Produkte durch Addition

Die ungesättigten Alkenmoleküle reagieren auch mit anderen Molekülen unter Addition. Die Additionsreaktion wird beispielsweise gezielt zur Herstellung von Halogenalkanen genutzt. So lässt sich Monochlorethan durch Addition von Wasserstoffmonochlorid an Ethen gewinnen.

Wenn Alkene Wasserstoff addieren, spricht man von einer Hydrierung. Dabei bilden sich Alkane. Hydrierungen haben große industrielle Bedeutung, zum Beispiel in der Fetthärtung.

Auch Ethanol kann durch eine Additionsreaktion aus Ethen gewonnen werden. Es reagiert in Gegenwart von Katalysatoren mit Wasser. Damit steht ein Syntheseweg für technisch hergestelltes Ethanol zur Verfügung, welches sich von Bioethanol nur durch den Herstellungsweg unterscheidet.

Bei der Additionsreaktion entsteht aus zwei Molekülen unter Aufspaltung der Doppelbindung ein Molekül. Die Bromwasserprobe ist eine Additionsreaktion. Sie dient dem Nachweis von Doppelbindungen in Molekülen.

3 *Reaktion von Cyclohexen mit Bromwasser vor der Reaktion (links) und nachher (rechts)*

AUFGABEN

1 Beschreibe ein Experiment, um die unbeschrifteten Reagenzgläser mit Hex-1-en und n-Hexan zu identifizieren.

2 Formuliere für die Reaktion von Propen mit Wasserstoff die Reaktionsgleichung mithilfe von Strukturformeln und benenne das Reaktionsprodukt.

3 Die Reaktion von Ethen mit Wasserstoffmonochlorid liefert ein Reaktionsprodukt der Molekülformel C_2H_5Cl. Formuliere die Reaktionsgleichung mit Strukturformeln.

Weg der Erkenntnisgewinnung – Hypothese und Beobachtung

<table>
<tr><th>Weitere Merkmale</th><th>Beispiel</th></tr>
<tr><td>Die Hypothese hat einen Bezug zur Fragestellung.</td><td rowspan="2">Wenn der Tomatenfarbstoff Lycopin Mehrfachbindungen im Molekül enthält, dann müsste bei der Zugabe von Bromwasser ein Farbwechsel von rotbraun nach farblos zu beobachten sein.</td></tr>
<tr><td>Die Hypothese ist eine begründete Vermutung. Dabei wird das Vorwissen einbezogen.</td></tr>
</table>

Die enge Verbindung von **Hypothese** …

… und **Beobachtung** zeigt sich in der Bedeutung des Vorwissens für beide Schritte.

Die **Beobachtung** wird von der Hypothese geleitet und bezieht das Vorwissen mit ein. Damit ist sie theoriegeleitet.	Der Fokus in der Beobachtung liegt auf einem möglichen Farbwechsel von rotbraun nach farblos, wie in der Hypothese formuliert.

Nachweis von Doppelbindungen

1 Wie kann man Doppelbindungen nachweisen?

2, 5, 7, 8, 9

Material: 2 Ampullenfläschchen (5 ml) mit Deckel, 2 kleine Glasflaschen mit Tropfpipetten für Kohlenwasserstoffe, kleine Spritze für Bromwasser

Chemikalien: Bromwasser (5, 7), n-Hexan (2, 5, 7, 8, 9), Hex-1-en (2, 8)

Durchführung:
Achtung! Haut- und Augenkontakt mit Bromwasser unbedingt vermeiden!
- Tropfe jeweils ca. 2 ml des Kohlenwasserstoffs in ein Ampullenfläschchen.
- Gib mit der Spritze ca. 1 ml Bromwasser hinzu.
- Verschließe das Ampullenfläschchen mit dem Deckel und schüttle es vorsichtig. ↗1

Auswertung:
- Fertige ein Versuchsprotokoll an.
- Zeichne die Strukturformeln der Moleküle der verwendeten Kohlenwasserstoffe.
- Beantworte die Untersuchungsfrage. Verwende dabei auch die Begriffe „Bromwasserprobe", „positiv" und „negativ".
- Stelle die Formelgleichung(en) auf, wenn die Bromwasserprobe positiv verlaufen ist.

Entsorgung: Flüssigkeiten in Sammelbehälter für halogenhaltige organische Abfälle, Bromreste mit Natrium(I)-thiosulfat-Lösung umsetzen

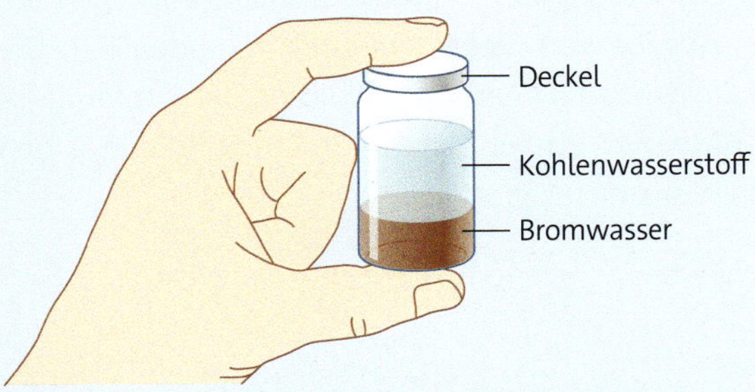

1 *Das Gemisch aus Bromwasser und Kohlenwasserstoff muss geschüttelt werden.*

2 Enthält der Tomatenfarbstoff Lycopin Doppelbindungen im Molekül?

5, 7

Material: Reagenzglas, Reagenzglasgestell, Pipette, Stopfen

Chemikalien: Tomatensaft, Bromwasser (5, 7)

Durchführung:
Achtung! Haut- und Augenkontakt mit Bromwasser unbedingt vermeiden!
- Gib ca. 1 cm hoch Tomatensaft in das Reagenzglas.
- Füge 1 ml Bromwasser hinzu und verschließe das Reagenzglas mit einem Stopfen. Schüttle das Gemisch ca. 30 sec.

Auswertung:
- Recherchiere die Strukturformel von Lycopin.
- Erkläre das Versuchsergebnis unter Nutzung der Strukturformel.

Entsorgung: Flüssigkeiten in Sammelbehälter für halogenhaltige organische Abfälle, Bromreste mit Natrium(I)-thiosulfat-Lösung umsetzen

2 *Der Regenbogen entsteht durch die schrittweise Addition von Brom an Lycopin – ein schöner Showversuch*

Ein heißes Blech, das mit schwarzem Kupfer(II)-oxid überzogen ist, wird in Ethanol getaucht. Nach der Reaktion ist das Blech kupferfarben.

- ► *Stelle die Teilgleichung für die Reaktion des Kupfer(II)-oxids auf und gib an, um welchen Reaktionstyp es sich handelt.*
- ► *Stelle eine Vermutung an, was mit den Ethanol-Molekülen passiert.*

4.2 Oxidation von Alkanolen

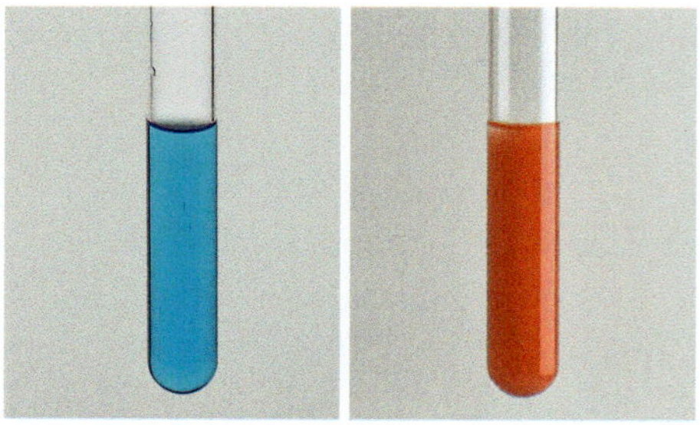

1 *Benedict-Probe vor (links) und nach (rechts) der Reaktion mit Ethanal*

Reaktion von Ethanol mit Kupfer(II)-oxid

Im Experiment in der Einstiegsaufgabe reagieren Kupfer(II)-oxid $(Cu^{2+})(O^{2-})$ und Ethanol. Das Reaktionsprodukt **Kupfer** ist sofort erkennbar. Darüber hinaus ist ein stechend riechendes Reaktionsprodukt wahrnehmbar. Die Benedict-Probe verläuft positiv. ↗ 1 Daraus lässt sich erkennen, dass ein Alkanal vorliegt. Weitere Untersuchungen zeigen, dass bei der Reaktion von Ethanol mit Kupfer(II)-oxid tatsächlich **Ethanal** entsteht. Neben diesen beiden Reaktionsprodukten bildet sich noch Wasser.

Die Reaktion auf Teilchenebene

Bei dieser Reaktion wird Kupfer(II)-oxid zu Kupfer reduziert. Damit muss die Reaktion von Ethanol zu Ethanal eine Oxidation sein. Diese Redoxreaktion knüpft an das Donator-Akzeptor-Konzept an. ↗ 2 Während die Teilgleichung der Reduktion klar ersichtlich ist, trifft das für die Teilgleichung der Oxidation nicht zu. Erst die Bestimmung der Oxidationszahlen lässt die Elektronenabgabe in den Molekülverbindungen erkennen. ↗ S. 61 Das Ethanol-Molekül gibt zwei Wasserstoff-Atome ab und wird zum Ethanal-Molekül oxidiert. Die Änderung der Oxidationszahlen zeigt, dass damit auch eine Abgabe von Elektronen stattgefunden hat. Die abgegebenen Elektronen dienen zur Reduktion der Kupfer(II)-Ionen zu Kupfer-Atomen. Ethanol ist ein Elektronendonator und daher ein Reduktionsmittel. ↗ 3

Donator-Akzeptor-Konzept
Das Donator-Akzeptor-Konzept ist ein Sonderfall des Basiskonzepts Chemische Reaktion. Ein Reaktionspartner wirkt als Donator, der andere als Akzeptor. Bei **Redoxreaktionen** werden Elektronen übertragen.

2 *Basiskonzept Donator – Akzeptor mit Bezug zur Redoxreaktion*

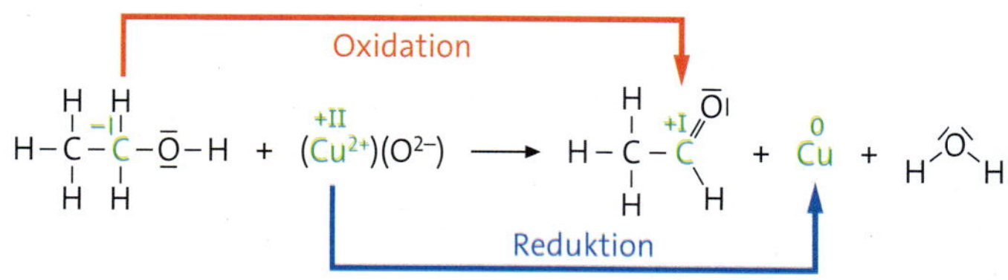

3 *Reaktion von Ethanol und Kupfer(II)-oxid zu Ethanal, Kupfer und Wasser*

Wo kommen die Elektronen her?

Wie du bereits weißt, besteht ein Wasserstoff-Atom aus einem Proton und einem Elektron. Folglich können wir zwei Wasserstoff-Atome gedanklich in zwei Wasserstoff-Ionen (Protonen) und zwei Elektronen zerlegen. Die beiden Elektronen dienen zur Reduktion von einem Kupfer(II)-Ion. Die beiden Protonen verbinden sich mit dem Oxid-Ion des Kupfer(II)-oxids zu einem Wasser-Molekül. Es handelt sich hier um eine Säure-Base-Reaktion. ↗ 4, 5

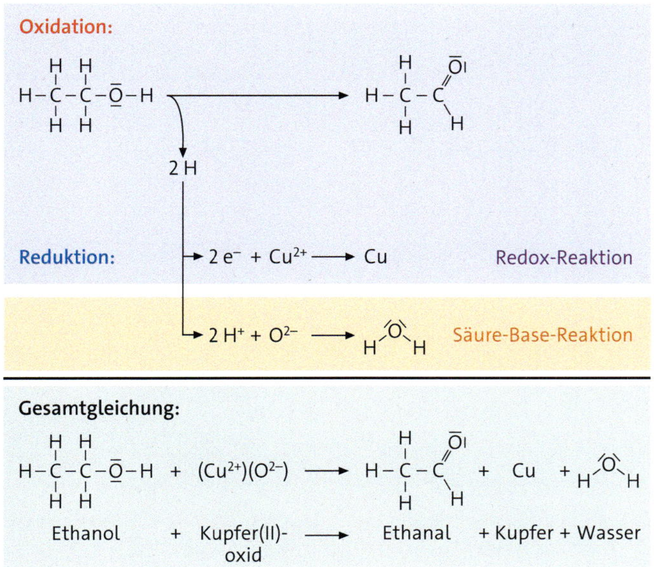

5 *Reaktion von Ethanol mit Kupfer(II)-oxid*

Vom Ethanol über das Ethanal bis zur Ethansäure

Wenn man die Reaktionsprodukte untersucht, die bei der Oxidation von Ethanol anfallen, zeigt sich, dass neben Ethanal auch Ethansäure (Essigsäure) entsteht. Diese lässt sich mit Universalindikator nachweisen. Nicht Ethanal ist also das Endprodukt dieser Reaktion, sondern Ethansäure. Ethanol wird über Ethanal weiter zu Ethansäure oxidiert. Ein Vergleich der Oxidationszahlen in den funktionellen Gruppen bestätigt das. ↗ 6

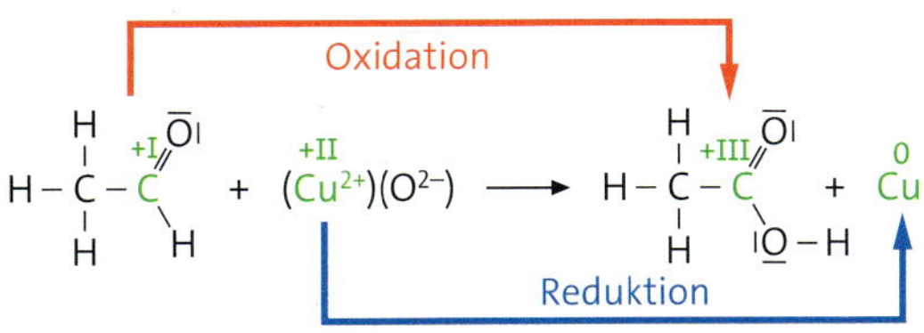

6 *Reaktion von Ethanal und Kupfer(II)-oxid zu Ethansäure und Kupfer*

Dieser Reaktionsschritt kann experimentell belegt werden, indem einige Tropfen Ethanal mit heißem oxidiertem Kupferblech zur Reaktion gebracht werden.

Alkanole werden zunächst zu Alkanalen und dann zu Alkansäuren oxidiert.

Donator-Akzeptor-Konzept

Das Donator-Akzeptor-Konzept ist ein Sonderfall des Basiskonzepts Chemische Reaktion. Ein Reaktionspartner wirkt als Donator, der andere als Akzeptor. Bei **Säure-Base-Reaktionen** werden Protonen übertragen.

4 *Basiskonzept Donator – Akzeptor mit Bezug zur Säure-Base-Reaktion*

AUFGABEN

1 ◪ Vergleiche die Reaktionen von Kupfer(II)-oxid mit Kohlenstoff sowie Kupfer(II)-oxid mit Ethanol.

2 ◪ Formuliere die Reaktionsgleichungen mit Strukturformeln für die Oxidation von Propan-1-ol zur Propansäure.

3 □ Gib an, wie du Propansäure, das Oxidationsprodukt von Propan-1-ol, nachweisen kannst.

Vom Alkanol zum Alkanal – eine Oxidation?

Wenn an einer Redoxreaktion Molekülverbindungen teilnehmen, sind Oxidation oder Reduktion häufig schwer zu erkennen. Um Oxidationszahlen in Molekülen festzustellen, musst du alle beteiligten Atome und Elektronen einzeln betrachten.

1 Summenformel notieren	**Beispiel: Ethanol**	**Beispiel: Ethanal**
Notiere die Summenformel.	C_2H_6O	C_2H_4O
2 Strukturformel erstellen und Unterschiede ermitteln		
Erstelle die Strukturformel in der Valenzstrichschreibweise mit allen freien Elektronenpaaren. Trenne den Molekülteil ab, der in beiden Molekülen gleich ist. Bei den nächsten Schritten musst du nur noch die unterschiedlichen Teile betrachten.	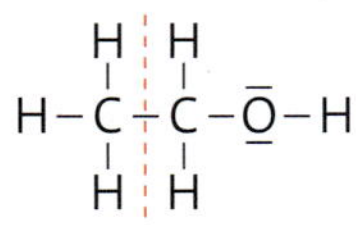	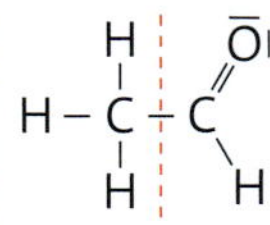
3 Elektronen zuordnen		
Ordne dem Atom mit der jeweils größeren Elektronegativität (EN) die Bindungselektronen zu. Zwischen 2 C-Atomen werden die Bindungselektronen aufgeteilt. *Tipp:* EN(H) = 2,1 EN(C) = 2,5 EN(O) = 3,5	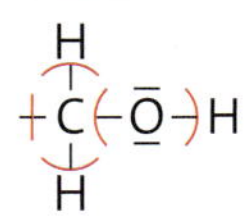	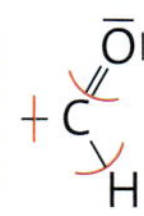
4 Oxidationszahlen ermitteln		
Die Oxidationszahl (OZ) berechnet sich so: Anzahl der Valenzelektronen (VE) minus Anzahl der zugeordneten Elektronen (ZE) OZ = VE – ZE *Tipp:* VE(H) = 1 VE(C) = 4 VE(O) = 6	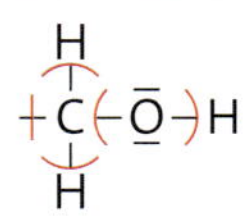 OZ(H) = 1 – 0 = 1 OZ(O) = 6 – 8 = –2 OZ(C) = 4 – 5 = –1	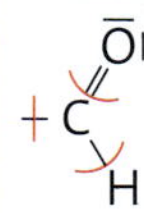 OZ(H) = 1 – 0 = 1 OZ(O) = 6 – 8 = –2 OZ(C) = 4 – 3 = 1
5 Oxidationszahlen angeben		
Gib die Oxidationszahlen in der Valenzstrichformel als römische Ziffer mit Vorzeichen an.	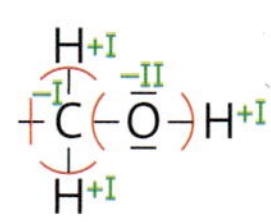	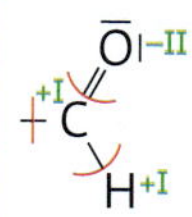
6 Probe		
Die Summe der Oxidationszahlen in einem ungeladenen Molekül(teil) muss 0 ergeben.	3 · (+1) + (–2) + (–1) = 0	(+1) + (–2) + (+1) = 0

AUFGABEN

1 □ Notiere drei Regeln zur Bestimmung der Oxidationszahl von Atomen.

2 □ Vergleiche im Beispiel oben die Oxidationszahlen der Kohlenstoff-Atome des Ethanol- und des Ethanal-Moleküls und benenne den Reaktionstyp.

3 ◪ Ermittle durch Bestimmen der Oxidationszahlen, ob die Reaktion von Methanol zu Methanal eine Oxidation oder eine Reduktion ist.

4 ■ Ermittle durch Bestimmen der Oxidationszahlen, ob die Weiterreaktion des Methanals zur Methansäure eine Oxidation oder eine Reduktion ist.

Ester herstellen und ihre Eigenschaften untersuchen

1 Wie kann man Essigsäureethylester synthetisieren?

2 5 7

Material: 1 Reagenzglas, Reagenzglasgestell, Pipetten, Spatel, heißes Wasserbad (Vierfuß mit Ceranplatte und Becherglas mit 60–70 °C heißem Wasser), Standzylinder (50 ml)

Chemikalien: Ethansäure (Eisessig, 5, 7), Ethanol (2, 7), Schwefelsäure (25 %ig, 5), Wasser

Durchführung:
Achtung! Nitril-Einmalhandschuhe verwenden!
- Gib je 3 ml Ethansäure und 3 ml Ethanol in ein Reagenzglas.
- Füge 1 ml Schwefelsäure hinzu.
- Erwärme das Reagenzglas im heißen Wasserbad ca. 3–5 min unter regelmäßigen Schwenken.
- Entnimm das Reagenzglas aus dem Wasserbad und stelle es zum Abkühlen in das Reagenzglasgestell.
- Fülle den Standzylinder zur Hälfte mit Wasser.
- Gieße das Reaktionsgemisch in den Standzylinder.
- Beobachte, wie sich das Reaktionsgemisch gegenüber dem Wasser verhält. Ermittle den Geruch.

Auswertung:
- Werte den Versuch mit einem Protokoll aus.
- Stelle die Formelgleichung der Veresterung auf.

Entsorgung: halogenfreie organische Abfälle

2 Wie kann man Bananenduft synthetisieren?

2 5 7

Material: 1 Reagenzglas, Reagenzglasgestell, Pipetten, heißes Wasserbad (Vierfuß mit Ceranplatte und Becherglas mit 60–70 °C heißem Wasser), Standzylinder (50 ml)

Chemikalien: Ethansäure (Eisessig, 5, 7), n-Pentan-1-ol (2, 5, 7), Schwefelsäure (25 %ig), Wasser

Durchführung:
Achtung! Nitril-Einmalhandschuhe verwenden!
- Gib je 3 ml Ethansäure und 3 ml n-Pentan-1-ol in ein Reagenzglas.
- Füge 1 ml Schwefelsäure hinzu.
- Erwärme das Reagenzglas im heißen Wasserbad ca. 3–5 min unter regelmäßigem Schwenken.
- Nimm das Reagenzglas aus dem Wasserbad und stelle es zum Abkühlen in das Reagenzglasgestell.
- Fülle den Standzylinder zur Hälfte mit Wasser.
- Gieße das Reaktionsgemisch in den Standzylinder.
- Beobachte, wie sich das Reaktionsgemisch gegenüber dem Wasser verhält. Ermittle den Geruch.
- Nutze den Ansatz für Versuch 2.

Auswertung: Werte den Versuch mit einem Protokoll aus. Belege, dass die Veresterung eine chemische Reaktion ist.

Entsorgung: in Versuch 2 weiterverwenden

1 *Süßigkeiten mit Bananengeschmack enthalten manchmal künstliches Bananenaroma.*

Den Begriff Kondensation kennst du bereits aus dem Alltag, dem Physik-Unterricht oder dem Chemie-Unterricht in der 9. Klasse.

- ▶ *Erläutere am Beispiel Ethanol den Begriff Kondensation, so wie du ihn bis jetzt kennst. Gib an, ob damit eine chemische Reaktion verbunden ist.*

4.3 Kondensationsreaktion

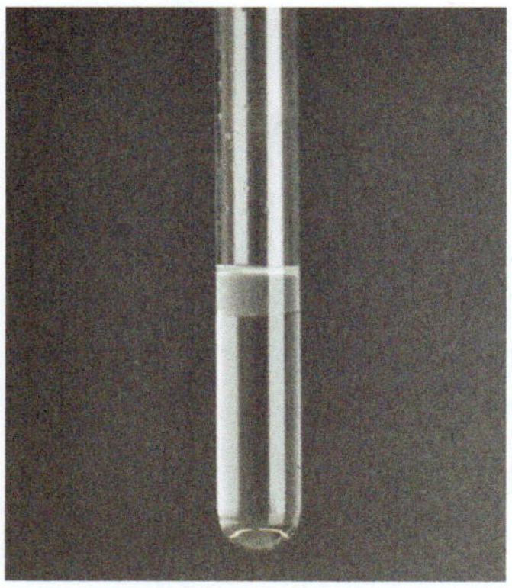

1 *Bei der Reaktion von Ethansäure mit Ethanol bildet sich eine zweite Phase.*

Ein neuer Stoff mit neuen Eigenschaften

Mischt man Ethansäure und Ethanol, so stellt man eine Ethansäure-Ethanol-Lösung her. Setzt man diesem Stoffgemisch einige Tropfen konzentrierte Schwefelsäure zu und erhitzt es, bildet sich ein Stoff mit neuen Eigenschaften. Das wird daran ersichtlich, dass sich eine zweite Phase bildet. Der gebildete Stoff ist nicht in Wasser löslich und besitzt eine geringere Dichte als Wasser. Darüber hinaus kann ein intensiver Geruch wahrgenommen werden, der weder nach Ethansäure noch nach Ethanol riecht. Dieser neue Stoff ist ein Ester. Prüft man seine elektrische Leitfähigkeit, so stellt man fest, dass er keinen elektrischen Strom leitet. Die ermittelten Eigenschaften deuten darauf hin, dass der gebildete Ester eine Molekülverbindung ist. ↗ 1

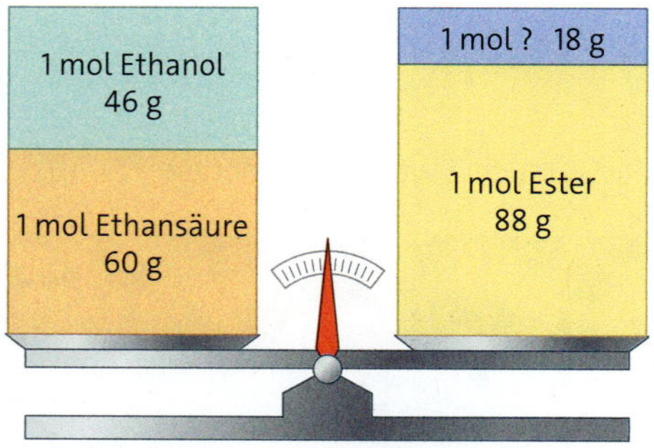

2 *Welcher Stoff wird abgespalten?*

Reaktionstyp mit Abspaltung eines Wasser-Moleküls

Bestimmt man experimentell die molare Masse des entstandenen Esters, so erhält man den Wert M = 88 g/mol. Vergleicht man diesen Wert mit der Summe der molaren Massen der Ausgangsstoffe Ethansäure und Ethanol, ergibt sich eine Differenz von 18 g/mol, welche der molaren Masse von Wasser entspricht. ↗ 2

Übertragen auf die Teilchenebene werden bei dieser Reaktion jeweils ein Ethansäure- und ein Ethanol-Molekül unter Abspaltung eines Wasser-Moleküls verknüpft. Allgemein schreibt man:

Alkansäure + Alkanol ⟶ Ester + Wasser

Dieser Reaktionstyp wird als **Kondensationsreaktion** bezeichnet. Bei einer Kondensationsreaktion entsteht aus zwei Molekülen unter Abspaltung eines kleineren Moleküls ein größeres Molekül. Die Bildung eines Estermoleküls ist ein Beispiel für eine Kondensationsreaktion.

Die Estergruppe als funktionelle Gruppe

Überlegungen zur Struktur des Estermoleküls gehen von der Struktur des Ethansäure-Moleküls und des Ethanol-Moleküls aus. In beiden funktionellen Gruppen ist eine Hydroxygruppe erkennbar. Daraus entsteht bei der Estersynthese ein Wasser-Molekül. Dazu müssen bestehende Bindungen gelöst und neue Bindungen geknüpft werden. Die Schwefelsäure dient als Katalysator. ↗ 3

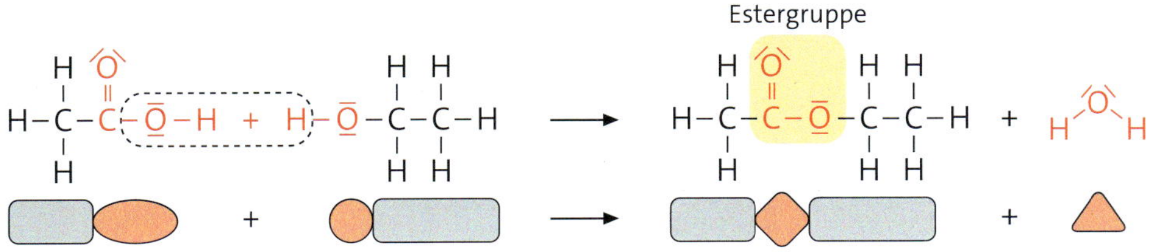

3 *Reaktionsgleichung und einfaches Strukturmodell der Esterbildung*

Das verbleibende Sauerstoff-Atom am ehemaligen Ethanol-Molekül dient als strukturelle Brücke zum Rest des Ethansäure-Moleküls. Beide zusammen ergeben die funktionelle Gruppe des Esters, die **Estergruppe**. Durch die negativ polarisierten Sauerstoff-Atome und das positiv polarisierte Kohlenstoff-Atom ist sie polar. ↗ 4

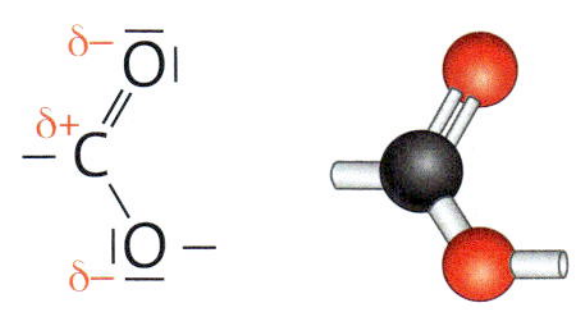

4 *Strukturformel und Kugel-Stab-Modell der Estergruppe*

Ester richtig benennen

Die Namen der Ausgangsstoffe spiegeln sich im Namen des Reaktionsprodukts wider. Zunächst wird die Alkansäure, dann der Alkylrest des beteiligten Alkanols und abschließend das Suffix –ester genannt. Das Reaktionsprodukt aus Ethansäure und Ethanol heißt deshalb: **Ethansäureethylester.** ↗ 5

Analog zum Ethansäureethylester können weitere Alkansäuren und ebenso Alkanole zur Synthese entsprechender Ester eingesetzt werden. So ergibt sich ein weites Spektrum von Alkansäurealkylestern mit der Estergruppe als funktionelle Gruppe und damit als ihr Markenzeichen.

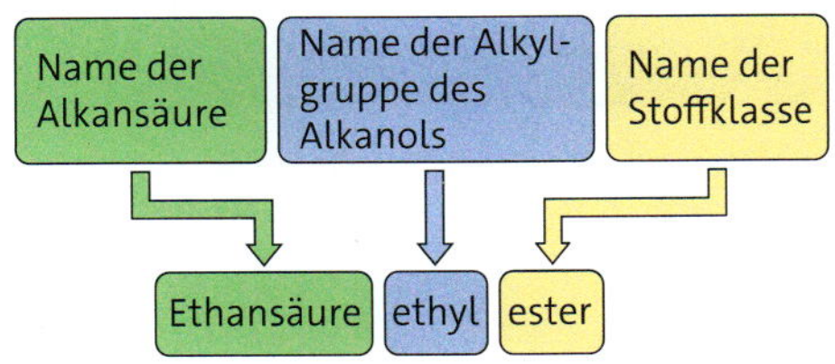

5 *Benennung von Estern*

Estersynthese lässt sich rückgängig machen

Das Reaktionsprodukt Ethansäureethylester reagiert mit Wasser. Es kommt zur Spaltung des Esters, wobei wieder Ethansäure und Ethanol entstehen. Die Bildung und die Spaltung laufen in ein und demselben Reaktionsansatz gegenläufig ab. Damit ist die Estersynthese eine **umkehrbare (reversible) Reaktion.** Das kann man in der Reaktionsgleichung durch einen „Rückwärts“-Pfeil kennzeichnen.

> **Bei einer Kondensationsreaktion verbinden sich zwei Moleküle unter Abspaltung eines kleineren Moleküls. Die Esterbildung ist eine Kondensationsreaktion zwischen einer Alkansäure und einem Alkanol unter Wasserabspaltung.**

AUFGABEN

1 □ Gegeben ist folgende Strukturformel:

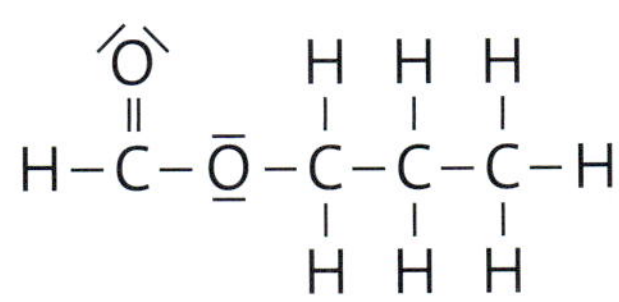

Benenne die Verbindung.

2 ◪ Nenne die Ausgangsstoffe für die Synthese des Esters aus Aufgabe 1. Formuliere die Reaktionsgleichung mit Strukturformeln.

3 ◪ Rumbackaroma lässt sich aus Methansäure und Ethanol herstellen. Formuliere die Reaktionsgleichung und benenne die Reaktionsprodukte.

Der Duft der Banane wird unter anderem durch Ethansäurepentylester hervorgerufen.

► *Überlege, wie dieser Duft in Geleebananen kommt.*

4.4 Die Stoffklasse der Ester

1 *Bienenwachs – auch ein Ester*

Merkmale der Ester

So, wie Ethansäurepentylester aus Ethansäure und Pentan-1-ol hergestellt werden kann, lassen sich viele weitere Ester aus einer Alkansäure und einem Alkanol synthetisieren. Es ergibt sich eine Vielzahl von Estern. Sie weisen das Merkmal der **Estergruppe**, die funktionelle Gruppe des Estermoleküls, auf. Ester, deren Molekülstruktur durch kurze bis mittlere Kohlenwasserstoffketten gekennzeichnet ist, werden als **Fruchtester** bezeichnet. Sie sind Flüssigkeiten. Ester, deren Moleküle langkettige Kohlenwasserstoffreste aufweisen, werden als **Wachse** bezeichnet, z. B. Bienenwachs. Sie haben einen festen Aggregatzustand. ↗ 1

Löslichkeit von Estern

Ester sind gut in Leichtbenzin löslich. Zwischen den Kohlenwasserstoffmolekülen des Leichtbenzins und den Alkylgruppen der Estermoleküle werden **London-Kräfte** wirksam. Die Anziehungskräfte zwischen den Molekülen des Leichtbenzins werden überwunden und zwischen den Kohlenwasserstoffresten der beiden Molekülsorten wirksam. Sie sind die Ursache für das lipophile Verhalten von Estern als Lösungsmitteln gegenüber unpolaren Molekülen. In der Praxis sind kurzkettige Alkansäurealkylester wichtige Lösungsmittel für Lacke, aber auch für lipophile Naturstoffe, wie z. B. Carotin. ↗ 2

Demgegenüber zeigen Ester kaum Löslichkeit in Wasser, sie sind **hydrophob**. Es fehlen ihnen die funktionellen Gruppen, die hydrophile Eigenschaften bewirken. Das wären die Hydroxygruppen bei Alkanolmolekülen bzw. die Carboxygruppe bei Alkansäuremolekülen. Die polare Kohlenstoff-Sauerstoff-Doppelbindung der Estergruppe – die Carbonylgruppe – kann dieses Defizit an polaren Bindungen nicht ausgleichen.

2 *Viele Nagellackentferner enthalten als Lösungsmittel Ethansäureethylester.*

Siedetemperaturen im Vergleich

Vergleicht man die Siedetemperaturen von Ethansäureethylester und Ethansäure, so fällt ein deutlicher Unterschied auf: Die Ethansäure hat eine um 40 °C höhere Siedetemperatur. ↗ 3

Die Ursache für die unterschiedlichen Siedetemperaturen liegt in der unterschiedlichen chemischen Struktur. Aufgrund der stark polaren Carboxygruppe der Alkansäuremoleküle sind zwischen den Molekülen Wasserstoffbrücken möglich. Das ist zwischen Estermolekülen nicht der Fall. Ihre funktionelle Gruppe besitzt keine Hydroxygruppe zur Bildung von Wasserstoffbrücken. ↗ 4

Daher muss einer Alkansäure wesentlich mehr Energie zugeführt werden, um sie zum Sieden zu bringen, als es bei einem Ester der Fall ist. Die polare Carbonylgruppe in der Esterbindung bewirkt zwar, dass zwischen Estermolekülen Dipol-Dipol-Wechselwirkungen möglich sind. Diese sind jedoch nicht so stark wie die der Wasserstoffbrücken zwischen Alkansäuremolekülen.

Der Anstieg der Siedetemperaturen bei Estern mit höherer molarer Masse hängt mit der zunehmenden Anzahl der Kohlenstoff- und Wasserstoff-Atome in den Alkylgruppen der Moleküle zusammen. Je länger die Kohlenstoffketten sind, desto mehr London-Kräfte wirken zwischen ihnen. In Wachsmolekülen sind die Kohlenstoffketten besonders lang. Darum sind Wachse Feststoffe.

Stoff	Siedetemperatur
Ethansäure	118 °C
Ethansäureethylester	77 °C
Propansäure	141 °C
Propansäureethylester	99 °C
Butansäure	163 °C
Butansäureethylester	120 °C

3 *Vergleich der Siedetemperaturen von Alkansäuren und ihren Ethylestern*

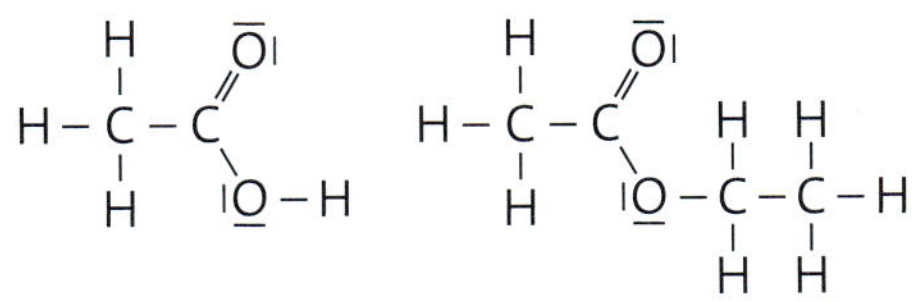

4 *Strukturformeln der Moleküle im Vergleich*

Von den Fruchtestern zur Vielfalt der Ester

Nicht nur Fruchtester oder Wachse begegnen uns im täglichen Leben. Das Spektrum der Ester als Stoffklasse lässt sich erweitern, wenn man die Alkansäuren durch anorganische Säuren ersetzt. Die resultierenden Ester besitzen unterschiedliche Eigenschaften und damit verschiedene Verwendungsmöglichkeiten, vom Konservierungsmittel bis zu Pflanzenschutzmitteln. ↗ 5

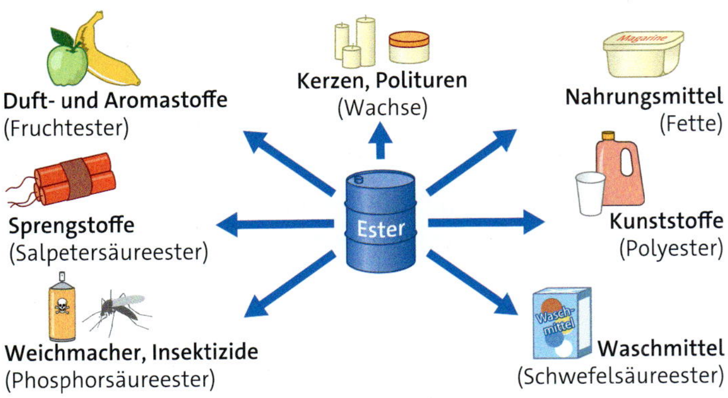

5 *Verwendung von Estern*

Ester sind eine Stoffklasse. Sie verhalten sich lipophil und haben eine niedrigere Siedetemperatur als die entsprechende Alkansäure. Die Estermoleküle weisen die Estergruppe als funktionelle Gruppe auf.

AUFGABEN

1 ◪ Die Verbindung Butansäureethylester ist u. a. verantwortlich für Ananasaroma. Zeichne die Strukturformel des Moleküls und kennzeichne die funktionelle Gruppe.

2 ■ Du willst Ananasaroma herstellen und als Reinstoff gewinnen. Entwickle einen Versuchsplan.

Additionsreaktion

Bei einer Additionsreaktion entsteht aus zwei Molekülen unter Aufspaltung der Doppelbindung ein Molekül. Die Bromwasserprobe ist eine Additionsreaktion. Sie dient dem Nachweis von Doppelbindungen in Molekülen. Wenn man beispielsweise Ethen in das orangefarbene Bromwasser einleitet, entfärbt sich das Gemisch. ↗ 1

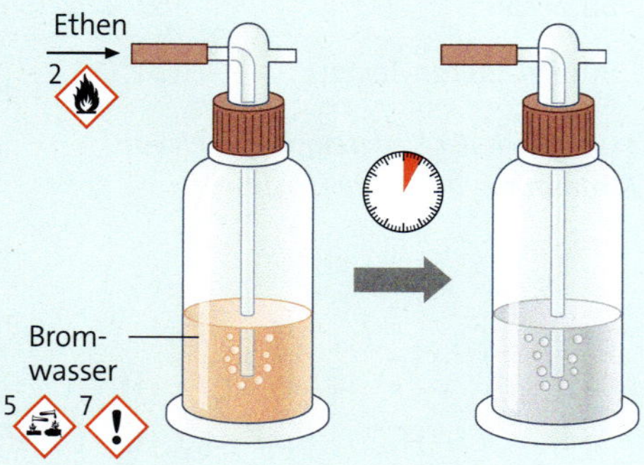

1 *Das Gas Ethen entfärbt Bromwasser.*

Es kommt zu einer Reaktion zwischen Ethen und Brom, bei der das farblose Reaktionsprodukt 1,2-Dibromethan entsteht. ↗ 2

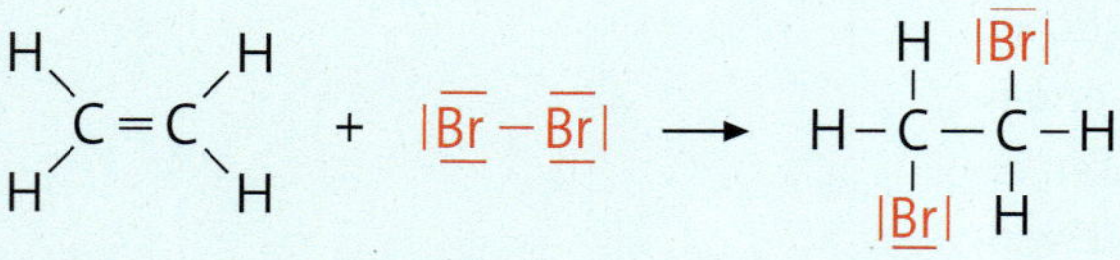

2 *Reaktionsgleichung der Bromwasserprobe*

Oxidation von Alkanolen

In Anwesenheit eines geeigneten Oxidationsmittels wie Kupfer(II)-oxid werden Alkanole oxidiert. Diese Oxidation ist reversibel.
Dabei werden die Alkanole zunächst zu Alkanalen und dann zu Alkansäuren oxidiert. ↗ 3

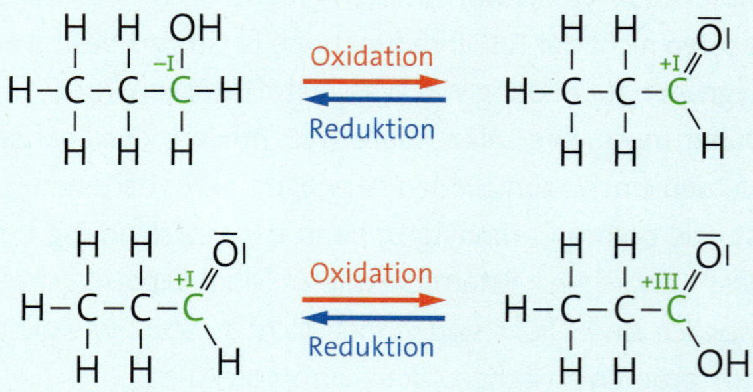

3 *Oxidation von Propan-1-ol über Propanal zu Propansäure*

Mithilfe von Oxidationszahlen lässt sich die Oxidation (Erhöhung der Oxidationszahl) und die Reduktion (Erniedrigung der Oxidationszahl) der beteiligten Moleküle erkennen.

Kondensationsreaktion

Bei einer Kondensationsreaktion verbinden sich zwei Moleküle unter Abspaltung eines kleineren Moleküls. Ein Beispiel für eine Kondensationsreaktion ist die Esterbildung. Hier reagieren eine Alkansäure und ein Alkanol unter Wasserabspaltung zu einem Ester. ↗ 4

Die Stoffklasse der Ester

Bei der Reaktion von Alkansäuren und Alkanolen entstehen Ester. Sie verhalten sich lipophil und haben meist eine niedrigere Siedetemperatur als die entsprechende Alkansäure. Fruchtester haben einen typischen Geruch. Die Estermoleküle weisen die Estergruppe als funktionelle Gruppe auf. ↗ 4

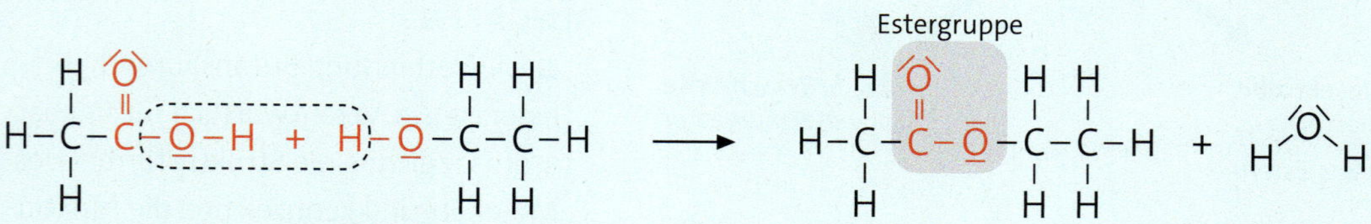

4 *Synthese von Ethansäureethylester durch Kondensation*

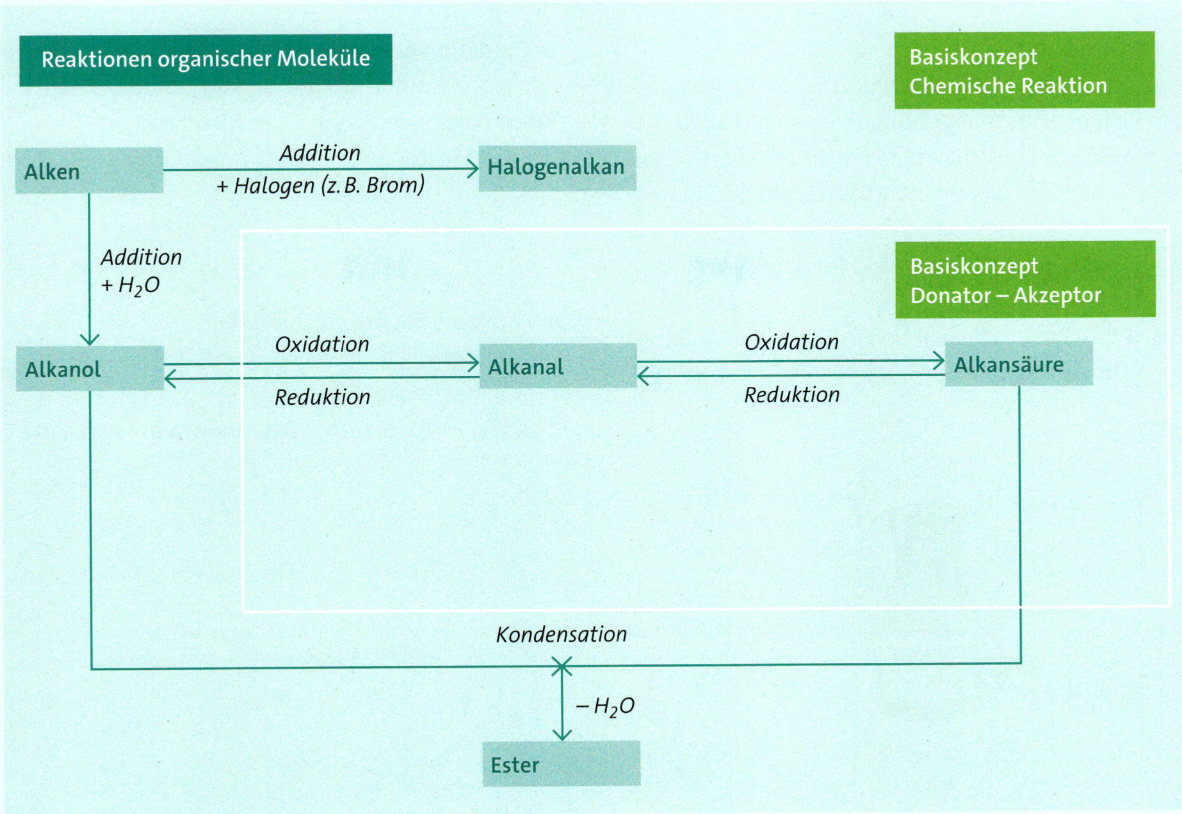

Kompetenzcheck

Hast du alle wichtigen Inhalte des Kapitels verstanden? Schätze dich zuerst selbst ein: ☺, 😐, ☹.

Überprüfe nun deine Selbsteinschätzung: Löse dazu die Aufgaben auf Seite 82/83 und vergleiche deine Antworten mit den Lösungsvorschlägen. ↗ S. 158

Ich kann ...	☺	😐	☹	Alles-im-Griff-Aufgaben	Hilfe findest du auf Seite
die Reaktion der Bromwasserprobe mit Strukturformeln darstellen und als Additionsreaktion beschreiben.	?	?	?	1	68, 69
mithilfe von Strukturformeln und Oxidationszahlen begründen, dass die Reaktion von Alkanolen zu Alkanalen und Alkansäuren Alkanonen eine Redoxreaktion ist.	?	?	?	3	72, 73
die Oxidationszahlen in organischen Verbindungen bestimmen.	?	?	?	2, 3	74
ableiten, dass die Bildung von Estern eine Kondensationsreaktion ist und diese mit Strukturformeln darstellen.	?	?	?	5	76, 77
die Eigenschaften gebildeter Ester mithilfe ihrer Struktur erklären und mit den Eigenschaften der Ausgangstoffe vergleichen.	?	?	?	4, 6	78, 79

1 Von braun zu farblos

Je eine Probe von Hex-1-en und n-Hexan wurden in Reagenzgläser abgefüllt, aber versehentlich nicht beschriftet. Inzwischen hast du einen Weg gefunden, um die unbeschrifteten Reagenzgläser mit Hex-1-en und n-Hexan zu identifizieren.

a □ Nenne den Reaktionstyp für deine gewählte Unterscheidung.

b ◪ Beschreibe die Reaktion mithilfe von Strukturformelgleichungen.

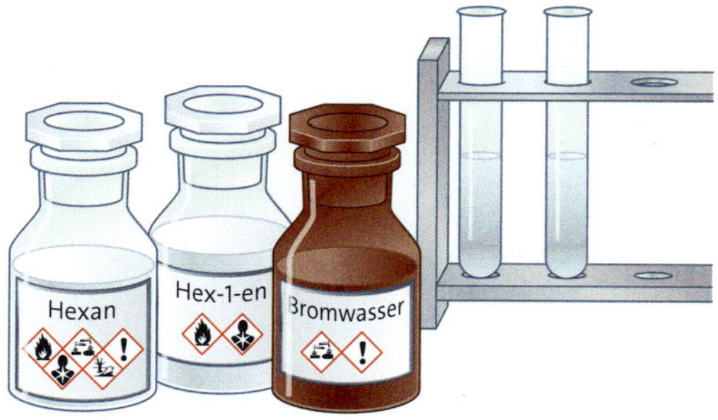

2 Oxidation oder nicht?

Michael vermutet, dass die Bildung des folgenden Esters durch Kondensation eine Oxidation ist.

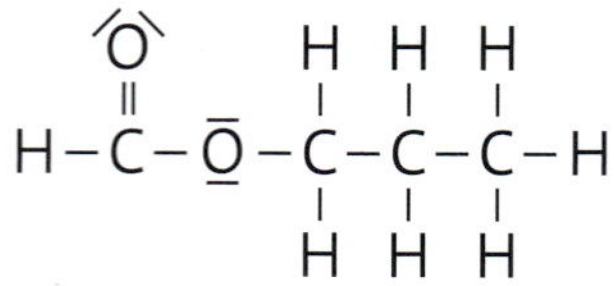

a □ Gib die Edukte an, aus denen der Ester gebildet wird.

b □ Benenne den Ester.

c ■ Hat Michael recht? Begründe deine Antwort.

3 Was für ein Aroma

Whisky wird durch Destillation von Gärungsansätzen aus Gerste oder Mais gewonnen. Die Analyse einer Whisky-Probe im Labor brachte folgendes Ergebnis: Neben den Hauptbestandteilen Wasser und Ethanol enthielt die Probe neben weiteren Stoffen auch geringere Anteile von Methanol, Propanol, Ethanal, Ethansäure und Ethansäureethylester.

a ◪ Zeichne für jede Verbindung die Strukturformel, kennzeichne die funktionelle Gruppe und ordne sie der entsprechenden Stoffklasse zu.

b ◪ Erkläre, wie die Verbindungen Ethanol, Ethanal, Ethansäure und Ethansäureethylester in der Whisky-Probe entstanden sein können.

c ■ Formuliere die Reaktionsgleichungen für die Bildung von Ethanal und Ethansäureethylester. Bestimme den Reaktionstyp und nutze die Oxidationszahlen.

4 Der Schnee verschwindet

In einem Showexperiment werden „Schneeflocken“ in eine Flüssigkeit fallen gelassen und verschwinden. Für das Experiment braucht es Verpackungsmaterial aus dem Schaumstoff Polystyrol als „Schneeflocken“ und Ethansäurethylester als Flüssigkeit.

a ◪ Erkläre den fachlichen Hintergrund auf Teilchenebene.
Formel von Polystyrol:

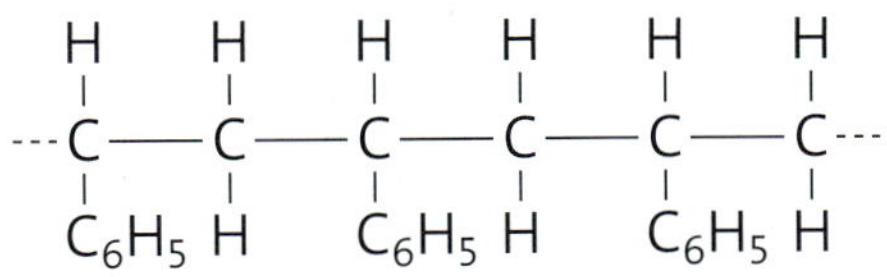

b ◪ Löst sich Polystyrol in Ethansäure? Begründe deine Antwort.

5 Der Duft nach Lavendel

Den Duft von Lavendel kann man auch im Labor herstellen. Ausgangsstoffe sind Essigsäure und Linalool.

Formel von Linalool:

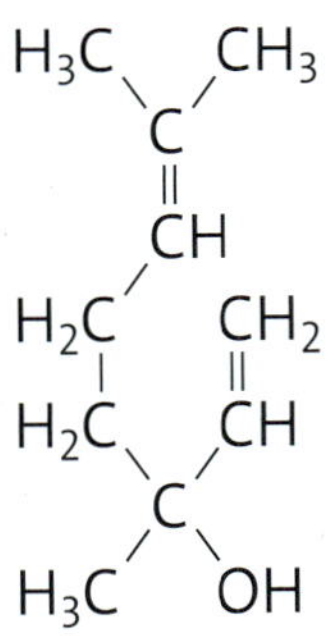

a ◪ Formuliere die Reaktionsgleichung und benenne den Reaktionstyp.

b □ Benenne das Reaktionsprodukt, welches für den Duft verantwortlich ist.

c ◪ Äußere eine Vermutung, was sich hinter der Verbindung Linalylacetat verbergen könnte.

6 Gleich und doch sehr verschieden

Propansäure und Propansäureethylester haben zwar einen gemeinsamen Namensbestandteil, sind aber recht verschieden in ihren Eigenschaften.

■ Vergleiche die Eigenschaften der beiden Stoffe und erkläre die Unterschiede mithilfe des Struktur-Eigenschafts-Konzepts.

Covent Garden
RV1
WSH62991
hydrogen bus
WRIGHT
SCREENWASH
LK60 HPE

5

Anwendung von Redoxreaktionen

London setzt bereits auf Busse mit Wasserstoff-Antrieb. In den eingebauten Brennstoffzellen wird der Wasserstoff durch eine Redoxreaktion mit Sauerstoff kontrolliert zu Wasser umgesetzt, um Energie zu gewinnen. Da die Busse lediglich Wasserdampf ausstoßen, gelten sie als umweltfreundlich. Um diesem Ruf gerecht zu werden, muss der Wasserstoff mithilfe regenerativer Energien erzeugt werden.

Schon mit einfachen Mitteln kannst du aus einer Zink(II)-iodid-Lösung elementares Zink und Iod herstellen.

- ▶ *Führe den Versuch durch und notiere deine Beobachtungen. Die Anleitung zu dem Versuch findest du auf der Praktikum-Seite 90.*

5.1 Elektrolyse – eine erzwungene Redoxreaktion

Batterie, Kabel, Bleistiftminen und eine Salzlösung

Etwas Zink(II)-iodid-Lösung wird auf ein Uhrglas gegeben. Dann fixiert man zwei Bleistiftminen links und rechts so, dass sie mit jeweils einem Ende in die Flüssigkeit ragen, sich aber nicht berühren. Wenn man die eine Mine mit dem Pluspol einer 9-Volt-Blockbatterie verbindet und die andere Mine mit dem Minuspol, kann man folgendes beobachten: Am Pluspol bildet sich ein dunkler Feststoff an der Bleistiftmine, am Minuspol färbt sich die Lösung um die Mine braun-orange. ↗ Bild oben

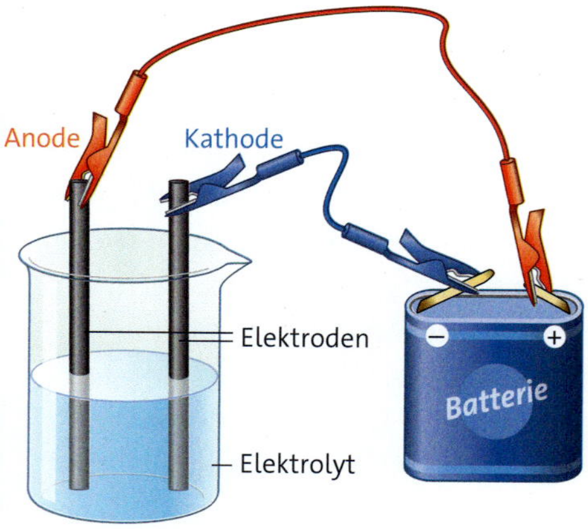

1 *Allgemeiner Aufbau einer Elektrolyse-Zelle*

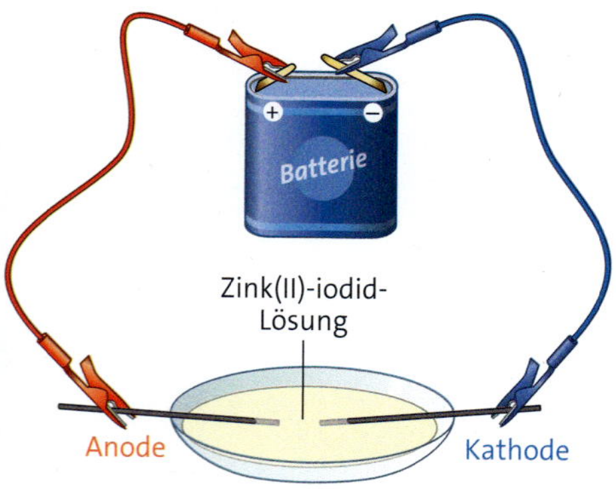

2 *Elektrolyse von Zink(II)-iodid-Lösung (ZnI_2)*

Elektrolyse

Die hier durchgeführte Reaktion nennt man **Elektrolyse**. Der Aufbau einer **Elektrolyse-Zelle** ist immer ähnlich. Man benötigt zwei **Elektroden** (hier: Bleistiftminen), die beide in eine elektrisch leitfähige Lösung, den **Elektrolyten**, eintauchen und eine Stromquelle, die Gleichspannung erzeugt (hier: 4,5-Volt-Flachbatterie). Der Elektrolyt muss elektrisch leitfähig sein und ist oft eine wässrige Salzlösung, in der sich frei bewegliche **Ionen** befinden (hier: Zink(II)-iodid-Lösung mit Zn^{2+}-Ionen und I^--Ionen). ↗ 1, 2

Vorgänge an der Kathode

Die Elektrode, die am Minuspol angeschlossen ist, heißt Kathode. Die positiv geladenen Kationen (hier: Zn^{2+}-Ionen) wandern zur Kathode. Dort nehmen die Zn^{2+}-Ionen Elektronen auf und werden dabei zu Zink-Atomen reduziert. An der Kathode findet also eine Reduktion statt. ↗ 3

Kathode (**Reduktion**): $Zn^{2+} + 2\,e^- \rightarrow Zn$

Auf Stoffebene kann dies als dunkler Feststoff wahrgenommen werden, der sich an der Kathode absetzt.

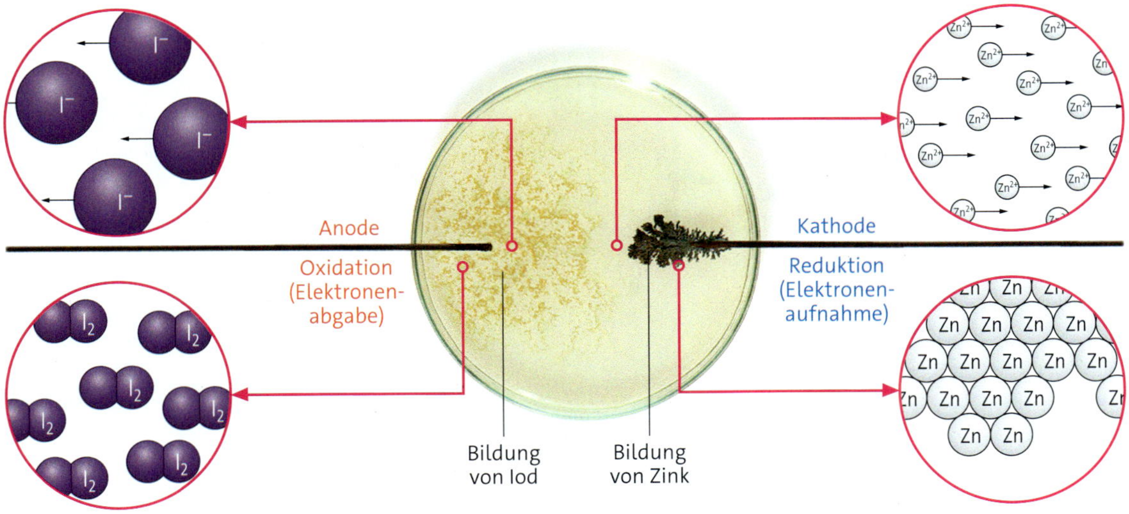

3 *Elektrolyse von Zink(II)-iodid-Lösung: Vorgänge auf Stoff- und Teilchenebene*

Vorgänge an der Anode

Die Elektrode, die am Pluspol angeschlossen ist, heißt Anode. Die negativ geladenen Anionen (hier: I^--Ionen) wandern zur Anode. Dort nehmen die I^--Ionen Elektronen auf und werden dabei zu Iod-Atomen oxidiert. Je zwei Iod-Atome verbinden sich zu einem Iod-Molekül. An der Anode findet also eine Oxidation statt. ↗ 3

Anode (**Oxidation**): $2\,I^- \rightarrow I_2 + 2\,e^-$

Auf Stoffebene kann dies als braun-orange Färbung der Lösung um die Anode wahrgenommen werden.

Gesamtreaktion

Zusammenfassend kann für diese Redoxreaktion eine Gesamtgleichung formuliert werden:

Kathode (**Reduktion**): $Zn^{2+} + 2\,e^- \rightarrow Zn$
Anode (**Oxidation**): $2\,I^- \rightarrow I_2 + 2\,e^-$

Gesamtgleichung: $Zn^{2+} + 2\,I^- \rightarrow Zn + I_2$

Für die Reaktion kann ein Schema wie in Bild 4 formuliert werden. Die Elektronenübertragung ist aufgrund der Ionenwanderung im Elektrolyten zu den Elektroden möglich. ↗ 4

Elektrolyse und ihre Anwendung

Im Alltag wird die Elektrolyse unter anderem für die Gewinnung von Metallen oder die Herstellung von Wasserstoff genutzt. Ein ungewöhnliches Anwendungsgebiet findet sie beim Haarentfernen. Hierbei werden sehr kleine Nadeln in die Haarfollikel eingeführt und mithilfe von Strom zerstört. ↗ 5

Die Elektrolyse ist eine erzwungene chemische Reaktion, bei der Stoffe mithilfe von elektrischem Strom zerlegt werden.

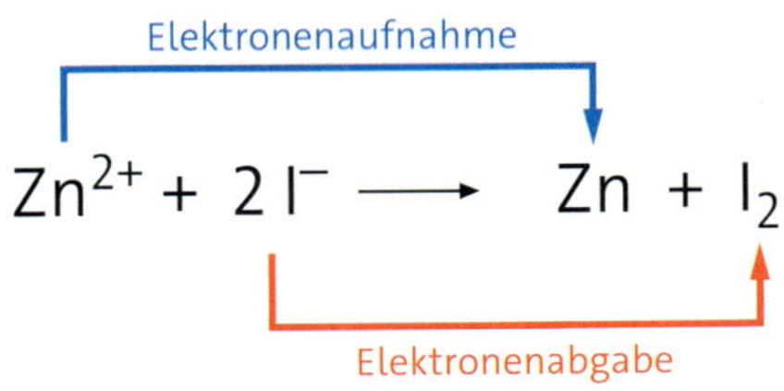

4 *Elektronenübertragung bei der Elektrolyse von Zink(II)-iodid-Lösung*

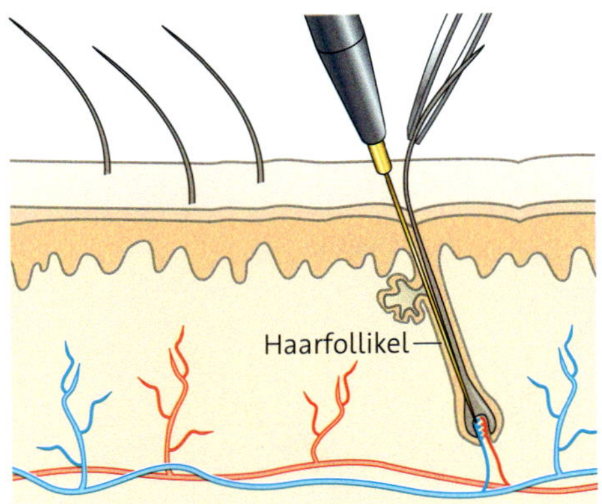

5 *Elektrolytische Haarentfernung*

AUFGABEN

1 Formuliere die Teilgleichungen und die Gesamtgleichung für die Elektrolyse einer Silber(I)-chlorid-Lösung.

2 Zeichne die Elektrolyse-Zelle für die Zerlegung einer Magnesium(II)-iodid-Lösung. Beschrifte Anode und Kathode.

Das Bild rechts zeigt eine sogenannte Zitronenbatterie.

- *Finde heraus, welche Materialien du benötigst, um mithilfe einer Zitrone ein Lämpchen zum Leuchten zu bringen.*

5.2 Redoxreaktionen liefern Strom

Elektronen in Bewegung

Wenn man in einer Elektrolyse-Zelle die Stromquelle entfernt und die Elektroden weiterhin elektrisch leitend verbunden lässt, kann eine Spannung gemessen werden. Man könnte damit zum Beispiel ein Lämpchen zum Leuchten bringen oder einen kleinen Propeller antreiben. Es wird also chemische Energie in elektrische Energie umgewandelt.

Elektrolyse rückwärts

Auch bei der Umkehrung der Elektrolyse benötigt man zwei Elektroden, die sich in Kontakt mit einem Elektrolyten befinden und elektrisch leitend, zum Beispiel durch ein Stromkabel, verbunden sind. Im Gegensatz zur Elektrolyse wird in diesem Fall kein Strom zugeführt, sondern die Reaktion läuft freiwillig ab. Hierbei wird chemische Energie in elektrische Energie umgewandelt. Man spricht von einer **galvanischen Zelle**, nach dem italienischen Mediziner Luigi Galvani, der die Grundlagen dafür schuf. ↗1

Wurde die Anode mit Zink und die Kathode mit elementarem Iod überzogen, laufen folgende Reaktionen ab, wenn die beiden elektrisch leitend verbunden werden:

Anode (**Oxidation**): $Zn \rightarrow Zn^{2+} + 2\,e^-$

Kathode (**Reduktion**): $I_2 + 2\,e^- \rightarrow 2\,I^-$

Gesamtgleichung: $Zn + I_2 \rightarrow Zn^{2+} + 2\,I^-$

Die Elektronen werden über das Stromkabel von der Anode auf die Kathode übertragen, es fließt elektrischer Strom. Wird beispielsweise ein Lämpchen zwischengeschaltet, leuchtet dieses. Bei der Zitronenbatterie vom Einstiegsfoto oben werden als Elektroden je ein Stück Zink- und Kupferblech verwendet, als Elektrolyt dient der Zitronensaft.

1 *Luigi Galvani (1737 – 1798)*

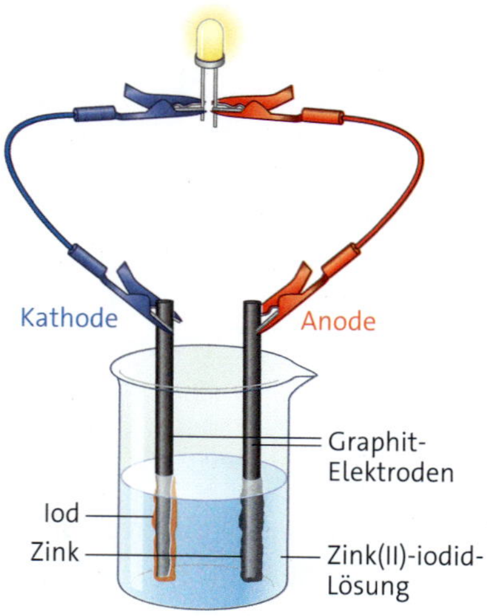

2 *Galvanische Zink-Iod-Zelle*

Allgemeiner Aufbau einer Batterie

Die galvanische Zelle findet vor allem in Batterien ihre Anwendung. Zwar sind die Bestandteile etwas anders angeordnet, das Prinzip ist jedoch das gleiche. ↗ 3

Oft sind in einer Batterie mehrere galvanische Zellen in Reihe geschaltet. Ist die Batterie „voll", wurde zum Beispiel noch kein oder wenig Zink in Zn^{2+}-Ionen umgewandelt. Von einer „leeren" Batterie spricht man, wenn das gesamte Zink oxidiert wurde und keine Elektronen mehr abgeben werden können.

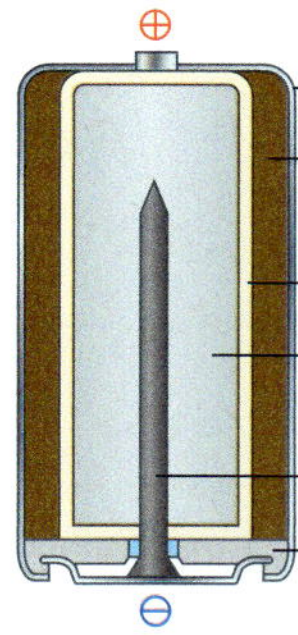

3 *Allgemeiner Aufbau einer Batterie*

Redoxreaktionen sind reversibel

Kombiniert man eine galvanische Zelle und eine Elektrolyse-Zelle, spricht man von einem **Akkumulator**. Voraussetzung dafür ist, dass eine Reaktion stattfindet, die reversibel ist – das bedeutet, dass sie rückgängig gemacht werden kann.

Bei der Elektrolyse einer Zink(II)-iodid-Lösung ist dies der Fall. Wenn der Akku an eine Stromquelle angeschlossen ist, entstehen elementares Zink und Iod an den Elektroden. ↗ S. 108 Der Akku ist dann geladen.

Wenn man den Akku von der Stromquelle entfernt und die Elektroden elektrisch leitend verbindet, findet die Rückreaktion statt: Es entsteht eine galvanische Zelle und damit fließt elektrischer Strom. Zink wird wieder zu Zn^{2+}-Ionen oxidiert, Iod zu I^--Ionen reduziert. Dabei fließt elektrischer Strom, der genutzt werden kann. Wenn alle Ionen wieder in Lösung gegangen sind, ist der Akku ungeladen. ↗ 4

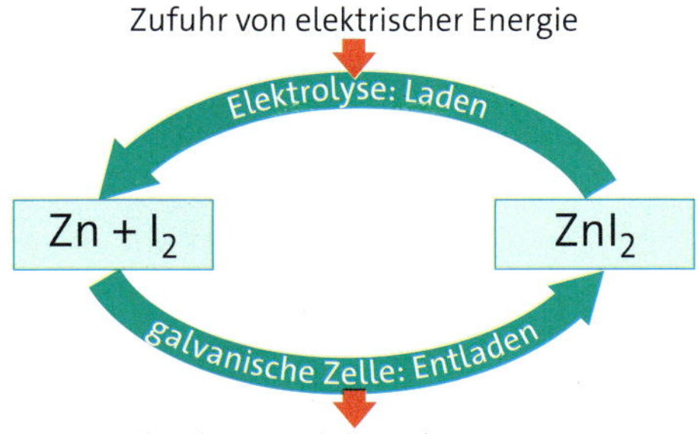

4 *Übersicht der Reaktionen in einem Zink-Iod-Akku*

Moderne Akkus

Der in den meisten Smartphones und in Elektroautos verwendete Akku ist der **Lithium-Ionen-Akku**. Eine Elektrode besteht aus Graphit, die andere aus einem Lithium-Metall-Oxid. Um einen Kurzschluss zu verhindern, sind die beiden Elektroden durch einen Separator getrennt, der jedoch ionendurchlässig ist. Als Elektrolyt wird ein wasserfreies, organisches Lösungsmittel verwendet.

Beim Ladevorgang wandern die Lithium-Ionen durch den Separator in Richtung Graphit-Elektrode. Dabei wird elektrische Energie in chemische umgewandelt und auf diese Weise gespeichert. Wenn der Akku entladen wird, wandern die Lithium-Ionen zurück zur Lithium-Metall-Oxid-Elektrode. Dabei wird die chemische Energie zurück in elektrische umgewandelt. Da die Lithium-Ionen immer wieder zwischen den Elektroden hin und her wandern, wird dieser Akku auch „Swing-Batterie" genannt.

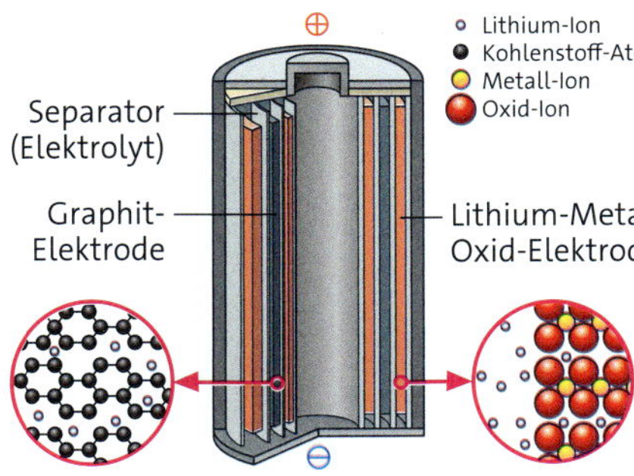

5 *Lithium-Ionen-Akku*

Viele Redoxreaktionen sind reversibel, wodurch elektrische Energie in Form von chemischer Energie gespeichert werden kann. Bei Bedarf kann diese wieder in Form von elektrischer Energie abgegeben werden.

AUFGABEN

1 □ Vergleiche die Funktionsweise von Batterie und Akku.

2 ◪ Formuliere die Teilreaktionen und die Gesamtreaktion, die in einer Magnesium-Iod-Batterie ablaufen.

3 □ Zeichne für einen Magnesium-Iod-Akku ein Schema wie in Bild 4.

Laden und Entladen einer Zink-Iod-Zelle

1 Wie kann Zink(II)-iodid in seine Elemente zerlegt werden?

Material: Uhrglas, 2 Kabel mit Krokodilklemmen, 4,5-Volt-Flachbatterie, 2 Bleistiftminen (oder Rouladenspieße aus Metall), Klebefilm

Chemikalien: Zink(II)-iodid-Lösung (5, 9)
Beim Versuch entsteht Iod (7, 8, 9).

Durchführung:
- Gib zwei bis drei Tropfen der Zink(II)-iodid-Lösung in die Mitte des Uhrglases.
- Befestige die beiden Bleistiftminen bzw. Rouladenspieße mithilfe des Klebefilms so, dass je ein Ende in die Lösung eintaucht und das andere Ende etwas über den Objektträger hinaussteht; die Minen dürfen sich dabei nicht berühren.
- Verbinde nun mithilfe der Kabel die äußeren Enden der Minen einmal mit dem Pluspol und einmal mit dem Minuspol der 4,5-Volt-Flachbatterie. ↗1

Auswertung: Notiere deine Beobachtungen und erkläre sie mithilfe von Reaktionsgleichungen.

Entsorgung: Bleistiftminen in den Restmüll bzw. einsammeln und wiederverwenden, Flüssigkeit in Behälter für anorganische Abfälle

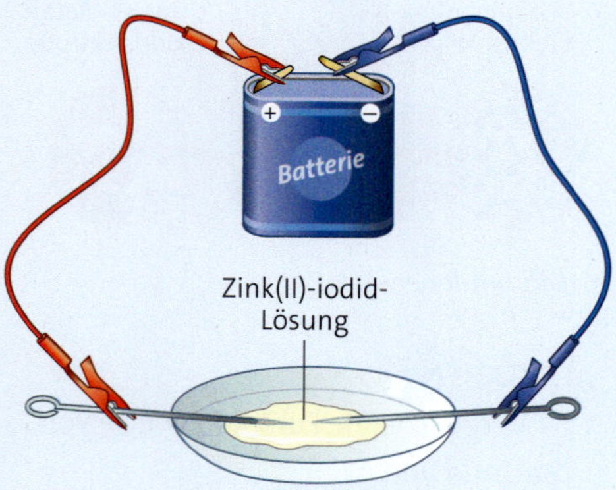

1 *Aufbau zu Versuch 1*

2 Was geschieht bei der Rückreaktion von Versuch 1?

Material: Becherglas (100 ml), 2 Graphitelektroden, 2 Kabel mit Krokodilklemmen, Gleichspannungsquelle, Propeller oder LED-Lämpchen

Chemikalien: Zink(II)-iodid-Lösung (5, 9)
Beim Versuch entsteht Iod (7, 8, 9).

Durchführung:
- Befülle das Becherglas mit der Zink(II)-iodid-Lösung.
- Stelle die beiden Elektroden in das Becherglas und verbinde sie mit der Gleichspannungsquelle (ca. 4 Volt) und schalte diese ein. ↗2
- Beobachte, wie sich elementares Zink und Iod bilden.
- Schalte nach einiger Zeit die Stromquelle aus und entferne sie.
- Verbinde stattdessen die Kabel mit dem Propeller bzw. dem Lämpchen. Achte dabei auf den Plus- und den Minuspol.
- Beobachte, wie sich der Propeller dreht bzw. das Lämpchen leuchtet.

Auswertung: Ordne die Begriffe „Entladen“ und „Laden“ des Akkus den Vorgängen richtig zu

Entsorgung: Flüssigkeit in Behälter für anorganische Abfälle

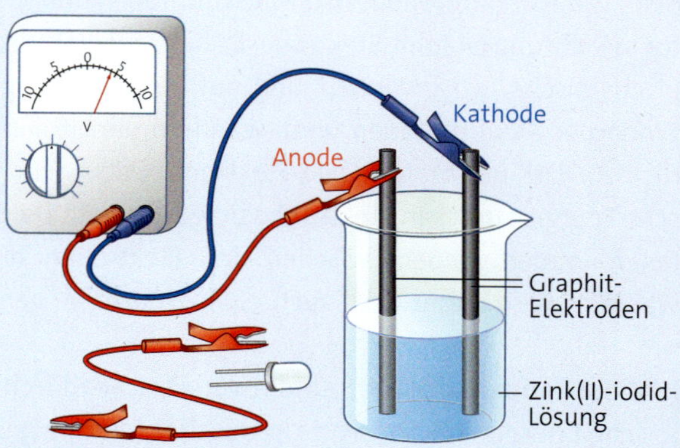

2 *Aufbau zu Versuch 2*

Versuche zur Wasserstoff/Sauerstoff-Brennstoffzelle

1 Wasserstoff als Energiespeicher

Material: Glasschale, 2 Edelstahltopfreiniger, 2 Kabel mit Krokodilklemmen, 9-Volt-Blockbatterie, Propeller

Chemikalien: verdünnte Kalilauge (1 mol/l, 5, 7)

Durchführung:
- Gib etwas von der verdünnten Kalilauge in die Glasschale, sodass der Boden bedeckt ist.
- Lege die beiden Topfreiniger hinein und achte dabei darauf, dass sie sich nicht berühren.
- Verbinde je einen Topfreiniger mithilfe der Krokodilklemmen mit der Batterie.
- Warte einige Minuten und notiere deine Beobachtungen.
- Entferne die Batterie und verbinde die Krokodilklemmen stattdessen mit dem Propeller.
- Notiere deine Beobachtung.

Auswertung: Das Gas, das bei diesem Versuch gebildet wird, ist Wasserstoff. Überlege dir, wie es in diesem Versuch dazu kommt, dass sich der Propeller bewegt.

Entsorgung: Neutralisiere die verdünnte Kalilauge und gib sie dann in den Abguss.

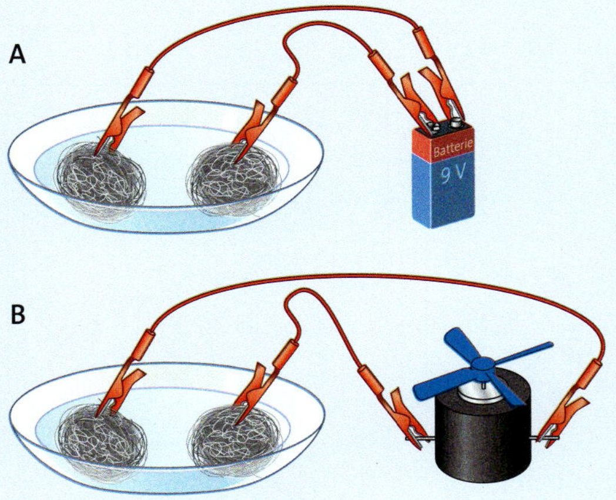

1 *Aufbau zu Versuch 1*

2 Wie wird aus dem Wasserstoff Bewegungsenergie?

Material: Modell eines Brennstoffzellen-Autos mit Elektrolyseur, Kurbel oder Solarzelle

Chemikalien: destilliertes Wasser

Durchführung:
- Befülle den Wassertank des Modells mit destillierten Wasser.
- Verbinde den Elektrolyseur mit der Kurbel oder der Solarzelle.
- Kurbel einige Minuten oder richte die Solarzelle so aus, dass ausreichend Licht darauf fällt.
- Notiere deine Beobachtungen.
- Verbinde jeweils den Wassersoff- und Sauerstofftank mit der eingebauten Brennstoffzelle.
- Notiere deine Beobachtung.

Auswertung:
- Ordne folgende Aussagen den jeweiligen Vorgängen zu:
  A: Wasserstoff und Sauerstoff werden kontrolliert umgesetzt, um Energie zu gewinnen.
  B: Es findet eine Elektrolyse statt.
  C: Chemische Energie wird in elektrische Energie umgewandelt.
- Beim Kurbeln musstest du Arbeit verrichten und die Solarzelle benötigt ausreichend Licht. Diskutiere die Möglichkeit, das Modell-Auto einfach an eine Steckdose anzuschließen.

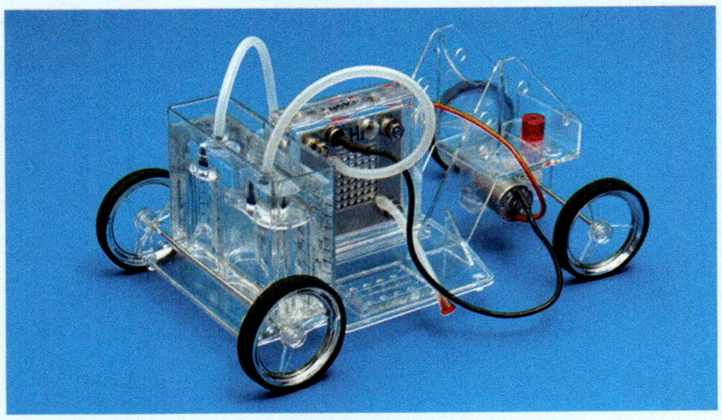

2 *Modell eines Brennstoffzellen-Autos*

Diskussion: Kann uns die Brennstoffzelle retten?

1 *Greta Thunberg im Rahmen einer „Fridays for Future"-Demonstration*

2 *Einzelne Brennstoffzelle*

Weniger Treibhausgase

In Zeiten Greta Thunbergs und des anthropogen bedingten Klimawandels, der maßgeblich durch Treibhausgase entsteht, wird intensiv an Alternativen zu Verbrennungsmotoren geforscht. Dabei steht auch die Brennstoffzelle wieder im Fokus, die beispielsweise einen Elektromotor antreiben kann.

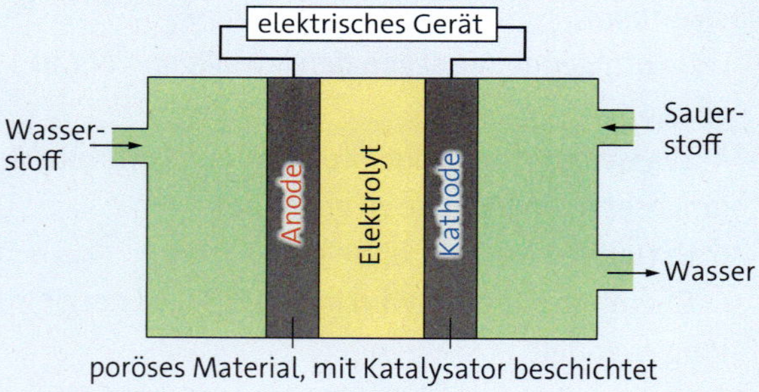

3 *Aufbau einer Brennstoffzelle*

Als Abgas gibt's nur Wasser

Brennstoffzellen sind galvanische Zellen, in denen z. B. Wasserstoff und Sauerstoff kontrolliert umgesetzt werden, um elektrische Energie zu gewinnen. Bringt man die beiden Stoffe direkt in Verbindung, besteht die Gefahr, dass sie unter Bildung von Wasser mit einem lauten Knall explodieren. Lässt man die beiden Stoffe kontrolliert miteinander reagieren und die dabei übertragenen Elektronen einen „Umweg" gehen, kann diese Energie anderweitig genutzt werden.

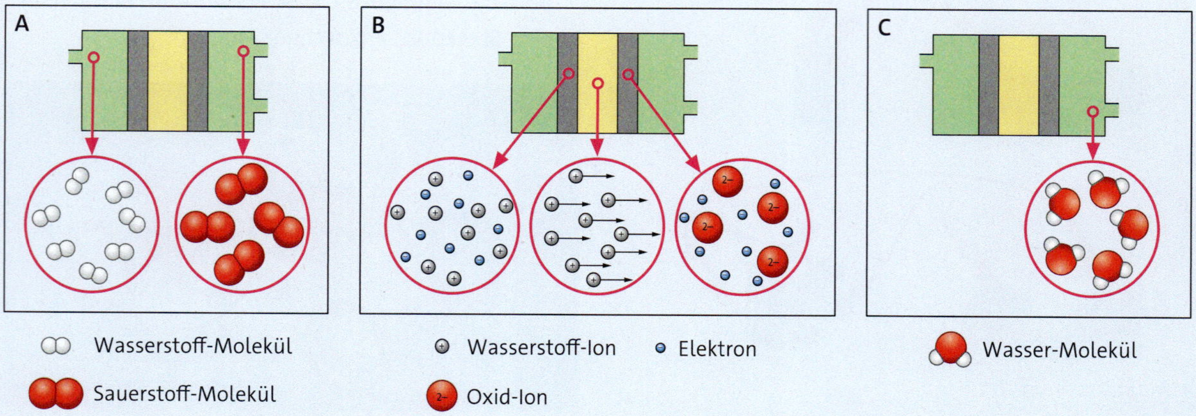

4 *Abfolge der Vorgänge in einer Brennstoffzelle*

Woher stammt der Wasserstoff?

Theoretisch gibt es verschiedene Möglichkeiten, wie die Brennstoffzelle mit Wasserstoff versorgt werden kann. Zum einen könnten Brennstoffzellen-Pkws mit zuvor durch Elektrolyse von Wasser gewonnenem Wasserstoff betankt werden. Zum anderen könnte der Brennstoffzelle im Pkw auch ein sogenannter Reformer vorgeschalten werden, der den Wasserstoff direkt aus wasserstoffhaltigen Verbindungen wie Methanol herstellt.

Brennstoffzelle – Pro und Kontra

Im Jahr 2017 gingen einige Wissenschaftler davon aus, dass die Brennstoffzelle keine Zukunft mehr hat und schalteten eine Todesanzeige für sie.
Der Grund war, dass die Forschung an der Brennstoffzelle und der Ausbau der dafür notwendigen Infrastruktur zugunsten akkubetriebener Elektroautos vielerorts eingestellt wurden. Diese Tendenzen sind jedoch wieder rückläufig, vor allem in China und Japan. Der Brennstoffzelle wird eine neue Chance gegeben. Doch hat sie wirklich eine Zukunft?

5 *Hat die Brennstoffzelle eine Zukunft?*

AUFGABEN

1 ◪ Betrachte Bild 4 A–C und erkläre die Funktionsweise einer Brennstoffzelle. ↗ 4

2 □ Ordne dabei die Aussage „chemische Energie wird in elektrische Energie umgewandelt“ zu.

3 ■ Stelle die beiden Möglichkeiten der Wasserstoffversorgung einander gegenüber, indem du sie in eine Tabelle schreibst und Vor- und Nachteile notierst. Berücksichtige dabei unter anderem folgende Aspekte:
- Woher kommt der Strom für die Elektrolyse?
- Was und wo muss getankt werden?
- Benötigt ein Reformer Energie?
- Sind die Brennstoffe entzündlich bzw. explosiv?
- In welchen Tanks können die Brennstoffe mitgeführt werden?

4 ■ Vergleiche die Argumente in Bild 5 und beziehe kritisch Stellung. Recherchiere wenn nötig. ↗ 5

Elektrolyse – eine erzwungene Redoxreaktion

Die Elektrolyse ist eine erzwungene chemische Reaktion, bei der Stoffe mithilfe von elektrischem Strom zerlegt werden. An der Kathode findet die Reduktion statt: Teilchen nehmen Elektronen aus der Elektrode auf. An der Anode findet die Oxidation statt: Teilchen geben Elektronen an die Elektrode ab.

Beispiel:

Kathode (Reduktion): $Zn^{2+} + 2\,e^- \rightarrow Zn$

Anode (Oxidation): $2\,I^- \rightarrow I_2 + 2\,e^-$

Gesamtgleichung: $Zn^{2+} + 2\,I^- \rightarrow I_2 + Zn$

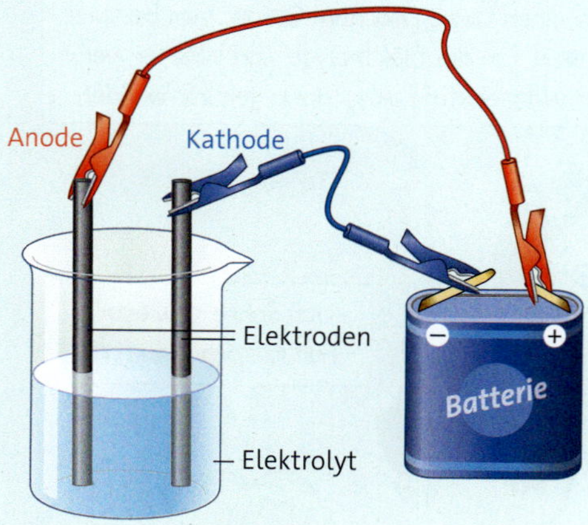

1 *Aufbau einer Elektrolysezelle*

Redoxreaktionen liefern Strom

Redoxreaktionen können auch freiwillig ablaufen, dabei wird elektrische Energie frei. Man spricht dann von einer galvanischen Zelle.

Beispiel:

Anode (Oxidation): $Zn \rightarrow Zn^{2+} + 2\,e^-$

Kathode (Reduktion): $I_2 + 2\,e^- \rightarrow 2\,I^-$

Gesamtgleichung: $Zn + I_2 \rightarrow Zn^{2+} + 2\,I^-$

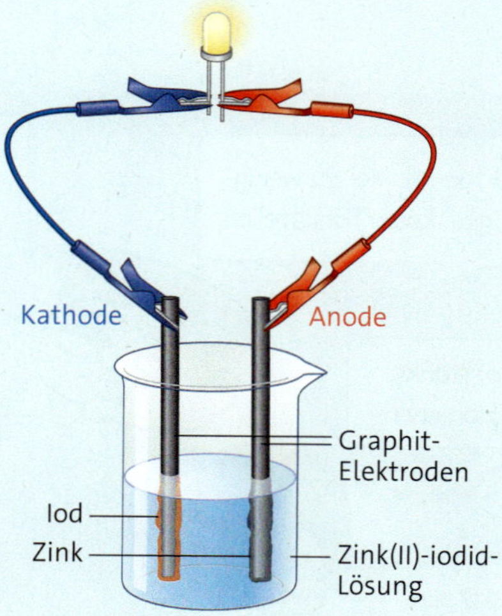

2 *Aufbau einer galvanischen Zelle*

Akkumulatoren

Viele Redoxreaktionen sind reversibel, wodurch elektrische Energie in Form von chemischer Energie gespeichert werden kann. Bei Bedarf kann diese wieder in Form von elektrischer Energie abgegeben werden. Das macht man sich zum Beispiel in Akkumulatoren zunutze. ↗ 3

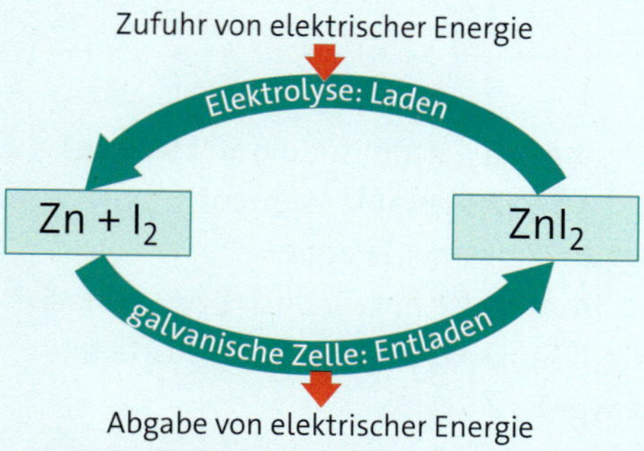

3 *Übersicht der Reaktionen in einem Zink-Iod-Akku*

Brennstoffzelle

Die Wasserstoff/Sauerstoff-Brennstoffzelle stellt eine Möglichkeit dar, Verbrennungsmotoren zu ersetzen. Der Brennstoff Wasserstoff wird in einer galvanischen Zelle mit Sauerstoff kontrolliert zu Wasser umgesetzt. Die gespeicherte chemische Energie wird somit in elektrische Energie umgewandelt.

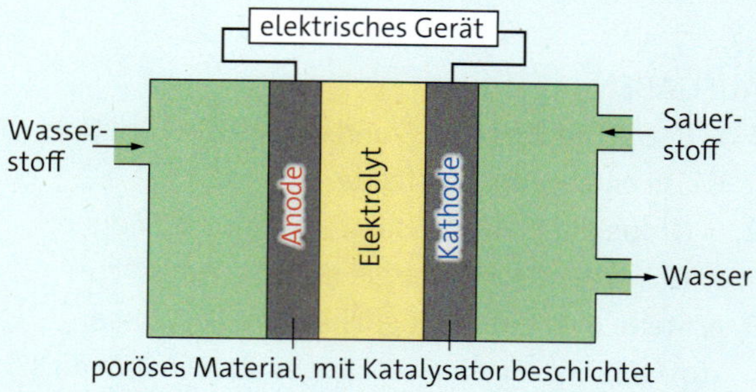

4 *Schematischer Aufbau einer Wasserstoff/Sauerstoff-Brennstoffzelle*

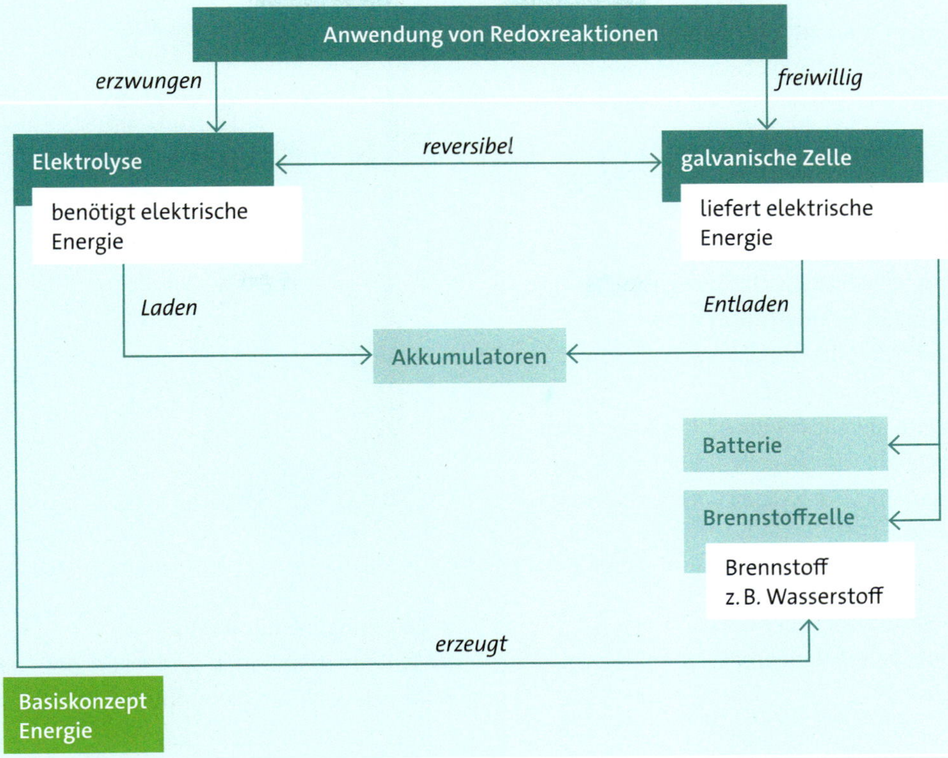

Kompetenzcheck

Hast du alle wichtigen Inhalte des Kapitels verstanden? Schätze dich zuerst selbst ein: ☺ 😐 ☹

Überprüfe nun deine Selbsteinschätzung: Löse dazu die Aufgaben auf Seite 96/97 und vergleiche deine Antworten mit den Lösungsvorschlägen. ↗ S. 159

Ich kann ...	☺	😐	☹	Alles-im-Griff-Aufgaben	Hilfe findest du auf Seite
die Vorgänge bei einer Elektrolyse mithilfe von Reaktionsgleichungen erläutern.	?	?	?	1, 3, 4, 5	86, 87
die Teilgleichungen und die Gesamtgleichung formulieren, die in einer galvanischen Zelle ablaufen.	?	?	?	2, 3, 4	88, 89
die Vorgänge in einem Akkumulator beschreiben und in einem Schema darstellen.	?	?	?	3	89
erklären, wie eine Wasserstoff/Sauerstoff-Brennstoffzelle funktioniert.	?	?	?	6	91–94
den ökologischen Nutzen von Brennstoffzellen bewerten.	?	?	?	7	91–94

1 Zum Zerlegen braucht man Strom!

Aus einer Kupfer(II)-chlorid-Lösung können durch Elektrolyse elementares Kupfer und Chlor hergestellt werden.

a ◪ Entscheide, ob folgende Aussagen bezüglich dieser Elektrolysezelle richtig sind:

① In der Lösung befinden sich Cu^{+}-Ionen.
② An der Anode bildet sich Chlorgas.
③ Die Cl^{-}-Ionen wandern zur Kathode.
④ Die Reaktion läuft nur ab, wenn die Stromquelle angeschaltet ist.

b ■ Formuliere jeweils für die an der Anode und der Kathode ablaufenden Reaktionen die Teilgleichungen und fasse sie zu einer Gesamtgleichung zusammen.

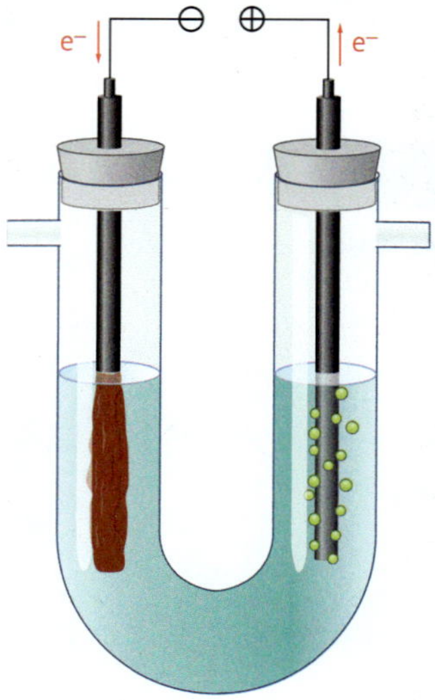

2 Bring die Birne zum Leuchten!

Freiwillig ablaufende Redoxreaktionen liefern Strom.

Beispiel:

Anode (Oxidation): $Mg \rightarrow Mg^{2+} + 2\,e^{-}$
Kathode (Reduktion): $I_2 + 2\,e^{-} \rightarrow 2\,I^{-}$

Gesamtgleichung: $Mg + I_2 \rightarrow Mg^{2+} + 2\,I^{-}$

a ◪ Zeichne eine einfache galvanische Zelle, den Reaktionsgleichungen entsprechend.

b □ Beschrifte die Zeichnung mit folgenden Begriffen: Anode, Kathode, Elektrolyt, Magnesium-Elektrode, Iod-Elektrode.

c □ Zeichne die Richtung ein, in der der Strom fließt.

3 Das Prinzip eines Akkus

Viele Redoxreaktionen sind reversibel. Dies macht man sich in einem Akkumulator zunutze.

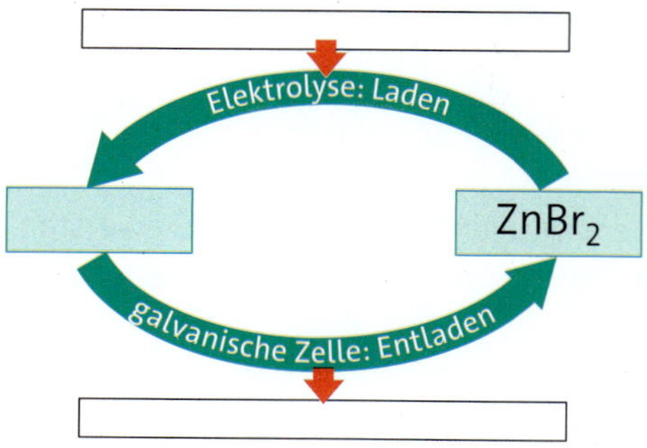

□ Übertrage das Schema in dein Heft und vervollständige es.

4 Elektrolyse oder galvanische Zelle?

□ Bilde je einen sinnvollen Satz zur Elektrolyse und zur galvanischen Zelle.

Bei einer Elektrolyse		*Anode*		*Oxidation*		*wird Energie abgegeben.*
	findet an der		die		statt. Dabei	
In einer galvanischen Zelle		*Kathode*		*Reduktion*		*wird Energie zugeführt.*

5 Goldener Zahngrill – viel zu teuer?!

Manche Menschen finden goldene Zahngrills sehr schön. Allerdings wäre ein Zahngrill aus purem Gold zum einen sehr teuer, zum anderen zu weich. Mithilfe der Elektrolyse ist es möglich, einen Zahngrill aus einem unedleren Metall zu vergolden.

a ◪ Notiere die Materialien und Chemikalien, die du zum Vergolden eines Zahngrills benötigst.

b ◪ Fertige dazu eine Skizze an und beschrifte diese.

6 Die Brennstoffzelle – finde die Fehler!

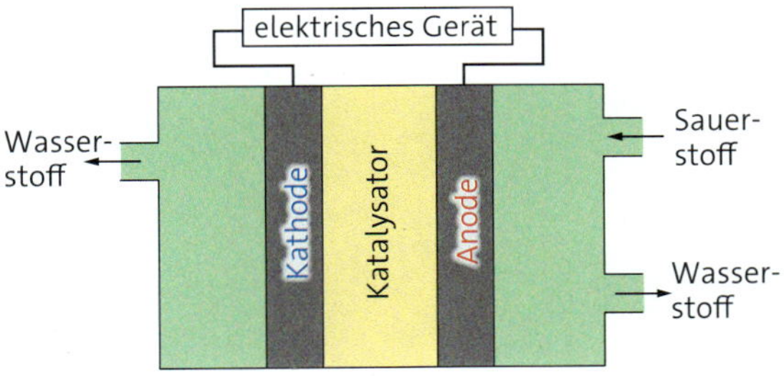

□ In dem Schema zur Wasserstoff/Sauerstoff-Brennstoffzelle haben sich fünf Fehler eingeschlichen. Finde sie und übertrage das Schema richtig in dein Heft.

7 Brennstoffzelle versus Elektro-Auto

In einem Zeitungsausschnitt findest du folgende Schlagzeile:

Autohersteller setzt weiter auf Brennstoffzelle
– neben den Elektro-Autos soll auch die kalte „Verbrennung" von Wasserstoff eine faire Chance für die Zukunft bekommen!

a ◪ Vergleiche Elektro-Autos und Brennstoffzellen-Pkws bezüglich folgender Kriterien miteinander: Betanken/Laden und Gefährlichkeit. Recherchiere, wenn nötig.

b ■ Bewerte beide Antriebsmöglichkeiten hinsichtlich ihrer Umweltfreundlichkeit – auch im Vergleich zu Verbrennungsmotoren.

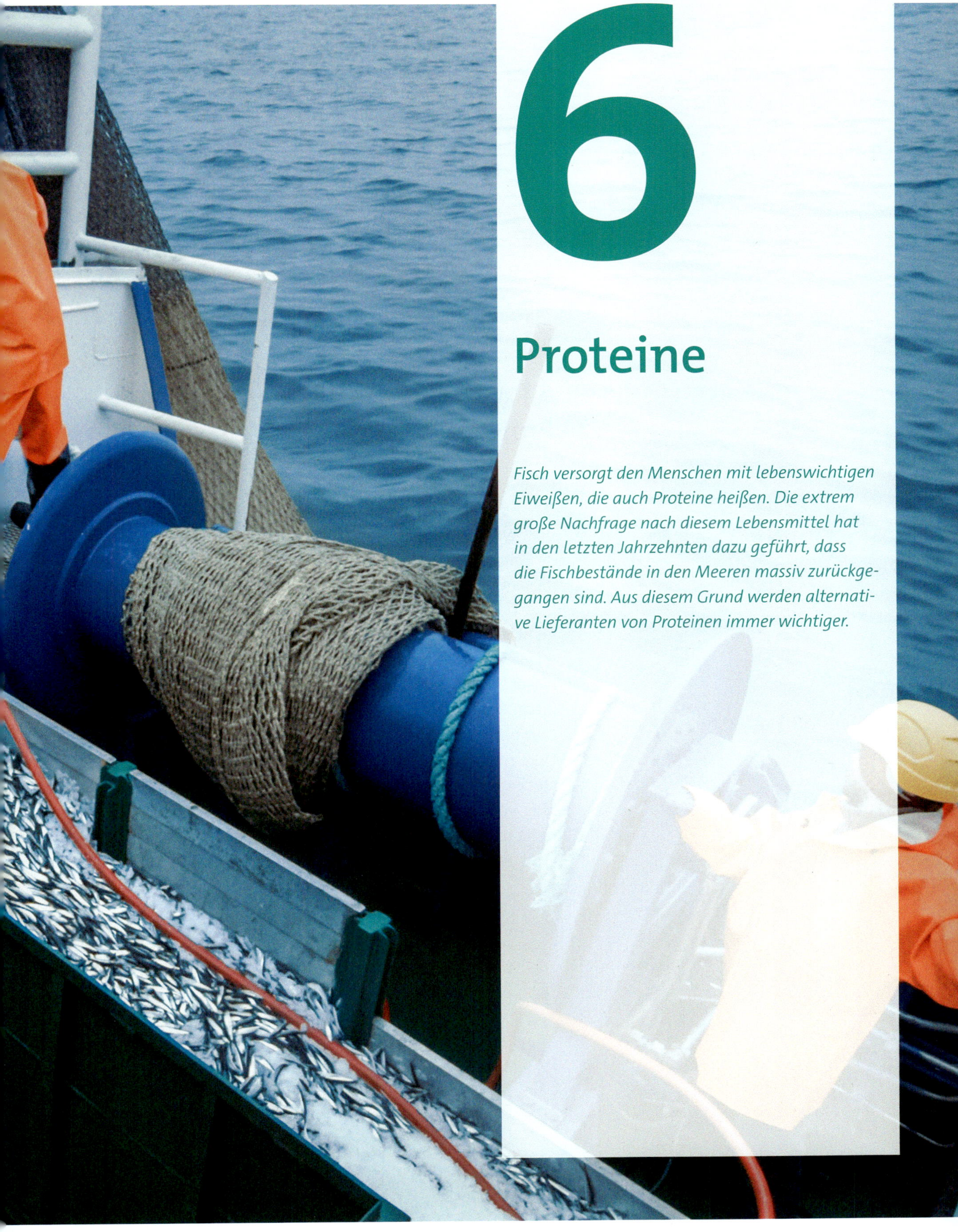

6

Proteine

Fisch versorgt den Menschen mit lebenswichtigen Eiweißen, die auch Proteine heißen. Die extrem große Nachfrage nach diesem Lebensmittel hat in den letzten Jahrzehnten dazu geführt, dass die Fischbestände in den Meeren massiv zurückgegangen sind. Aus diesem Grund werden alternative Lieferanten von Proteinen immer wichtiger.

In Apotheken und Drogerien sind Nahrungsergänzungsmittel erhältlich, die verschiedene Aminosäuren enthalten.

► *Erkläre anhand der Packungsaufschrift und mit deinem Grundwissen aus Biologie, wozu der Körper Aminosäuren benötigt.*

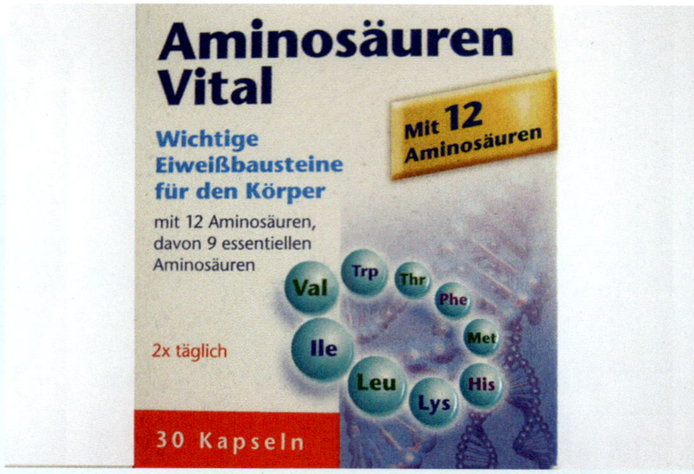

6.1 Von den Aminosäuren zu den Proteinen

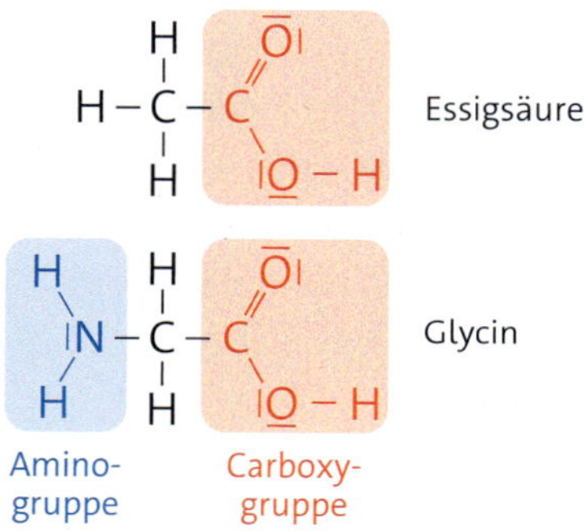

1 *Die Strukturformeln von Essigsäure und Glycin im Vergleich*

Glycin, die einfachste Aminosäure

Die Aminosäure Glycin ist mit der Essigsäure chemisch verwandt. Bei Glycin-Molekülen gibt es allerdings neben der Carboxygruppe eine weitere funktionelle Gruppe, die Aminogruppe. ↗1 Aus diesem Grund wird Glycin auch als Aminoessigsäure bezeichnet. Die chemische Ähnlichkeit von Essigsäure und Glycin zeigt folgendes Experiment: Wenn Magnesium-Pulver zu einer wässrigen Glycin-Lösung gegeben wird, reagiert das unedle Metall mit dieser Lösung. ↗2 Zudem bildet sich dabei Wasserstoff-Gas. Aus dieser Reaktion kann man schließen, dass die Carboxygruppe der Glycin-Moleküle die wässrige Lösung sauer gemacht hat.
Durch Erhitzen wird reines Glycin zersetzt. Dabei entsteht ein stechend riechendes Gas, das feuchtes Universalindikator-Papier blau verfärbt. ↗3 Es liegt nahe, dass die Base Ammoniak NH_3 freigesetzt wird. Denn die Ammoniak-Moleküle und die Aminogruppe des Glycins haben einen ähnlichen Bau.

2 *Magnesium reagiert mit einer wässrigen Glycin-Lösung.*

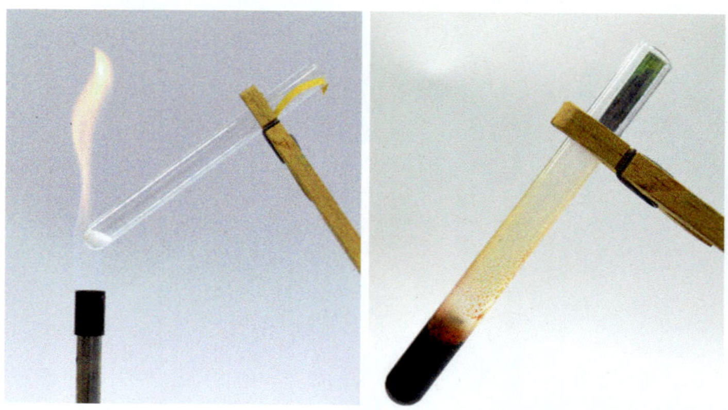

3 *Beim Erhitzen von Glycin entsteht Ammoniak, das Universalindikator-Papier blau färbt.*

Die Struktur der Aminosäuremoleküle

Alle Aminosäuren gehen auf den gleichen Grundbauplan zurück. ↗ 4 An einem zentralen Kohlenstoff-Atom ist neben der Aminogruppe, der Carboxygruppe und einem Wasserstoff-Atom noch ein bestimmter Rest R gebunden. In diesem Rest unterscheiden sich die verschiedenen Aminosäuren. Nach dem Struktur-Eigenschafts-Konzept wirkt sich diese Tatsache auf die physikalischen und chemischen Eigenschaften der Stoffe aus. ↗ 5

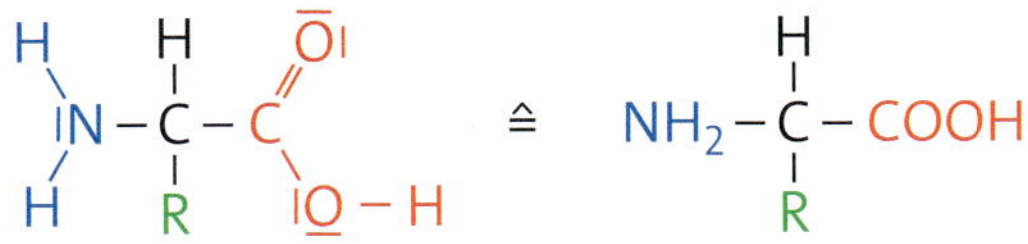

4 *Grundbauplan der Aminosäuremoleküle*

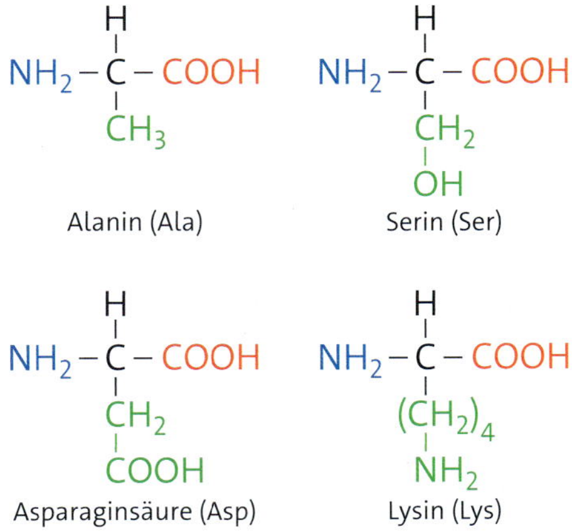

5 *Vier verschiedene Aminosäuren – vier verschiedene Reste*

Verknüpfung der Aminosäuremoleküle

Lebewesen bauen Proteine, auch Eiweiße genannt, aus 20 verschiedenen Aminosäuren auf. Dabei kann der menschliche Körper acht Aminosäuren, wie zum Beispiel Lysin, nicht selbst herstellen, sondern er muss diese mit der Nahrung zu sich nehmen. Sie heißen essenzielle Aminosäuren.

Zwei Aminosäuremoleküle können sich über die Carboxygruppe des einen und die Aminogruppe des anderen Moleküls verbinden, wobei ein Wasser-Molekül abgespalten wird. Es handelt sich also um eine Kondensationsreaktion. Bei ihr entsteht eine Peptidgruppe, die auch **Peptidbindung** heißt. ↗ 6

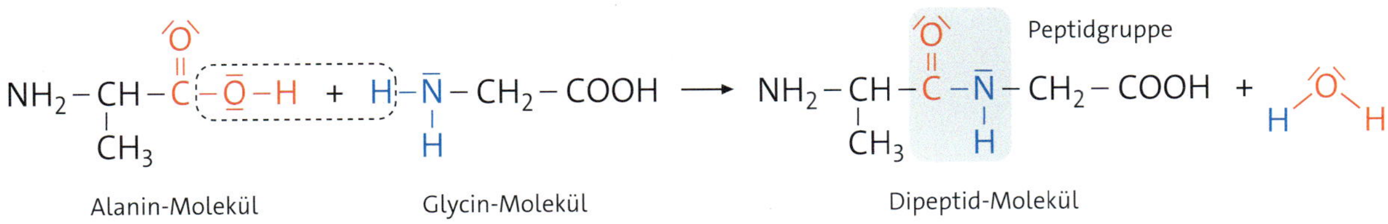

6 *Reaktion von Alanin und Glycin zu einem Dipeptid*

Die Aminosäuren Glycin und Alanin verbinden sich über eine Peptidbindung zu einem Dipeptid. Wenn drei Aminosäuren miteinander verknüpft werden, spricht man von einem Tripeptid. Aus vielen Aminosäuremolekülen entstehen durch Kondensationsreaktionen kettenförmige Moleküle, die als Polypeptidmoleküle bezeichnet werden. Proteine sind besondere Polypeptide. In der Regel werden ihre Moleküle durch Verknüpfung von mindestens 100 Aminosäuremolekülen gebildet.

Proteine (Eiweiße) entstehen, indem sich viele Aminosäuremoleküle über Peptidbindungen miteinander verknüpfen. Daher werden Proteine auch als Polypeptide bezeichnet.

AUFGABEN

1 □ Beschreibe den Grundbauplan eines Aminosäuremoleküls.

2 ◪ Beschreibe, worin sich die Moleküle der Aminosäuren Serin und Asparaginsäure unterscheiden.

3 ■ Aus den Aminosäuren Serin und Alanin wird ein Dipeptid hergestellt. Formuliere die Reaktionsgleichungen mit Strukturformeln für zwei verschiedene Möglichkeiten.

Wenn Viren in den Körper eindringen, dann binden y-förmige Antikörper an den Oberflächenproteinen der Viren, um diese Krankheitserreger zu verklumpen. Bei Mutationen des Virenerbguts haften die Antikörper nicht mehr an den Oberflächenproteinen.

▶ *Überlege, woran das liegen könnte.*

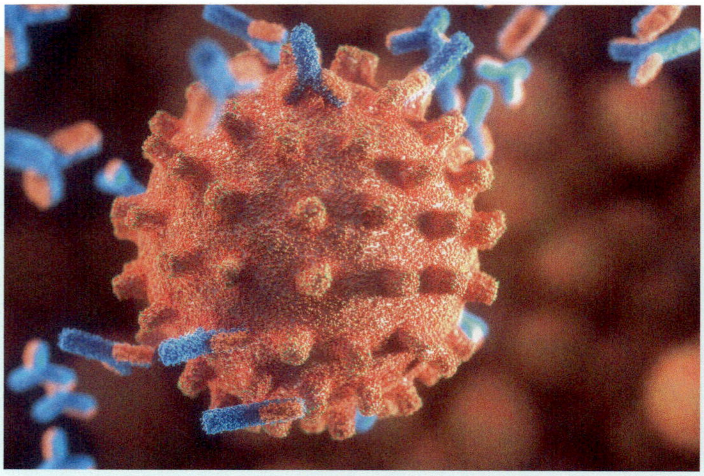

6.2 Räumliche Struktur von Proteinen

1 *In 100 Gramm Sojabohnen sind 36 Gramm Eiweiß enthalten.*

Faserprotein	Vorkommen
Keratin	Haut, Nägel, Wolle, Haare, Federn
Kollagen	Sehnen, Knorpel, Hornhaut des Auges
Myosin	Muskeln
Fibroin	Seidenfasern

2 *Wichtige Faserproteine im Überblick*

Funktion	Beispiel
Nährstoffe	Albumine
Enzyme	Katalase
Hormone	Insulin
Antikörper	Immunglobuline
Transportmoleküle	Hämoglobin

3 *Funktionen von globulären Proteinen*

Bedeutung der Proteine für Lebewesen

Proteine sind nicht nur wichtige Baustoffe für Lebewesen. Als Enzyme ermöglichen Eiweiße den Ablauf von biochemischen Reaktionen und als Hormone steuern sie Lebensvorgänge. Aus diesem Grund muss ein Mensch täglich ca. 0,8 Gramm Proteine pro Kilogramm Körpergewicht zu sich nehmen, damit sein Körper gesund bleibt. Die Zufuhr von Eiweißen ist nicht nur über tierische Lebensmittel wie Fisch, Fleisch, Eier und Milchprodukte möglich. Auch Hülsenfrüchte wie zum Beispiel Sojabohnen enthalten wertvolle Proteine. ↗ 1

Auf die Struktur kommt es an

Aufgrund ihrer Molekülgestalt können Proteine in zwei Klassen eingeteilt werden. **Faserproteine** bestehen aus langgestreckten Polypeptidketten mit einem hohen Anteil an unpolaren Aminosäureresten. Man findet diese Proteine zum Beispiel in Haaren und Nägeln. ↗ 2 **Globuläre Proteine** bilden dagegen dicht zusammengefaltete, oft kugelförmige Strukturen. Sie erfüllen verschiedene lebenswichtige Funktionen in Organismen. ↗ 3

Grundsätzlich ist der Bau der Eiweiße dafür entscheidend, dass sie bestimmte Aufgaben erfüllen können. Die Proteine sind daher ein Musterbeispiel für das Struktur-Eigenschafts-Konzept.

Die Primärstruktur

Proteine unterscheiden sich in der Reihenfolge der miteinander verknüpften Aminosäuremoleküle. Die Aminosäuresequenz eines Polypeptids wird als **Primärstruktur** bezeichnet. ↗ 4 Sie ist für die große Vielfalt der Proteine verantwortlich und über den genetischen Code eines Lebewesens festgelegt.

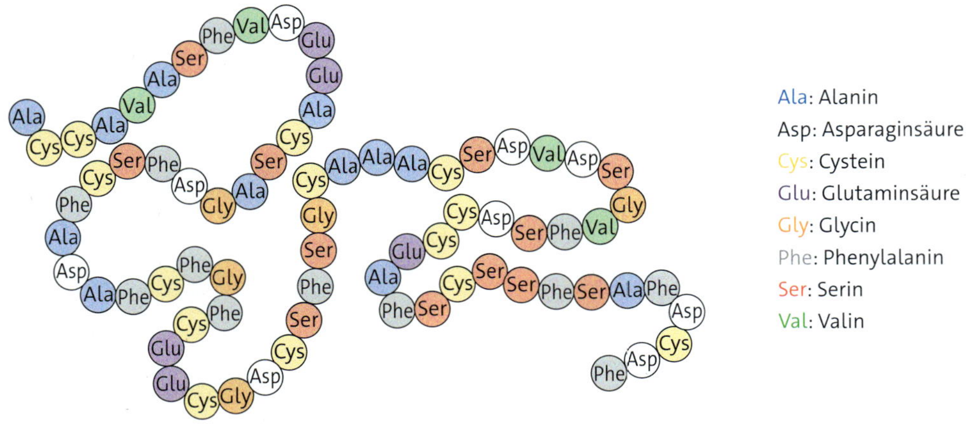

4 *Die Primärstruktur eines Proteins gibt die Reihenfolge der Aminosäuren (Aminosäuresequenz) an.*

Die Sekundärstruktur

Für die Funktion der Proteine ist die räumliche Anordnung der Polypeptidketten entscheidend. Zwischen den Peptidgruppen eines Polypeptidmoleküls können sich Wasserstoffbrücken ausbilden. Solche Wechselwirkungen zwischen C=O-Gruppe und N–H-Gruppe verschiedener Peptidgruppen führen zu besonderen räumlichen Strukturen: Die α-**Helix** ist ein spiralförmiger Bereich der Polypeptidkette. ↗ 5 Beim β-**Faltblatt** laufen zwei Abschnitte der Polypeptidkette zickzack-förmig aneinander vorbei. ↗ 6

Die **Sekundärstruktur** bezeichnet räumliche Anordnungen von Molekülabschnitten, die sich regelmäßig wiederholen.

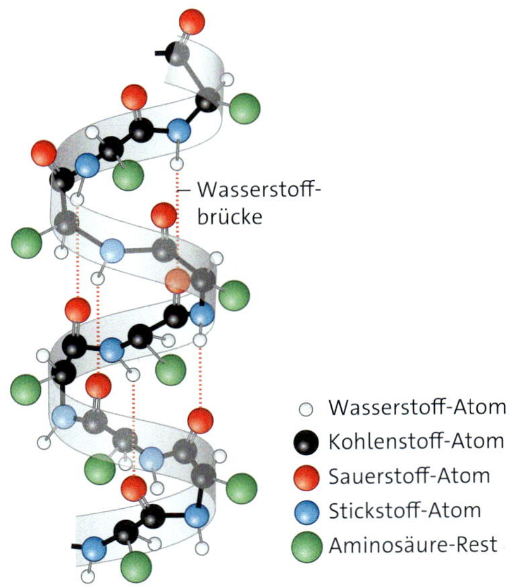

5 *Die α-Helix ist spiralförmig gewunden.*

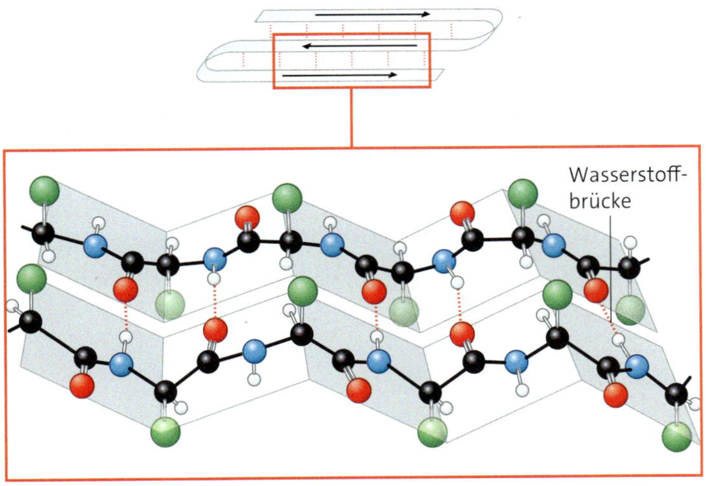

6 *Das β-Faltblatt verläuft zickzack-förmig.*

Zusätzlich stabilisieren Wechselwirkungen zwischen den Aminosäureresten R den räumlichen Bau der gesamten Polypeptidkette.

Proteine erfüllen zahlreiche lebenswichtige Funktionen. Diese beruhen auf der Reihenfolge der Aminosäuren (Primärstruktur) und dem daraus folgenden räumlichen Bau der Polypeptidkette (Sekundärstruktur).

AUFGABEN

1 □ Nenne die zwei Proteinklassen, die sich in ihrer Struktur unterscheiden.

2 ◪ Beschreibe, wie sich eine Genmutation auf die Primärstruktur eines Proteins auswirkt.

3 ■ Das Muskelprotein Myoglobin hat einen sehr hohen Anteil an α-Helix-Strukturen. Erkläre diese Besonderheit anhand der Funktion des Myoglobins.

In einer Pfanne werden Spiegeleier gebraten. Am Anfang ist das Eiklar noch flüssig, farblos und durchsichtig. Mit zunehmender Erhitzung bildet sich daraus ein fester, weißer und undurchsichtiger Stoff.

- ► *Überlege, was sich beim Braten des Spiegeleis im Eiklar verändert. Wende das Struktur-Eigenschafts-Konzept an.*

6.3 Denaturierung von Proteinen

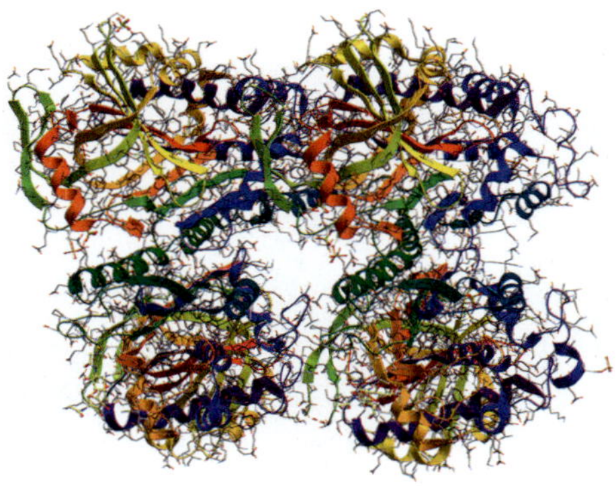

1 Das Protein Albumin besitzt eine komplizierte räumliche Struktur.

Zerstörung der Raumstruktur

Durch die Wasserstoffbrücken zwischen Peptidgruppen und die Wechselwirkungen zwischen den Aminosäureresten besitzen Eiweiße eine komplizierte räumliche Struktur. Das Albumin macht 54 % der Masse des Eiklars aus. Dieses Protein ist durch zahlreiche α-Helix- und β-Faltblatt-Strukturen sowie durch einen großen Hohlraum in der Molekülmitte gekennzeichnet. ↗1

Bestimmte physikalische und chemische Einflüsse können die Raumstruktur von Proteinen leicht zerstören. Dies bezeichnet man als **Denaturierung** oder **Koagulation**. Dabei verklumpen die Eiweiße und verlieren ihre biologische Funktion.

Dies kann man auf Teilchenebene dadurch erklären, dass die Polypeptidketten geglättet werden und sich so die Abstände zwischen ihnen verringern. Man kann die komplizierte Raumstruktur der Moleküle nicht wiederherstellen. Die Denaturierung von Proteinen ist **irreversibel,** sie lässt sich nicht rückgängig machen.

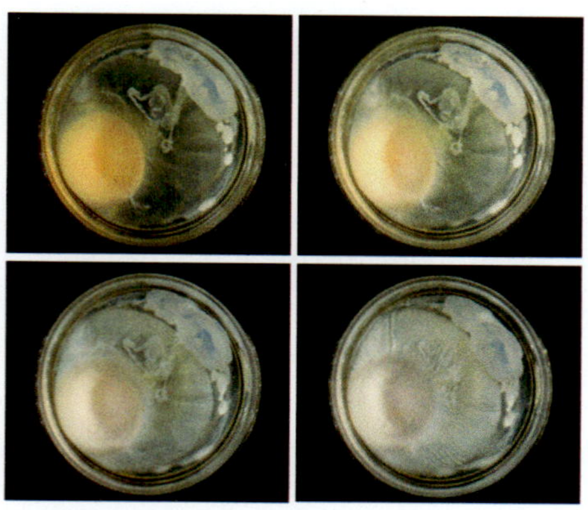

2 Nach Zugabe von Ethanol denaturiert das Eiklar eines Hühnereis allmählich.

Physikalische Einflüsse

Die **Erhöhung der Temperatur** bewirkt, dass die Polypeptidketten in Schwingung geraten. So werden die Wasserstoffbrücken zwischen bestimmten Peptidgruppen gebrochen. An anderen Stellen können sich neue Wasserstoffbrücken ausbilden.

Mikrowellen-Strahlung hat eine ähnliche Wirkung auf Proteine. **Durch energiereiche Strahlung,** wie zum Beispiel UV-Licht, werden sogar die Atombindungen in den Polypeptidmolekülen zerstört.

Chemische Einflüsse

Konzentrierte Lösungen der Alkanole **Ethanol** und **Propanol** denaturieren ebenfalls Proteine. ↗2 Die polaren Hydroxygruppen der Alkanolmoleküle bilden Wasserstoffbrücken zu den Peptidgruppen aus und zerstören auf diese Weise die Sekundärstrukturen der Proteinmoleküle.

Saure und alkalische Lösungen verändern durch Hinzufügen bzw. Abspalten von H^+-Ionen die Ladung von bestimmten funktionellen Gruppen der Proteinmoleküle. Dies hat einen großen Einfluss auf die Wechselwirkungen zwischen Abschnitten der Polypeptidketten.

Schwermetallionen wie zum Beispiel Cu^{2+} oder Pb^{2+} binden an die Stickstoff-Atome der Peptidgruppen und verändern so die Wechselwirkungen innerhalb von Proteinmolekülen und zwischen ihnen. ↗ 3

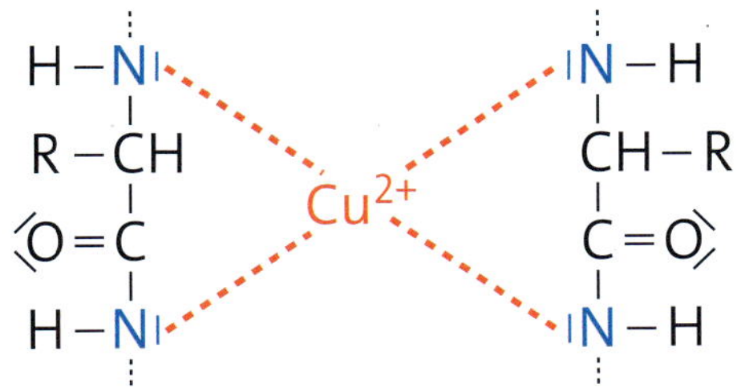

3 *Die Einlagerung eines Cu^{2+}-Ions zwischen zwei Polypeptidketten*

Nachweis von Proteinen

Die Einlagerung von Schwermetallionen zwischen Peptidgruppen dient als Nachweisreaktion für Proteine. Bei der **Biuret-Reaktion** wird zu einer alkalischen Proteinlösung eine blaue Kupfer(II)-sulfat-Lösung gegeben. Die Bindung der Kupfer-Ionen an Peptidgruppen bewirkt einen Farbumschlag von blau nach violett. ↗ 4

4 *Die Biuret-Reaktion dient als Nachweis für Proteine.*

Bedeutung der Denaturierung von Proteinen

Die Denaturierung von körpereigenen Proteinen gefährdet die Gesundheit des Menschen. Bild 5 zeigt, welche Auswirkungen die verschiedenen Einflüsse haben. ↗ 5

Einflüsse	Gefahren für die Gesundheit
Hitze	Gerinnung der körpereigenen Proteine bei hohem Fieber; Schädigung der Hautproteine durch Verbrennungen und Verbrühungen
ionisierende Strahlung	Schädigung der Hautproteine bei Sonnenbrand
saure und alkalische Lösungen	Schädigung der Proteine der Haut und Augenhornhaut
Ethanol, Propanol	Zerstörung der Hautflora durch alkoholhaltige Körperpflegemittel
Schwermetallionen	Vergiftung von Enzymen

5 *Gefahren für die menschliche Gesundheit*

Allerdings nutzt der Mensch seit Jahrtausenden die Gerinnung von Eiweißen gezielt bei der Zubereitung von eiweißreichen Speisen und der Abtötung von schädlichen Mikroorganismen wie Viren, Bakterien und Pilzen.

Hohe Temperaturen, energiereiche Strahlung sowie chemische Stoffe wie Ethanol, saure und alkalische Lösungen sowie Schwermetallionen zerstören die Raumstruktur der Proteine. Die Denaturierung ist irreversibel.

AUFGABEN

1 □ Gib an, was der Begriff Koagulation bedeutet.

2 ◪ Bevor das gereinigte Abwasser in Flüsse eingeleitet wird, wird es in manchen Kläranlagen mit UV-Licht bestrahlt. Erkläre.

3 ■ Kann man das Eiklar eines gebratenen Spiegeleis ohne Zugabe von chemischen Stoffen verflüssigen? Begründe deine Antwort.

Reaktionen von Aminosäuren und Proteinen

1 Reagiert eine Glycin-Lösung sauer?

2

Material: 1 großes und 1 kleines Reagenzglas, Reagenzglasgestell, 2 Metallspatel, Glasstab, Universalindikatorpapier, Glimmspan, brennende Kerze

Chemikalien: Glycin, dest. Wasser, Magnesium-Pulver (2)

Durchführung:
- Befülle das große Reagenzglas ca. 2 bis 3 cm hoch mit dest. Wasser.
- Gib ein paar Spatelspitzen Glycin hinzu und rühre mit dem Glasstab um, sodass eine klare Lösung entsteht.
- Bring mit dem Glasstab ein paar Tropfen der Lösung auf das Universalindikatorpapier.
- Gib mit dem anderen Metallspatel eine Spitze Magnesiumpulver zur Glycin-Lösung.
- Fang das entstehende Gas mit dem kleinen Reagenzglas auf und verschließe dieses mit dem Daumen.
- Führe die Knallgasprobe durch.

Auswertung:
- Fertige ein Versuchsprotokoll an.
- Beantworte die Untersuchungsfrage und begründe deine Antwort.
- Beschreibe die Elektronenübergänge, die bei der Reaktion zwischen Magnesium und der Glycin-Lösung ablaufen.
- Stelle die Formelgleichung zu dieser Reaktion auf (Glycin: $NH_2–CH_2–COOH$).

Entsorgung: Lösung in den Ausguss, Indikatorpapier in Restmüll

1 *Knallgasprobe*

2 Wie lässt sich die Aminogruppe im Glycin-Molekül nachweisen?

5 6 9

Material: Reagenzglas, Reagenzglashalter, Metallspatel, Gasbrenner, Universalindikatorpapier

Chemikalien: Glycin, dest. Wasser zum Anfeuchten des Universalindikatorpapiers

Durchführung:
Achtung! Die entstehenden Dämpfe sind ätzend und giftig (5, 6, 9). Daher nur mit kleinen Mengen Glycin arbeiten und Dämpfe nicht einatmen! Im Abzug arbeiten!
- Gib eine Spatelspitze Glycin in das Reagenzglas.
- Erhitze das Reagenzglas vorsichtig über der Flamme des Gasbrenners, bis Dämpfe entstehen.
- Prüfe die Dämpfe mit dem angefeuchteten Universalindikatorpapier.

Auswertung:
- Fertige ein Versuchsprotokoll an.
- Gib an, welches Gas entstanden ist, und zeichne die Strukturformel der Gasmoleküle.
- Erkläre, warum die Bildung dieses Gases die Aminogruppe im Glycin-Molekül nachweist.
- Beschreibe die Farbveränderung des Feststoffs, wenn er erhitzt wird, und erkläre diese.

Entsorgung: Indikatorpapier und Feststoff in Restmüll

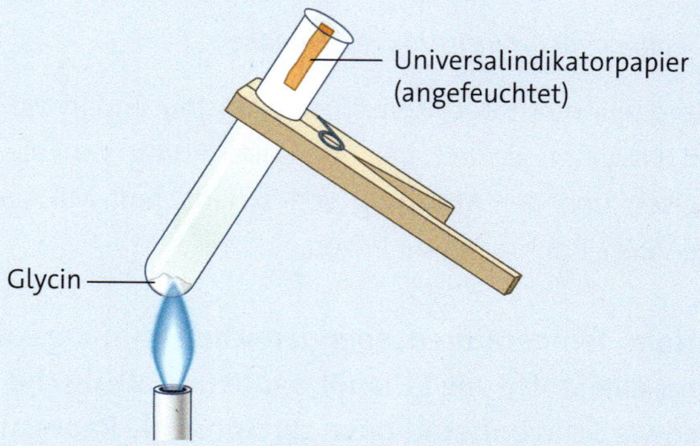

2 *Trockenes Erhitzen von Glycin*

3 Wie lassen sich Proteine nachweisen?

Material: 2 Bechergläser, Spatel, Glasstab, Trichter, Glaswolle (zur Herstellung der Eiweiß-Lösung); 2 Reagenzgläser, 1 Becherglas, Heizplatte, Thermometer

Chemikalien: Eiklar eines Hühnereis, dest. Wasser, Natrium(I)-chlorid (für Eiweiß-Lösung); verdünnte Natronlauge (5), stark verdünnte Kupfer(II)-sulfat-Lösung (9)

Durchführung:

1. Herstellung der Eiweißlösung

- Gib das Eiklar in ein Becherglas und versetze es mit 50 ml dest. Wasser sowie mit einer Spatelspitze Kochsalz.
- Verrühre das Gemisch mit dem Glasstab.
- Filtriere die Eiweiß-Lösung über die Glaswolle im Trichter und fange das Filtrat in einem Becherglas auf.

2. Nachweisreaktion

- Vermische 2 ml Eiweißlösung mit 2 ml verdünnter Natronlauge in einem Reagenzglas.
- Erwärme das Gemisch in einem Wasserbad auf ca. 60 °C.
- Gib ca. 5 ml verdünnte Kupfer(II)-sulfat-Lösung hinzu. Diese enthält Cu^{2+}-Ionen.
- Mache zeitgleich eine Blindprobe, bei der du 2 ml Wasser statt der Eiweißlösung verwendest.

Auswertung:

- Fertige ein Versuchsprotokoll an.
- Vergleiche die Farbänderung der Versuchslösung (Eiweiß) mit der Farbe der Blindprobe.
- Erkläre, worauf die unterschiedlichen Farben beruhen.
- Erkläre, warum bei diesem Versuch keine konzentrierte Kupfer(II)-sulfat-Lösung verwendet wird.
- Begründe, warum du den Hautkontakt mit der Kupfer(II)-sulfat-Lösung vermeiden musst.

Entsorgung: Sammelbehälter für saure und alkalische Abfälle

4 Wie wirken sich verschiedene Einflüsse auf Proteine aus?

Material: je nach Versuchsplanung; Material für die Herstellung der Eiweiß-Lösung siehe Versuch 3

Chemikalien: Eiweiß-Lösung (Herstellung siehe Versuch 3); weitere Chemikalien in Absprache mit der Lehrerin/dem Lehrer

Durchführung:

- Plane einzelne Experimente, um zu untersuchen, wodurch Proteine denaturiert werden.
- Erstelle eine Anleitung mit Skizze für die Versuche. Nutze dazu die Informationen auf Seite 78 f.
- Sprich die Planung mit deiner Lehrerin/deinem Lehrer durch, bevor du die Versuche durchführst.
- Beachte beim Experimentieren die Hinweise zum sicheren Umgang mit den verwendeten Chemikalien und zu ihrer Entsorgung.

Auswertung:

- Fertige ein Versuchsprotokoll an.
- Beschreibe und erkläre die Versuchsergebnisse.
- Begründe, warum Experimente zur Denaturierung von Proteinen deiner Gesundheit schaden können.

Entsorgung: in Abhängigkeit von den verwendeten Chemikalien

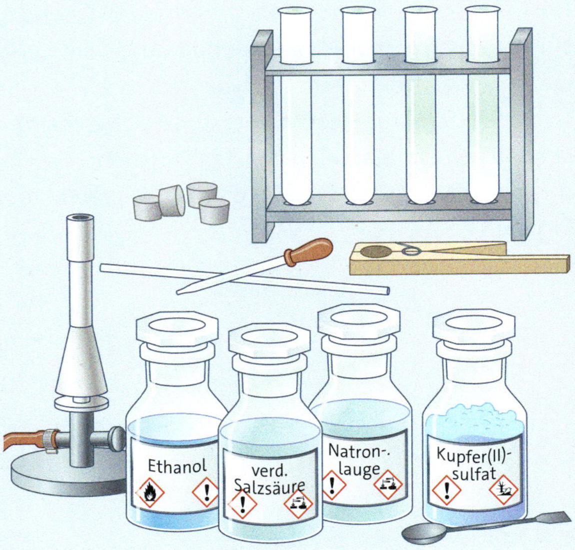

3 *Mögliche Materialien zu Versuch 4*

Aminosäuren – die Bausteine der Proteine

Die Moleküle der Aminosäuren haben einen bestimmten Grundbauplan. An einem zentralen Kohlenstoff-Atom befinden sich vier Bindungspartner: eine Aminogruppe, eine Carboxygruppe, ein Wasserstoff-Atom und ein bestimmter Rest (R). ↗ 1
Die Carboxygruppe hat eine saure und die Aminogruppe eine alkalische Wirkung.

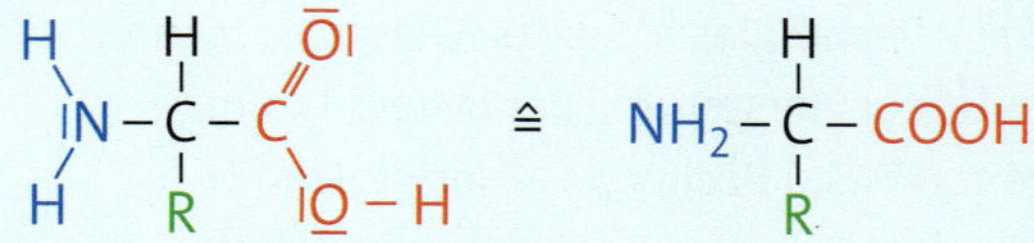

1 *Grundbauplan der Aminosäuremoleküle*

Verknüpfung von Aminosäuremolekülen

Aminosäuremoleküle können sich über die Carboxygruppe eines Moleküls und die Aminogruppe eines weiteren Moleküls miteinander verbinden. Da dabei ein Wasser-Molekül abgespalten wird, handelt es sich um eine Kondensationsreaktion. Wenn zwei Aminosäuremoleküle verknüpft werden, entsteht ein Dipeptid. ↗ 2

Weil bei der Synthese eines Proteinmoleküls sehr viele Aminosäuremoleküle miteinander reagieren, spricht man hier von einem Polypeptid.
Ein solches kettenförmiges Molekül besitzt viele Peptidbindungen, auch Peptidgruppen genannt. Diese können mit der Biuret-Reaktion nachgewiesen werden.

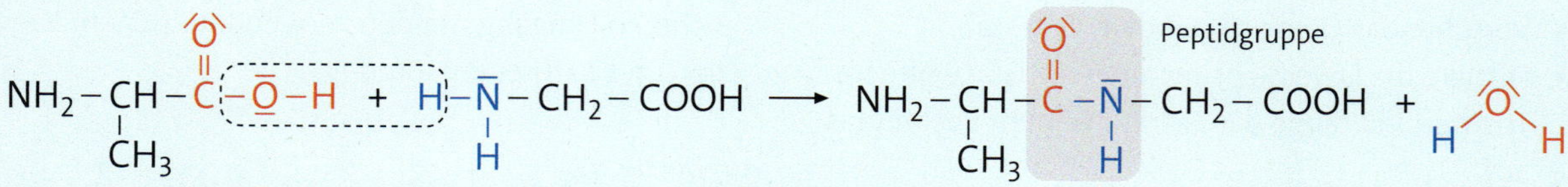

2 *Entstehung eines Dipeptids durch eine Kondensationsreaktion*

Bau und Funktion von Proteinen

Verschiedene Proteine unterscheiden sich in der Reihenfolge der miteinander verknüpften Aminosäuremoleküle. Die Aminosäuresequenz wird als Primärstruktur bezeichnet.
Durch Wasserstoffbrücken zwischen den C=O- und N-H-Gruppen verschiedener Peptidgruppen entsteht die Sekundärstruktur eines Polypeptids. ↗ 3
Nach dem Struktur-Eigenschafts-Konzept bestimmt der Bau von Proteinmolekülen ihre Funktion maßgeblich. So gibt es Faserproteine und globuläre Proteine.

Denaturierung von Proteinen

Der räumliche Bau von Proteinen kann durch hohe Temperaturen, energiereiche Strahlung sowie chemische Stoffe wie Ethanol, saure und alkalische Lösungen oder Schwermetallionen dauerhaft zerstört werden. Dieser Vorgang ist also irreversibel und bewirkt meist, dass Proteine ihre Funktionen verlieren.

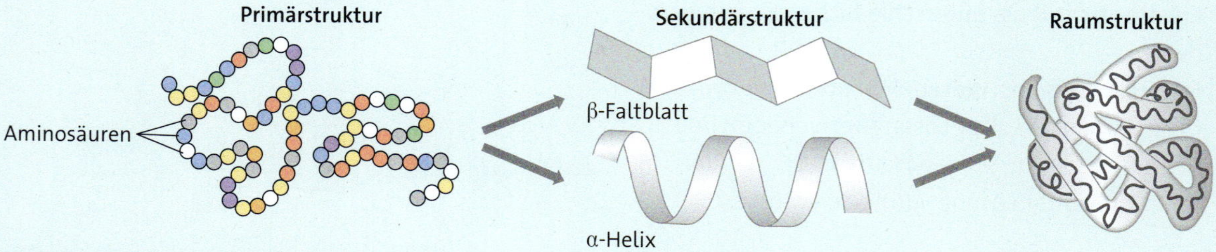

3 *Aufbau von Proteinmolekülen*

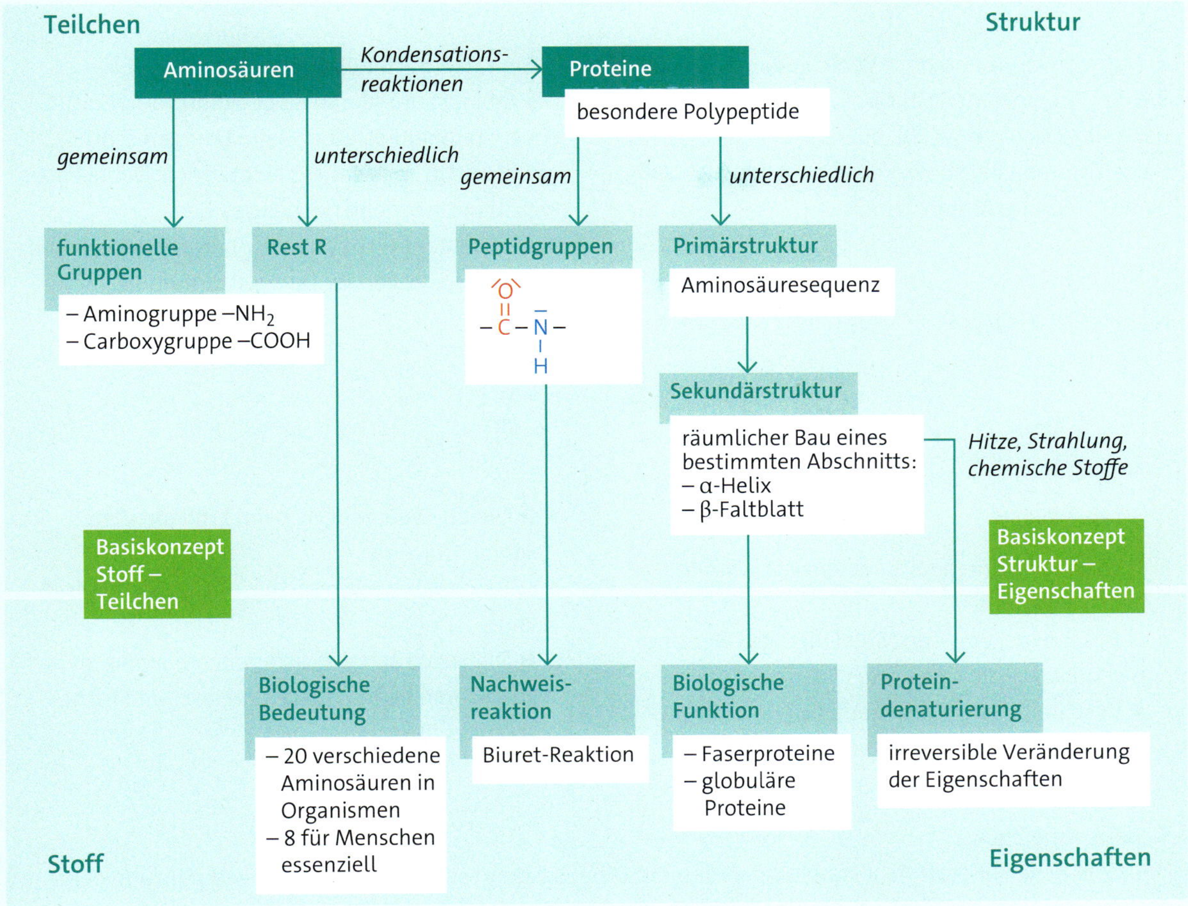

Kompetenzcheck

Hast du alle wichtigen Inhalte des Kapitels verstanden? Schätze dich zuerst selbst ein: ☺, 😐, ☹.

Überprüfe nun deine Selbsteinschätzung: Löse dazu die Aufgaben auf Seite 110/111 und vergleiche deine Antworten mit den Lösungsvorschlägen. ↗ S. 160

Ich kann ...	☺	😐	☹	Alles-im-Griff-Aufgaben	Hilfe findest du auf Seite
die funktionellen Gruppen von Aminosäuremolekülen nachweisen.	?	?	?	2	100, 106
beschreiben, welche Eigenschaften die funktionellen Gruppen bzw. die Reste der Aminosäuremoleküle bewirken.	?	?	?	1, 2	100, 106
die Kondensationsreaktion zwischen Aminosäuremolekülen mit Strukturformeln darstellen.	?	?	?	3, 4	101
Proteine experimentell nachweisen.	?	?	?	4	105, 107
die Bedeutung der Primärstruktur für Proteine beschreiben.	?	?	?	4, 5, 6	102, 103
die Eigenschaften von Proteinen und anderen Peptiden mithilfe ihrer Sekundärstruktur erklären.	?	?	?	5, 6, 7	104, 105
die denaturierende Wirkung bestimmter physikalischer und chemischer Einflüsse auf Proteine beschreiben und bewerten.	?	?	?	6, 7	104, 105, 107

1 Nah verwandt und doch verschieden

Bei den Aminosäuren Glutaminsäure und Valin handelt es sich um weiße, pulverartige Feststoffe. Beide kommen in Lebewesen vor, wobei nur Valin eine essenzielle Aminosäure ist.

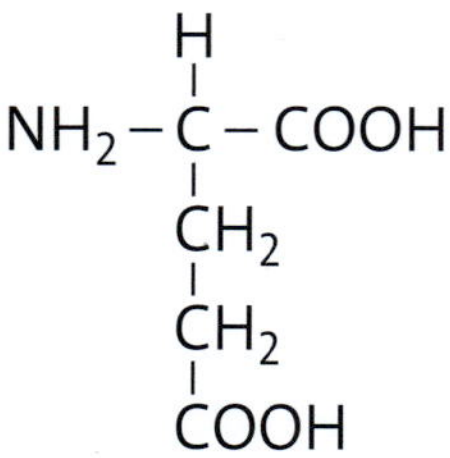

Glutaminsäure

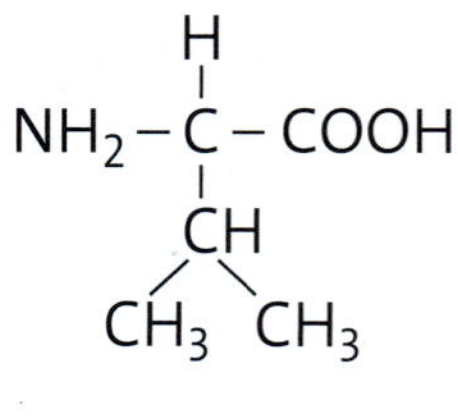

Valin

a □ Gib an, was man unter essenziellen Aminosäuren versteht.

b ◪ Beschreibe, was den Molekülen gemeinsam ist und worin sie sich unterscheiden.

c ■ Beschreibe ein Experiment, mit dem du Glutaminsäure und Valin unterscheiden kannst.

2 Ein rätselhafter Charakter

Die Aminosäure Alanin ist bei Raumtemperatur ein kristalliner Feststoff. Beim Erhitzen schmilzt Alanin nicht, sondern es zersetzt sich. Dabei entweicht ein stechend riechendes Gas.

Alanin besteht nicht aus ungeladenen Molekülen, sondern aus sogenannten Zwitterionen.

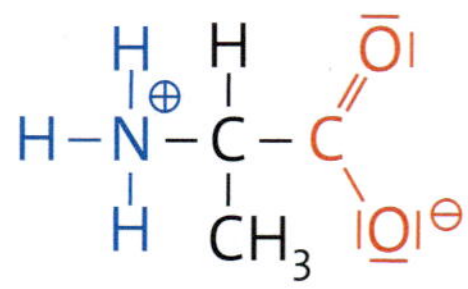

a ◪ Gib an, welches Gas beim Erhitzen von Alanin frei wird.

b ◪ Beschreibe, wie man dieses Gas nachweisen kann.

c ■ Die Struktur der Zwitterionen bewirkt, dass sich Alanin beim Erhitzen zersetzt und nicht schmilzt. Begründe.

3 Süße ohne Zucker

Der künstliche Süßstoff Aspartam wird aus einem Dipeptid hergestellt, das durch die Verknüpfung der Aminosäuren Asparaginsäure und Phenylalanin entsteht. Falls auf dem Etikett von Getränken das Aspartam genannt wird, ist stets der Hinweis „enthält eine Phenylalaninquelle" angegeben.

Zutaten:
Wasser, Kohlensäure, Farbstoff E 150d, Säuerungsmittel Phosphorsäure, Süßungsmittel (Natriumcyclamat, Acesulfam K, Aspartam) Natriumcitrate, Aroma Koffein.
Enthält eine Phenylalaninquelle.

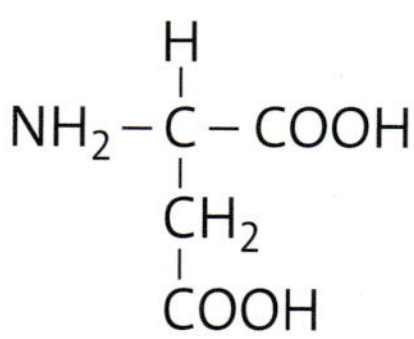

Asparaginsäure

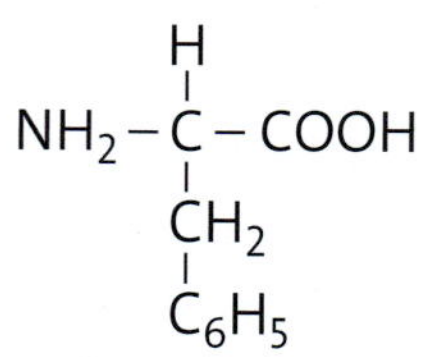

Phenylalanin

a □ Gib an, welche Art von chemischer Reaktion bei der Synthese des Dipeptids stattfindet.

b ◪ Formuliere die Reaktionsgleichung mit Strukturformeln. Beginne mit der Asparaginsäure.

c ■ Stelle eine Vermutung an, warum Aspartam eine Phenylalaninquelle für den menschlichen Körper ist.

4 Nicht Bär, sondern Schwein gehabt!

Gelatine, die zur Herstellung von Gummibärchen dient, wird in Europa zu 80 % aus Schweineschwarten gewonnen. Die Primärstruktur der Polypeptide weist einen hohen Anteil an Glycin (ca. 33 %) auf, aber auch die Aminosäuren Alanin und Serin kommen vor. ↗ S. 74/75

a □ Gib an, was man unter der Primärstruktur eines Polypeptids versteht.

b ◪ Beschreibe ein Experiment, mit dem man nachweisen kann, dass Gelatine aus Proteinen besteht.

c ■ Zeichne einen Ausschnitt aus der Primärstruktur eines Proteinmoleküls der Gelatine. Berücksichtige die drei angegebenen Aminosäuren mindestens einmal.

6 Hausmittel benötigt

Ein Wespenstich ist meist mit deutlichen Schwellungen der betroffenen Körperstellen verbunden. Dafür ist hauptsächlich der Stoff Mastoparan verantwortlich. Dieser besteht aus einer Peptidkette, die aus 14 Aminosäuremolekülen aufgebaut wird und einen besonderen räumlichen Bau hat.

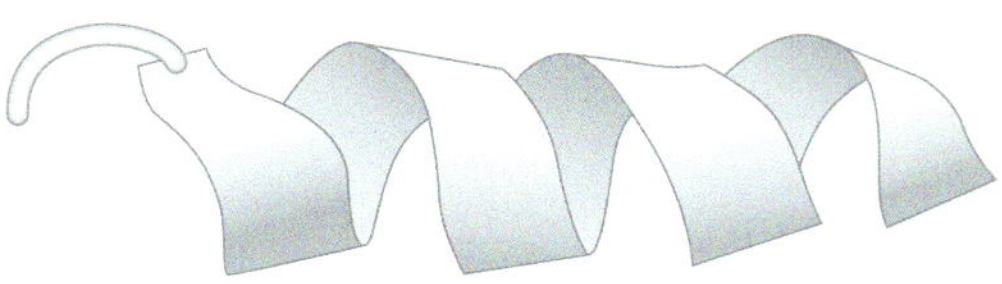

a ◪ Beschreibe den räumlichen Bau des Moleküls.

b ■ Um Schwellungen nach einem Wespenstich zu verhindern, kann man die Einstichstelle kurz mit einem heißen Gegenstand auf etwa 60 °C erwärmen. Erkläre, wie das funktioniert.

5 Kleiner Unterschied – große Wirkung

Bei der Erbkrankheit „Sichelzellenanämie" bilden die betroffenen Menschen sichelförmige rote Blutkörperchen. Beim Vergleich der Primärstruktur von normalem Hämoglobin und Sichelzellen-Hämoglobin fällt Folgendes auf:

normales Hämoglobin:

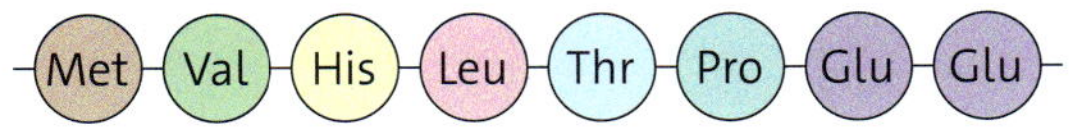

Sichelzellen-Hämoglobin:

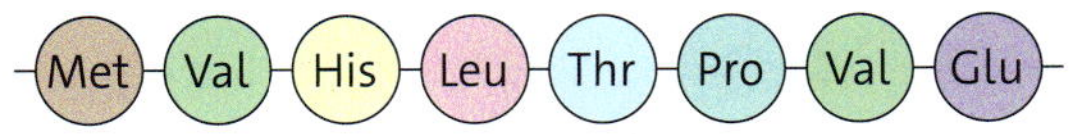

a ◪ Beschreibe den Unterschied zwischen den beiden Primärstrukturen.

b ■ Erkläre, warum sich dieser Unterschied auf die Gestalt der roten Blutkörperchen auswirkt.

7 Überlebenswichtig

Lebewesen benötigen das Enzym Katalase, um das Zellgift Wasserstoffperoxid abzubauen.

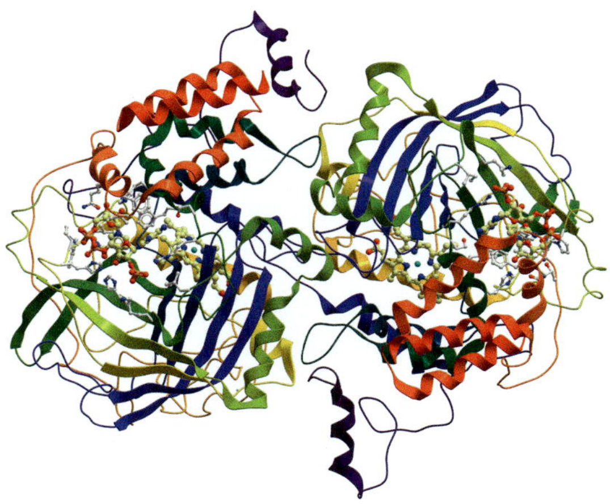

a ◪ Beschreibe den räumlichen Bau des Polypeptidmoleküls.

b ◪ Beschreibe die Bedeutung des räumlichen Baus für die Funktion des Enzyms.

c ■ Ein Mensch, der eine hohe Konzentration an Blei-Ionen im Blut hat, kann Wasserstoffperoxid schlecht abbauen. Begründe.

7

Kohlenhydrate

Jeden Herbst findet die sogenannte Rübenkampagne statt. Man kann dann am Feldrand aufgetürmte Zuckerrüben sehen, die auf ihren Abtransport zur Zuckerfabrik und auf die dortige Weiterverarbeitung zu Haushaltszucker warten. Haushaltszucker (Saccharose) ist wohl eines der bekanntesten Kohlenhydrate.

In ein Becherglas gibt man Haushaltszucker und bedeckt diesen vollständig mit konzentrierter Schwefelsäure. Dabei entstehen Wasserdampf und das Produkt im rechten Foto.

- *Überlege, wie die schwarze Farbe entstehen könnte.*
- *Stelle Vermutungen an, woher der Begriff „Kohlenhydrat" kommt.*

7.1 Was sind Kohlenhydrate?

1 *Lebensmittel, die Kohlenhydrate enthalten*

Welche Kohlenhydrate gibt es?

Brot, Kartoffeln, Nudeln oder auch Obst enthalten viele Kohlenhydrate. ↗1 Du kennst diese wichtige Nährstoffgruppe aus dem Biologieunterricht. Kohlenhydrate machen den größten Bestandteil in der Nahrung aus und sind wichtige Energielieferanten für den Menschen. Ein Gramm Kohlenhydrate liefert 17 Kilojoule Energie.

Zu den Kohlenhydraten gehören unterschiedliche Stoffe. Sie lassen sich nach ihrer Molekülgröße in **Monosaccharide**, **Disaccharide** und **Polysaccharide** einteilen. ↗2

Stoffgruppe	Wichtige Vertreter	Vorkommen
Monosaccharid (Einfachzucker)	Glucose (Traubenzucker) Fructose (Fruchtzucker)	in Früchten 
Disaccharid (Zweifachzucker)	Saccharose (Rohrzucker)	in Zuckerrüben, Zuckerrohr 
	Maltose (Malzzucker)	in gekeimtem Getreide 
Polysaccharid (Mehrfachzucker)	Amylose	in Kartoffeln, Getreide 
	Cellulose	in Baumwollfasern, Zellwänden von Pflanzen 

2 *Einteilung der Kohlenhydrate*

Zusammensetzung der Kohlenhydrate

Die Zersetzung von Haushaltszucker durch Schwefelsäure in der Einstiegsaufgabe zeigt, dass es sich um eine organische Verbindung handelt, die Kohlenstoff enthält. Auch Glucose und Fructose zersetzen sich beim Erhitzen. Dabei verkohlen sie und es bildet sich Wasserdampf. Stärke und Cellulose verhalten sich beim Erhitzen oder gegenüber Schwefelsäure ähnlich. Alle diese Beobachtungen lassen den Schluss zu, dass diese Stoffe die Elemente Kohlenstoff, Wasserstoff und Sauerstoff enthalten.

Die Summenformel von Glucose und Fructose lautet $C_6H_{12}O_6$. Früher wurde als Formel dafür auch $C_6(H_2O)_6$ geschrieben. Von solchen Darstellungen leitet sich die Bezeichnung Kohlenhydrate für die ganze Stoffgruppe ab. Wasserstoff und Sauerstoff kommen im Verhältnis des Wassers vor, weswegen man früher von einem „Hydrat des Kohlenstoffs" sprach.

Der Begriff Kohlenhydrat umfasst neben verschiedenen Zuckerarten auch Verbindungen, die sich von Zuckern ableiten. Man bezeichnet diese Stoffgruppe als Saccharide (lateinisch saccharum = Zucker). In der systematischen Namensgebung erhalten diese Substanzen die Endung -ose, zum Beispiel Glucose für Traubenzucker.

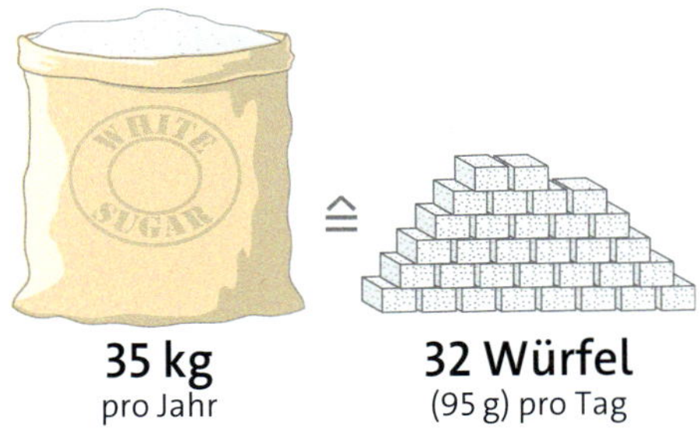

3 *Zuckerverbrauch pro Kopf im Jahr und täglich*

Zucker in der Nahrung

Im Durchschnitt werden in Deutschland jährlich etwa 35 Kilogramm Zucker pro Kopf verbraucht. Rechnet man dies auf den täglichen Verbrauch um, so ergeben sich 95 Gramm. Dies entspricht 32 Stück Würfelzucker. ↗ 3

Nun stellt sich die Frage, wo die große Menge an Zucker, die wir täglich essen, herkommt. Zum einen sind es Süßigkeiten, wie Schokolade, Bonbons oder Kekse. Zum anderen nehmen wir Nahrungsmittel zu uns, die versteckte Zucker enthalten und nicht zu Süßigkeiten oder Süßspeisen zählen. ↗ 4

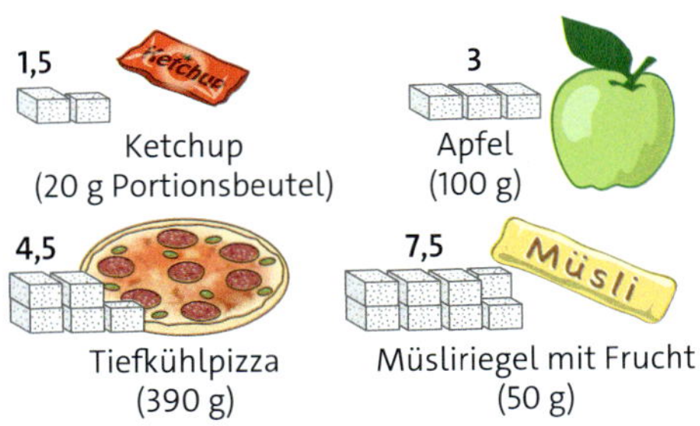

4 *Versteckte Zucker in Nahrungsmitteln*

Zu viel Zucker macht krank

Auch ein gesunder Mensch sollte ein Auge auf diese versteckten Zucker haben. Besonders wichtig ist es für Menschen mit der Stoffwechselerkrankung Diabetes, darauf zu achten. Die Weltgesundheitsorganisation WHO hat im Jahr 2015 eine Richtlinie zur empfohlenen Aufnahme von Zucker veröffentlicht. Sie soll helfen, ungesunde Gewichtszunahme und Zahnkaries besser zu kontrollieren und Folgeerkrankungen vorzubeugen. Jugendliche sollten maximal 50 bis 65 Gramm Zucker pro Tag konsumieren.

Kohlenhydrate sind Naturstoffe. Zu ihnen gehören die verschiedenen Zucker und davon abgeleitete Stoffe. Sie lassen sich in Mono-, Di- und Polysaccharide einteilen.

AUFGABEN

1 □ Suche bei dir zu Hause drei Lebensmittel. Gib an, wie viel Zucker sie pro Portion oder 100 g enthalten. Rechne jeweils auch in Zuckerwürfel um.

2 ◪ Recherchiere den Begriff Diabetes und erkläre, warum daran erkrankte Menschen besonders auf ihren Zuckerkonsum achten müssen.

Bienenhonig schmeckt süß.

- ► *Gib den Hauptbestandteil von Honig an.*
- ► *Stelle Vermutungen an, woher der süße Geschmack kommt.*

7.2 Wichtige Kohlenhydrate

Glucose und Fructose – Monosaccharide

Sowohl Glucose als auch Fructose zählen zu den Einfachzuckern, den Monosacchariden. Monosaccharide sind Moleküle mit nur einem Ring als Grundstruktur.

Im Glucose-Molekül wird der Ring aus fünf Kohlenstoff-Atomen und einem Sauerstoff-Atom gebildet. Im Fructose-Molekül wird der Ring aus vier Kohlenstoff-Atomen und einem Sauerstoff-Atom gebildet. ↗ 1, 2

Glucose und Fructose sind Isomere zueinander, das heißt, sie haben die gleiche Summenformel $C_6H_{12}O_6$, jedoch unterschiedliche Strukturformeln. Daher haben sie zum Teil unterschiedliche Eigenschaften.

Die fünf Hydroxygruppen sind verantwortlich für die typischen Eigenschaften dieser Zucker, nämlich die gute Wasserlöslichkeit, den süßen Geschmack sowie die reduzierende Wirkung. ↗ 3

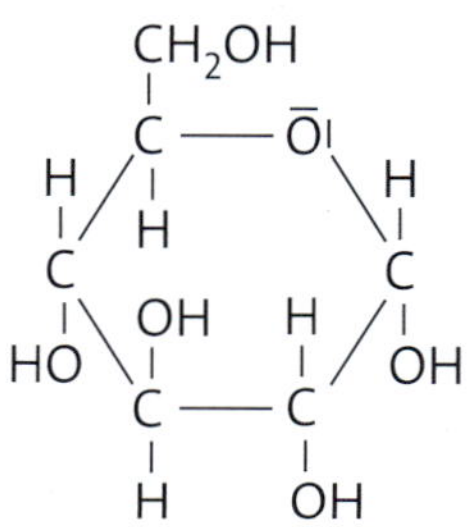

1 *Strukturformel eines Glucose-Moleküls*

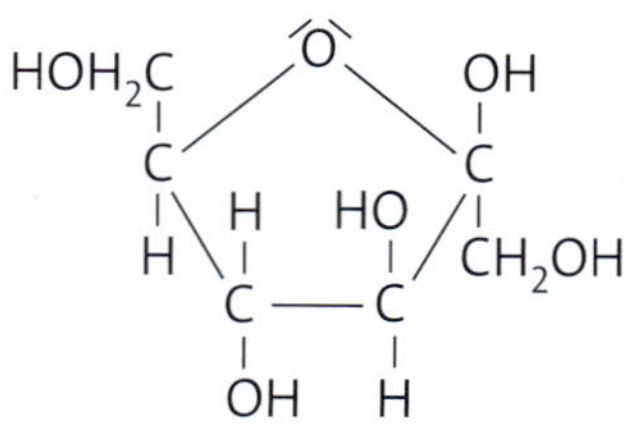

2 *Strukturformel eines Fructose-Moleküls*

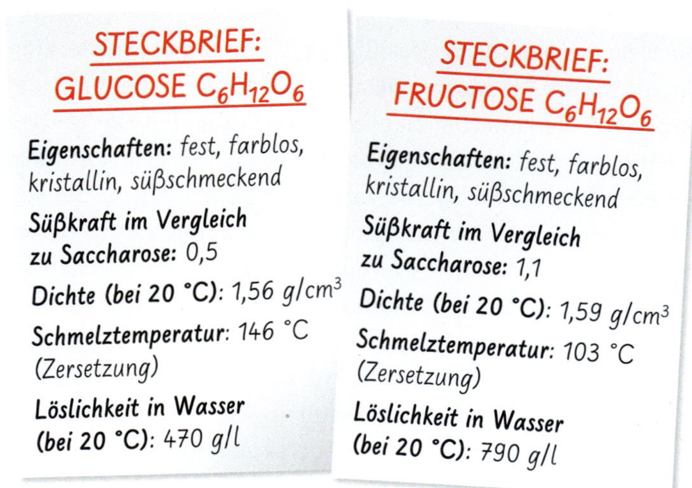

3 *Steckbriefe von Glucose und Fructose*

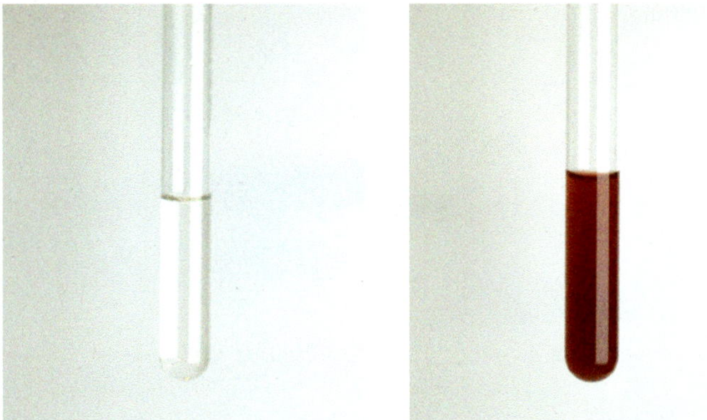

4 *Seliwanow-Reaktion bei Glucose und Fructose*

5 *Glucose-Teststäbchen mit Skala*

Glucose und Fructose unterscheiden

Glucose und Fructose lassen sich durch die Seliwanow-Reaktion unterscheiden. Diese verläuft bei Fructose positiv. Hierbei reagiert die Fructose-Lösung mit dem Nachweisreagenz und Sauerstoff zu einem rötlichen Farbstoff. ↗ 4 Mit Glucose tritt diese Reaktion stark verzögert ein. Somit kann die Seliwanow-Reaktion als Nachweis für Fructose dienen.

Für den eindeutigen Nachweis von Glucose werden Glucose-Teststreifen verwendet. Diese Teststreifen werden auch bei dem Verdacht auf die Krankheit Diabetes eingesetzt. ↗ 5

Saccharose – ein Disaccharid

Verbinden sich Monosaccharidmoleküle unter Wasserabspaltung miteinander, entstehen größere Moleküle. Hierbei handelt es sich um eine **Kondensationsreaktion**. Aus zwei Monosaccharidmolekülen entsteht so ein Disaccharidmolekül (Zweifachzucker). Aus einem Glucose-Molekül und einem Fructose-Molekül wird durch Kondensation ein Saccharose-Molekül gebildet. ↗ 6

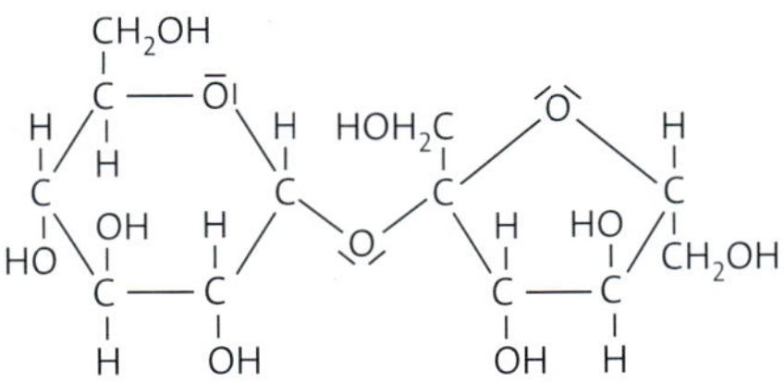

6 *Strukturformel eines Saccharose-Moleküls*

Glucose + Fructose ⟶ Saccharose + Wasser

$C_6H_{12}O_6 + C_6H_{12}O_6 \longrightarrow C_{12}H_{22}O_{11} + H_2O$

Vorkommen und Eigenschaften von Saccharose

Saccharose wird von vielen Pflanzen mittels Fotosynthese gebildet. Zuckerrüben und Zuckerrohr sind vor allem für die Gewinnung des Haushaltszuckers bedeutsam. Dementsprechend sind auch die Bezeichnung Rübenzucker und Rohrzucker gebräuchlich. Darüber hinaus wird Saccharose auch in kleinen Mengen aus dem Saft des Zuckerahorns gewonnen. Als Entdecker des Zuckers in Rüben im Jahr 1747 gilt Andreas Sigismund Marggraf.

Ebenso wie Glucose und Fructose schmeckt Saccharose süß und ist gut in Wasser löslich. In konzentrierten Zuckerlösungen sind weder Bakterien noch Schimmelpilze lebensfähig, weshalb Zucker auch zur Konservierung von Lebensmitteln verwendet wird. ↗ 7

STECKBRIEF: SACCHAROSE $C_{12}H_{22}O_{11}$

Eigenschaften: fest, farblos, kristallin, süßschmeckend

Süßkraft: 1,0

Dichte (bei 20 °C): 1,58 g/cm³

Schmelztemperatur: 185 °C (Zersetzung)

Löslichkeit in Wasser (bei 20 °C): 1970 g/l

7 *Steckbrief von Saccharose*

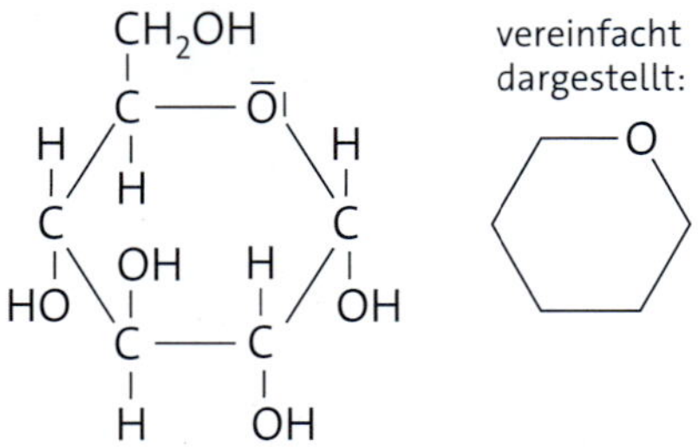

8 *Glucose-Molekül und vereinfachte Darstellung*

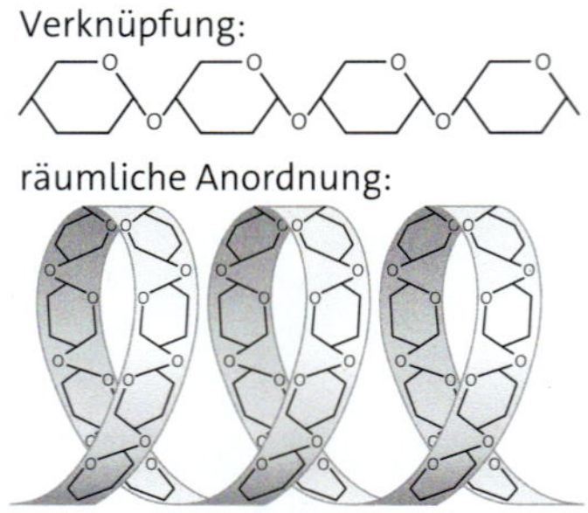

9 *Amylose-Moleküle*

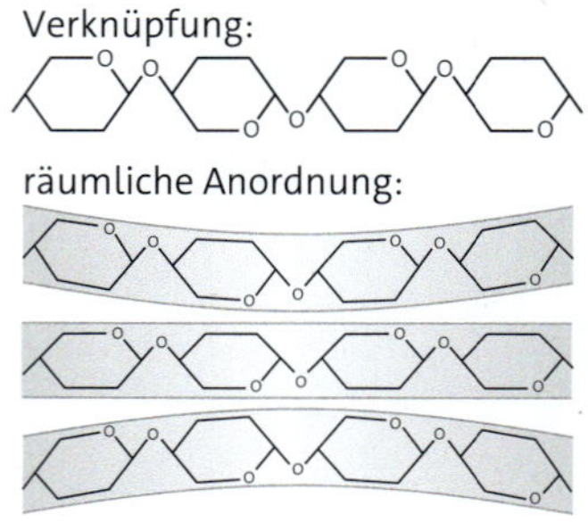

10 *Cellulose-Moleküle*

Amylose und Cellulose – Polysaccharide

Polysaccharide (Mehrfachzucker) entstehen durch **Polykondensation** von Monosacchariden unter Wasserabspaltung. Amylose und Cellulose haben als Grundbaustein Glucose-Moleküle. ↗ 8 Beide bestehen aus Tausenden von Glucose-Einheiten. Die Summenformel von Amylose und Cellulose lautet $(C_6H_{10}O_5)_n$.

Amylose – genauer betrachtet

Amylose ist ein Bestandteil der natürlichen und pflanzlichen Stärke und kommt beispielsweise in Mais, Kartoffeln sowie in Weizen vor. Amylose-Moleküle sind spiralförmig aufgebaut. ↗ 9 In die Hohlräume der Spiralen können Iod-Moleküle eingelagert werden. Die dabei entstehende Blaufärbung ist eine Nachweisreaktion für den Stärkebestandteil Amylose und damit auch für Stärke. ↗ 11 Amylose ist nur gering in Wasser löslich, es bildet sich Kleister. Bei der Verdauung wird Amylose unter Mitwirkung von Enzymen gespalten und zu Glucose abgebaut. Sie dient also als Energiespeicher.

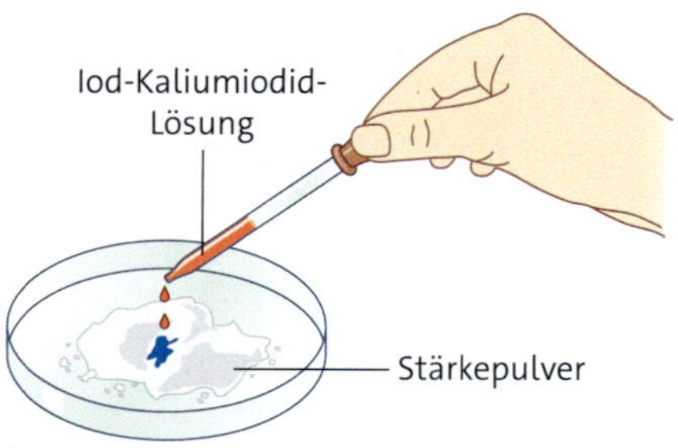

11 *Nachweis von Amylose mit der Iod-Stärke-Reaktion*

Cellulose – genauer betrachtet

Cellulose ist der Hauptbestandteil der pflanzlichen Zellwände und dient diesen als Baustoff. Sie ist aus langen unverzweigten Ketten aufgebaut, die sich zu Fasern zusammenlagern. ↗ 10 Cellulose ist wasserunlöslich. Sie lässt sich mit Chlorzinkiod-Lösung nachweisen, auch hier entsteht eine Blaufärbung. ↗ 12

Cellulose aus Holz ist ein wichtiger Rohstoff der Papierindustrie. Naturfasern wie Baumwolle, Jute oder Hanf bestehen hauptsächlich aus Cellulose und finden in der Textilindustrie Verwendung. Im Gegensatz zu Amylose kann Cellulose im menschlichen Körper nicht in ihre Bestandteile gespalten werden. Sie ist unverdaulich und damit ein Ballaststoff.

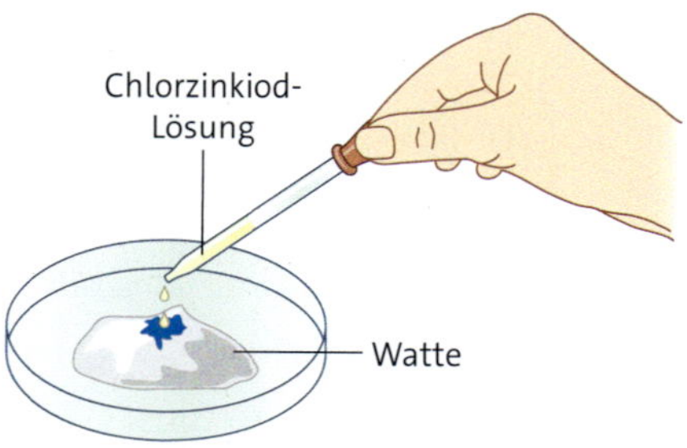

12 *Nachweis von Cellulose mit Chlorzinkiod-Lösung*

Die Zucker Glucose und Fructose sind Monosaccharide, Saccharose ist ein Disaccharid. Der Stärkebestandteil Amylose und der Pflanzenbaustoff Cellulose gehören zur Gruppe der Polysaccharide. Durch Kondensation von Monosaccharidmolekülen entstehen Disaccharidmoleküle beziehungsweise Polysaccharidketten.

AUFGABEN

1 □ Formuliere die Reaktionsgleichung zur Bildung von Saccharose mit Strukturformeln.

2 ◪ Erläutere, weshalb zum Einkochen von Marmelade sehr viel Zucker verwendet wird. Nutze hierzu dein Wissen aus dem Biologieunterricht.

3 ◪ Erläutere den Begriff Polysaccharid. Verwende Beispiele.

4 ■ Erkläre, warum die Iod-Stärke-Reaktion bei Cellulose negativ verläuft.

Stärke und Cellulose in Alltagsprodukten

1 Welche Lebensmittel enthalten den Stärkebestandteil Amylose?

8

Material: Uhrgläser, Tropfpipetten

Chemikalien: Stärke-Lösung, verschiedene Lebensmittel (z.B. rohe Kartoffel, Weißbrot, Mehl), Iod-Kaliumiodid-Lösung (Lugolsche Lösung, 8)

Durchführung: Gib eine kleine Probe der Stärke-Lösung sowie der Lebensmittel auf Uhrgläser und tropfe auf jede Probe etwas Lugolsche Lösung.

Auswertung: Werte den Versuch in einem Protokoll aus. Nenne die Funktion der Stärke-Lösung.

Entsorgung: Restmüll, Ausguss

2 Welche Alltagsmaterialien enthalten Cellulose?

5 7 8 9

Material: Uhrgläser, Tropfpipetten

Chemikalien: Chlorzinkiod-Lösung (5, 7, 8, 9), verschiedene Alltagsmaterialien (z. B. Baumwollwatte, Filterpapier, Zeitungspapier)

Durchführung: Gib kleine Proben der Substanzen auf Uhrgläser und tropfe auf jede Probe etwas Chlorzinkiod-Lösung.

Auswertung: Werte den Versuch in einem Protokoll aus.

Entsorgung: giftige anorganische Abfälle

3 Wie gewinnt man Stärke aus Kartoffeln?

Material: Kartoffelreibe, 2 Plastikschüsseln, Löffel, Geschirrtuch, Messbecher

Chemikalien: Kartoffel, Leitungswasser

Durchführung:
- Reibe die Kartoffel in eine Plastikschüssel.
- Gib 300 ml Wasser zu der zerkleinerten Kartoffel und rühre ca. 1 min mit einem Löffel um.
- Lege über die zweite Plastikschüssel ein Geschirrtuch, gieße den Brei hinein und presse das Wasser heraus (= Presssaft). Sammle den Presssaft in der Schüssel.
- Fülle den ausgepressten Brei zurück in die erste Plastikschüssel und wiederhole Schritte zwei und drei zweimal mit je 200 ml Wasser.
- Warte ca. fünf Minuten. Gieße dann vorsichtig den Presssaft ab, der weiße Rückstand ist die Stärke.

Auswertung: Nenne Möglichkeiten, um die Ausbeute an Stärke bei diesem Versuch zu erhöhen.

Entsorgung: Restmüll, Ausguss

4 Ändert sich die Beschaffenheit von Stärkekleister, wenn man mehr Seife zugibt?

Material: Kartoffelreibe, Papier, Spatel, 4 Bechergläser (150 ml), Waage, Messzylinder (10 ml), Glasstab, Heizplatte, Thermometer

Chemikalien: Stärke aus V3, feste Seife, dest. Wasser

Durchführung:
- Reibe ca. 10 g Seife auf das Papier.
- Wiege 1 g Seife in ein Becherglas und löse es in 14 ml Wasser so gut wie möglich auf. Es entsteht eine Seifenlauge.
- Füge zu der entstandenen Seifenlauge 4 g Stärke hinzu und rühre mit dem Glasstab gut um.
- Erhitze das Gemisch auf der Heizplatte unter ständigem Rühren bis auf eine Temperatur von 80 °C.
- Wiederhole die Schritte 2 bis 4 mit 2 g, 3 g bzw. 4 g Seife.

Auswertung: Werte den Versuch in einem Protokoll aus.

Entsorgung: Restmüll

Weg der Erkenntnisgewinnung – Hypothese und Durchführung

Weitere Merkmale	Beispiel
Die **Hypothese** hat einen Bezug zur Fragestellung.	*Wenn Glucose mit Resorcin und Salzsäure (Reagenzien der Seliwanow-Reaktion) lange genug erhitzt wird, dann müsste auch eine Rotfärbung der Lösung zu beobachten sein.*
Die **Hypothese** strukturiert die Versuchsplanung. Es wird festgelegt, was verändert und was beobachtet wird.	

Es zeigt sich die enge Verbindung von **Hypothese**, ...

... Versuchsplanung und **Versuchsdurchführung**.

Die **Versuchsdurchführung** erfolgt mit größtmöglicher Genauigkeit.	Die Zeit wird mit einer Stoppuhr gemessen. Die Zeitmessung wird begonnen, wenn das Reagenzglas in das siedende Wasserbad gestellt wird, und beendet, wenn die Rotfärbung zu erkennen ist.
Die **Versuchsdurchführung** wird mit denselben Geräten und Chemikalien durch die gleiche Person wiederholt.	Der Versuch müsste von dir noch zweimal wiederholt werden, um aussagekräftig zu sein.

Nachweise bei Kohlenhydraten

1 Wie kann man Glucose und Fructose unterscheiden (Teil 1)?

Material: 2 Bechergläser (50 ml), Spatel, Messzylinder, Waage

Chemikalien: Glucose, Fructose, dest. Wasser, Glucose-Teststäbchen

Durchführung:
- Stelle 10 ml einer ca. 1 %igen Glucose-Lösung und 10 ml einer ca. 1 %igen Fructose-Lösung her.
- Tauche je ein Teststäbchen in die Lösungen.

Auswertung: Werte den Versuch mit einem Protokoll aus. Gib an, welcher Zucker nachgewiesen wurde.

Entsorgung: Teststäbchen in den Restmüll, Lösungen werden in Versuch 2 weiterverwendet.

2 Wie kann man Glucose und Fructose unterscheiden (Teil 2)?

5 7 9

Material: beschriftete Reagenzgläser, Stopfen, Reagenzglasgestell, Spatel, Tropfpipetten, Wasserbad

Chemikalien: Glucose- und Fructose-Lösung aus V 1, Resorcin (7, 9), konz. Salzsäure (37 %ig, 5, 7)

Durchführung:
Achtung! Nitril-Einmalhandschuhen verwenden!
- Gib ca. 3 ml Glucose-Lösung in ein Reagenzglas, versetze sie mit einer Spatelspitze Resorcin und schüttle kurz.
- Gib zu diesem Gemisch 3 ml Salzsäure.
- Wiederhole den Nachweis mit Fructose-Lösung.
- Erhitze die beiden Reagenzgläser ca. 2–3 min in einem siedendem Wasserbad.

Auswertung: Werte den Versuch mit einem Protokoll aus. Gib an, welcher Zucker nachgewiesen wurde.

Entsorgung: saure und alkalische Abfälle

3 Woraus besteht Saccharose?

5 7 9

Material: Erlenmeyerkolben (100 ml), Messzylinder, Spatel, Waage, Reagenzgläser, Reagenzglasgestell, Tropfpipetten, Siedesteinchen, Universalindikatorpapier, Dreifuß, Gasbrenner, Wasserbad

Chemikalien: Saccharose, konz. Salzsäure (37 %ig, 5, 7), Natrium(I)-carbonat (wasserfrei, 7), Resorcin (7, 9), Glucose-Teststäbchen

Durchführung:
Achtung! Nitril-Einmalhandschuhen verwenden!
- Stelle 10 ml einer ca. 5 %igen Saccharose-Lösung her.
- Erhitze die Saccharose-Lösung mit 5 Tropfen konz. Salzsäure in einem Erlenmeyerkolben etwa 2 min (Siedesteinchen zufügen).
- Lass die Lösung abkühlen.
- Versetze die Lösung anschließend portionsweise mit Natrium(I)-carbonat (Verbrauch ca. 0,2 g) und schwenke den Erlenmeyerkolben kurz um. *Vorsicht! Starke Gasentwicklung!*
  Prüfe mit Universalindikatorpapier, ob der pH-Wert 7–8 erreicht ist. Beende dann die Zugabe von Natrium(I)-carbonat.
- Führe nun mit dieser Lösung die Versuche 1 und 2 durch.

Auswertung:
- Werte den Versuch mit einem Protokoll aus.
- Erkläre, was du aus deinen Beobachtungen schließen kannst.

Entsorgung: Teststäbchen in den Restmüll, Lösungen in saure und alkalische Abfälle

Kohlenhydrate

Kohlenhydrate sind Naturstoffe. Zu ihnen gehören die Zucker und davon abgeleitete Stoffe. Sie lassen sich in Mono-, Di- und Polysaccharide einteilen. ↗ 1
Kohlenhydrate sind eine wichtige Nährstoffgruppe und liefern dem Körper Energie. Ein zu hoher Zuckeranteil in der Ernährung kann allerdings krank machen.

Stoffgruppe	Wichtige Vertreter
Monosaccharid	Glucose
	Fructose
Disaccharid	Saccharose
Polysaccharid	Amylose
	Cellulose

1 *Einteilung der Kohlenhydrate*

Glucose und Fructose – Monosaccharide

Glucose und Fructose gehören zu den Monosacchariden. Sie haben die gleiche Summenformel $C_6H_{12}O_6$ und sind somit Isomere. Gemeinsame Eigenschaften sind der süße Geschmack, die gute Wasserlöslichkeit sowie die reduzierende Wirkung. Sie unterscheiden sich jedoch in ihrer Struktur. Dem Glucose-Molekül liegt ein Sechsring zugrunde, dem Fructose-Molekül ein Fünfring. ↗ 2
Glucose lässt sich mit Glucose-Teststäbchen nachweisen. Fructose kann mit der Seliwanow-Reaktion nachgewiesen werden.

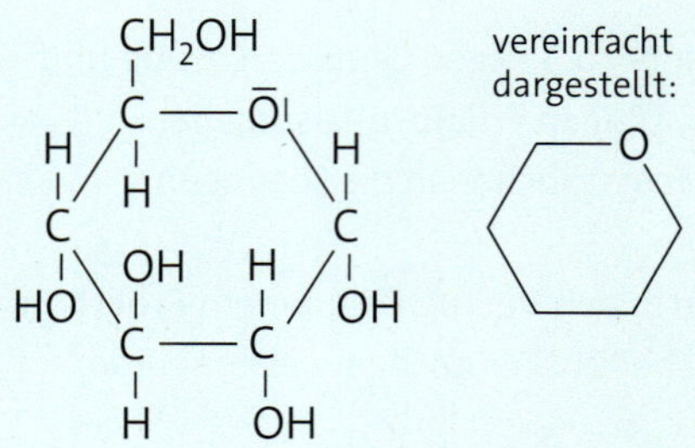

2 *Strukturformel eines Glucose-Moleküls (links) und eines Fructose-Moleküls (rechts)*

Saccharose – ein Disaccharid

Verbinden sich Monosaccharidmoleküle unter Abspaltung von Wasser-Molekülen miteinander, entstehen größere Moleküle. Hierbei handelt es sich um eine Kondensationsreaktion. Aus einem Glucose-Molekül und einem Fructose-Molekül wird durch Kondensation ein Saccharose-Molekül, ein Disaccharidmolekül, gebildet. Saccharose ist sehr gut in Wasser löslich. Die Summenformel lautet $C_{12}H_{22}O_{11}$.

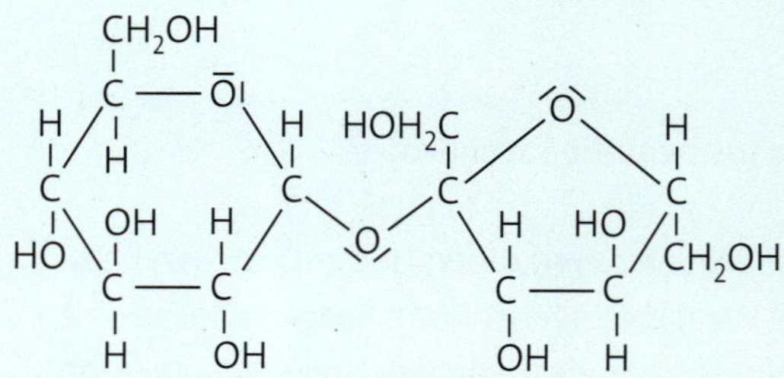

3 *Strukturformel eines Saccharose-Moleküls*

Amylose und Cellulose – Polysaccharide

Der Stärkebestandteil Amylose und der Pflanzenbaustoff Cellulose gehören zur Gruppe der Polysaccharide. Sie haben die Summenformel $(C_6H_{10}O_5)_n$ und unterscheiden sich in ihrem räumlichen Aufbau. ↗ 4
Der Nachweis von Amylose erfolgt mit einer Iod-Kaliumiodid-Lösung, der von Cellulose mit Chlorzinkiod-Lösung. Amylose dient im menschlichen Körper als Energie- und Speicherstoff, die unverdauliche Cellulose als Ballaststoff.

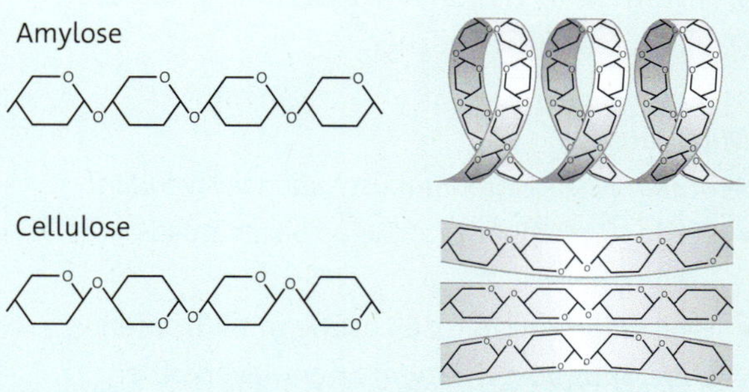

4 *Amylose und Cellulose: gleiche Bausteine – unterschiedlicher Aufbau*

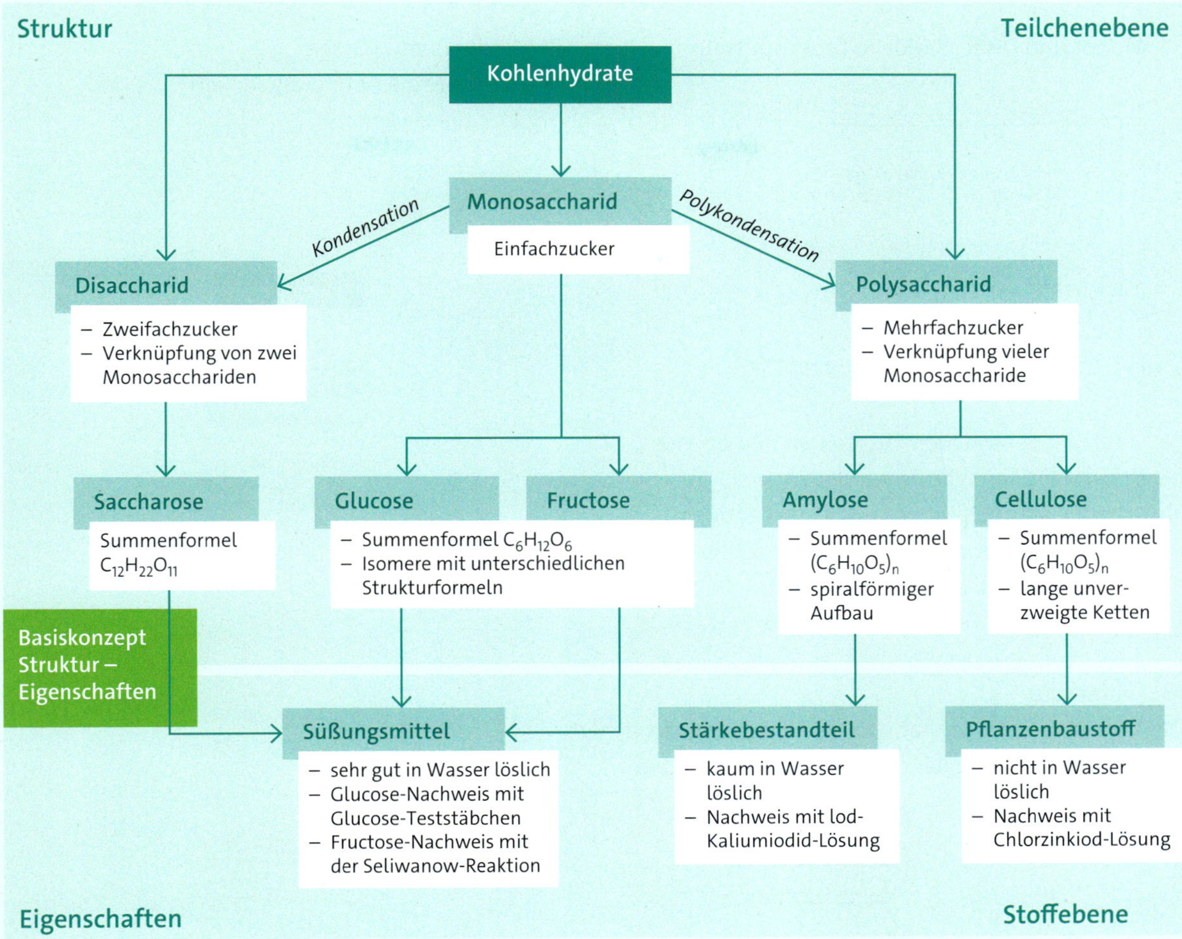

Kompetenzcheck

Hast du alle wichtigen Inhalte des Kapitels verstanden? Schätze dich zuerst selbst ein: ☺, 😐, ☹.

Überprüfe nun deine Selbsteinschätzung. Löse dazu die Aufgaben auf der Seite 124/125 und vergleiche deine Antworten mit den Lösungen. ↗ S. 160

Ich kann ...	☺	😐	☹	Alles-im-Griff-Aufgaben	Hilfe findest du auf Seite
Kohlenhydrate in Mono-, Di- und Polysaccharide einteilen und Beispiele nennen.	?	?	?	1, 2, 3	114, 115
die Moleküle von Glucose, Fructose und Saccharose mit Strukturformeln darstellen.	?	?	?	1	116, 117
Glucose und Fructose nachweisen.	?	?	?	3	117, 121
den Aufbau von Amylose und Cellulose mit vereinfachten Strukturformeln darstellen.	?	?	?	4, 6	118
Amylose und Cellulose nachweisen.	?	?	?	3, 4	118, 119
die biologische Bedeutung von Kohlenhydraten erläutern.	?	?	?	4, 5, 6	114, 118

1 Mono- und Disaccharide in Lebensmitteln

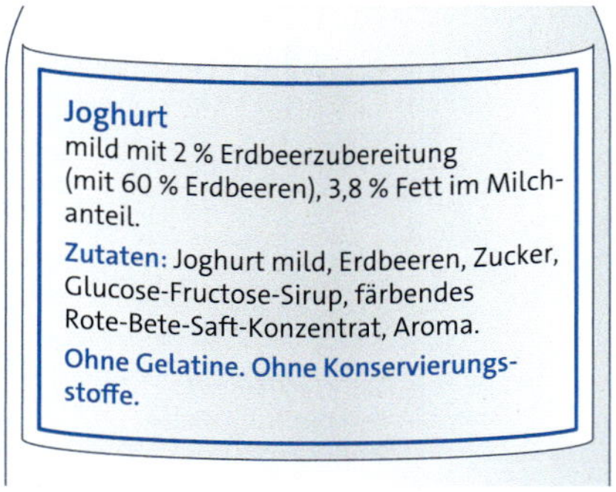

a □ Gib an, bei welchen Zutaten im Bild oben es sich um Kohlenhydrate handelt.

b □ Ordne sie nach Mono- und Disacchariden.

c ■ Zeichne die Strukturformel aller Kohlenhydratmoleküle aus Aufgabe a.

2 Mindmap mit Lücken

◪ Übertrage die Abbildung in dein Heft und ergänze die Lücken.

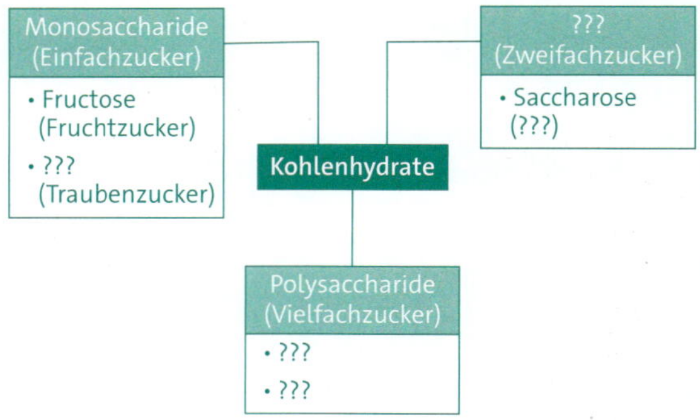

3 Fehler raus

◪ In jedem Steckbrief hat sich ein Fehler eingeschlichen. Notiere die Fehler in dein Heft und verbessere sie.

STECKBRIEF: GLUCOSE
- $C_6H_{12}O_6$
- Monosaccharid
- süß schmeckend
- bei Raumtemperatur fest
- nicht in Wasser löslich
- Nachweis mit Glucose-Teststäbchen

STECKBRIEF: CELLULOSE
- $(C_6H_{10}O_5)_n$
- Polysaccharid
- bei Raumtemperatur fest
- nicht in Wasser löslich
- lange, verzweigte Ketten
- Nachweis mit Chlorzinkiod-Lösung

STECKBRIEF: FRUCTOSE
- $C_6H_{12}O_6$
- Disaccharid
- süß schmeckend
- bei Raumtemperatur fest
- sehr gut in Wasser löslich
- Nachweis mit der Seliwanow-Reaktion

STECKBRIEF: AMYLOSE
- $(C_6H_{10}O_5)_n$
- Polysaccharid
- bei Raumtemperatur fest
- kaum in Wasser löslich
- lange Ketten, spiralförmig angeordnet
- Nachweis mit Chlorzinkiod-Lösung

4 Amylose in Lebensmittel

Max weiß, dass Amylose ein Bestandteil von Kartoffeln ist.

a □ Zähle vier weitere Nahrungsmittel auf, die Amylose enthalten.

b □ Gib die biologische Bedeutung von Amylose an.

c □ Beschreibe den Aufbau von Amylose-Molekülen.

d ◪ Beschreibe einen Versuch, mit dem Max Amylose in Lebensmitteln nachweisen kann.

5 Wie viel Zucker darf es sein?

a □ Nenne Beispiele für Lebensmittel, die versteckte Zucker anhalten.

b ◪ Jugendliche sollten maximal 65 Gramm Zucker pro Tag konsumieren. Stelle Lebensmittel für einen Tag so zusammen, dass du diese Menge nicht überschreitest.

Lebensmittel	Zuckergehalt (pro 100 g / 100 ml)
Vollkornsemmel	2 g
Nuss-Nougat-Creme	55 g
Emmentaler Käse	0 g
Knuspermüsli	24 g
Vollmilch	5 g
Trinkschokolade	13 g
Apfelsaft	11 g
Cola	12 g
Kartoffelsalat	4 g
Hähnchenschenkel	0 g
Pommes	0 g
Ketchup	22 g
Salamipizza	4 g
Cheeseburger	5 g
Spaghetti Bolognese	2 g
Vollmilchschokolade	53 g
Müsliriegel	30 g
Fruchtjoghurt	13 g
Apfel	10 g
Banane	17 g

6 Was macht die Cellulose in der Eiscreme?

Häufig enthalten Light-Produkte als Füllstoff Cellulose. Diese gilt als gesundheitlich unbedenklich und darf daher in unbegrenzten Mengen zugesetzt werden.

a □ Skizziere den Aufbau von Cellulose-Molekülen in einer vereinfachten Darstellung.

b ◪ Erläutere die biologische Bedeutung von Cellulose.

c ■ Bewerte den Einsatz von Cellulose als Zusatzstoff in kalorienreduzierten Lebensmitteln. Recherchiere notfalls dazu.

8

Fette

Im Haushalt verwenden wir unterschiedliche Fette und Öle. Einige davon sind gesund, andere weniger. Die Eigenschaften von Fetten werden durch die Struktur der Fettmoleküle bestimmt. Fett ist nämlich nicht gleich Fett.

Glycerin ist ein chemisches Allroundtalent.

- *Beschreibe mithilfe der Bilder die verschiedenen Einsatzmöglichkeiten von Glycerin.*
- *Recherchiere zusätzlich im Internet, bestimmt findest du noch weitere Verwendungsmöglichkeiten für Glycerin.*

8.1 Glycerin

STECKBRIEF: GLYCERIN

Farbe: *farblos*
Geruch: *süßlich*
Aggregatzustand bei 20 °C: *flüssig, hoch viskos*
Schmelztemperatur: *−18 °C*
Siedetemperatur: *290 °C (Zersetzung)*
Brennbarkeit: *brennbar*
Löslichkeit: *unbegrenzt löslich in Wasser, unlöslich in Benzin*

1 *Steckbrief von Glycerin*

Eigenschaften und Verwendung

Glycerin ist eine zähflüssige, ungiftige und farblose Flüssigkeit, die eine Siedetemperatur von 290 °C hat. ↗1 Wenn man eine Porzellanschale mit Glycerin auf eine Waage stellt, nimmt die Masse im Lauf der Zeit zu. Glycerin nimmt das Wasser aus der Luft auf und bindet es. Der Fachbegriff für diese Eigenschaft ist **Hygroskopie**. In Wasser löst sich Glycerin sehr gut, während es in Benzin vollkommen unlöslich ist. ↗2

Wegen der hygroskopischen Wirkung wird Glycerin zum Feuchthalten von Cremes, Zahnpasten und anderen Körperpflegeprodukten, aber auch von Druck- und Stempelfarben verwendet. In der Technik dient es als Frostschutzmittel, als Schmierstoff oder als Weichmacher bei Kunststoffen. Die Industrie benötigt es auch zur Herstellung des Sprengstoffs Nitroglycerin. In zahlreichen Früchten ist Glycerin enthalten. Außerdem ist es ein Verbindungsbestandteil aller Fettmoleküle.

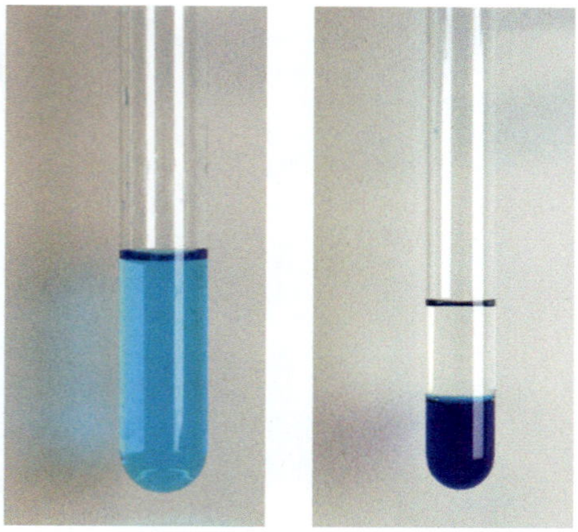

2 *Glycerin (blau angefärbt) löst sich gut in Wasser (links), aber nicht in Benzin (rechts).*

Strukturformel von Glycerin

Der systematische Name für Glycerin ist Propan-1,2,3-triol. Dementsprechend besitzt das Glycerin-Molekül drei Kohlenstoff-Atome. An jedes dieser Kohlenstoff-Atome ist eine Hydroxygruppe gebunden. ↗3

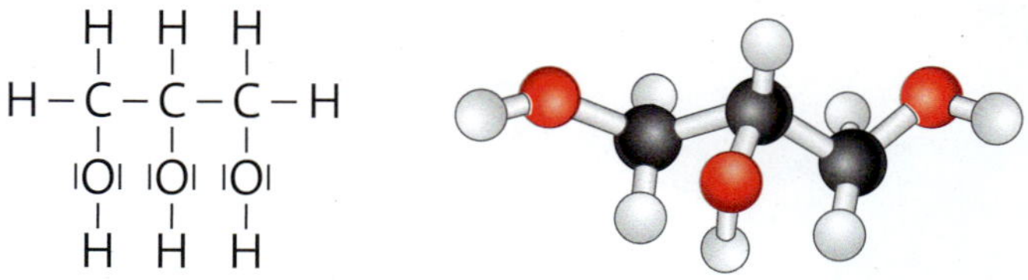

3 *Strukturformel und Kugel-Stab-Modell von Glycerin*

4 *Auf festes Kaliumpermanganat wird Glycerin getropft.*

Reduzierende Wirkung

Alkanole mit mehreren Hydroxygruppen bezeichnet man als mehrwertige Alkanole. Mehrwertige Alkanole zeigen erhöhte Reaktionsbereitschaft. Gibt man zu Glycerin ein starkes Oxidationsmittel wie zum Beispiel Kaliumpermanganat, dann entzündet es sich von selbst. ↗ 4

Die reduzierende Wirkung von mehrwertigen Alkanolen ist stärker ausgeprägt als bei einwertigen Alkanolen. So kann Glycerin sogar Silber(I)-nitrat-Lösung zu metallischem Silber reduzieren, das an der Reagenzglaswand einen metallischen Spiegel bildet. Das Glycerin wird dabei oxidiert. Mit der sogenannten Silberspiegelprobe lassen sich Verbindungen mit mehreren Hydroxygruppen in einem Molekül nachweisen. ↗ 5

5 *Silberspiegelprobe*

Zusammenhang zwischen Struktur und Eigenschaften

Im Vergleich zum einwertigen Alkanol Propan-1-ol besitzen die Moleküle des mehrwertigen Alkanols Glycerin eine größere Anzahl an Hydroxygruppen. Deshalb bilden sich mehr Wasserstoffbrücken aus. Zwischen Glycerin-Molekülen wirken daher stärkere zwischenmolekulare Kräfte als zwischen Propan-1-ol-Molekülen. Das ist der Grund für die erheblich höhere Siedetemperatur und die hohe Viskosität von Glycerin. ↗ 6

Infolge der vielen hydrophilen Hydroxygruppen der Glycerin-Moleküle ist Glycerin nicht nur unbegrenzt wasserlöslich, sondern es kann sogar Wasser aus der Luft binden und wirkt daher hygroskopisch.

Durch die Position der drei Hydroxygruppen hat das Glycerin-Molekül nach außen keine unpolare Wirkung. Das ist der Grund für die Unlöslichkeit in Benzin oder anderen unpolaren Lösungsmitteln.

	Siedetemperatur
Propan-1-ol	97 °C
Glycerin	290 °C

6 *Siedetemperaturen im Vergleich*

Die Eigenschaften von Glycerin werden durch die drei polaren Hydroxygruppen im Molekül bestimmt. Sie sind Ursache für die vergleichsweise hohe Siedetemperatur, die stark reduzierende Wirkung, das Lösungsverhalten und die Hygroskopie.

AUFGABEN

1 ◪ Wenn man ein Uhrgläschen mit Glycerin auf eine Waage stellt, nimmt die Masse nach ein paar Stunden zu. Erkläre.

2 ◪ Das Enteisungsmittel Glykol (Ethan-1,2-diol) ist ein mehrwertiges Alkanol. Zeichne die Strukturformel.

In jedem Haushalt kommen bei der Zubereitung von Speisen verschiedene Fette und Öle zum Einsatz.

- ▶ *Liste auf, welche Fette und Öle bei dir zu Hause verwendet werden.*
- ▶ *Notiere mithilfe ihrer Etiketten, zu welchem Zweck sie bei der Essenszubereitung angewendet werden.*

8.2 Feste Fette und fette Öle

Bau von Fettmolekülen

Fette sind Ester aus Glycerin und drei langkettigen Carbonsäuren, den **Fettsäuren**. ↗ 1 In einer Kondensationsreaktion verbinden sich die drei Hydroxygruppen des Glycerin-Moleküls mit den Carboxygruppen von drei Fettsäuremolekülen. Dabei spalten sich drei Wasser-Moleküle ab. ↗ 2 Fette sind damit **Trifettsäureglycerinester**.

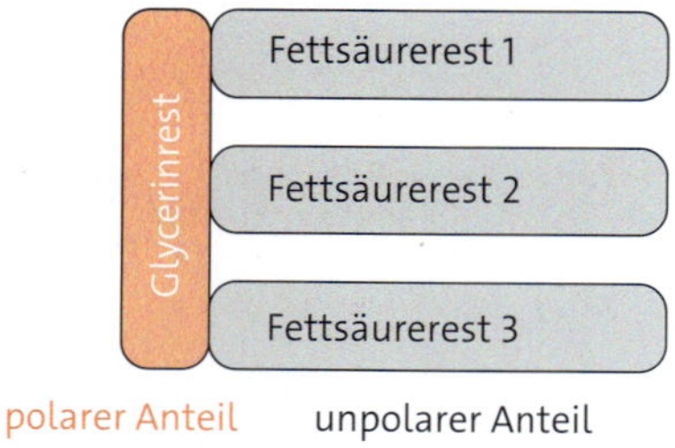

1 *Modellhafte Darstellung eines Fettmoleküls*

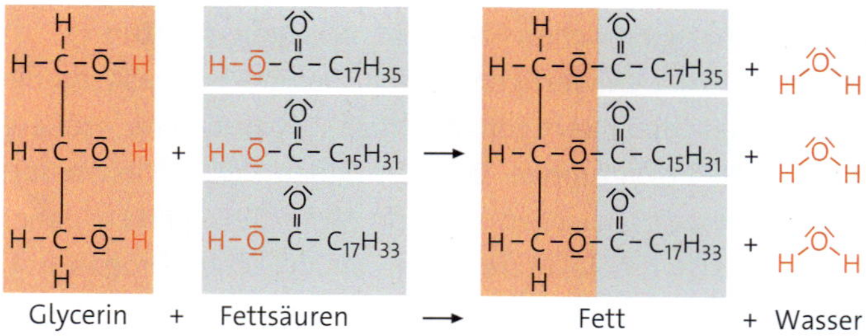

2 *Ein Fettmolekül bildet sich durch Veresterung.*

Gesättigte und ungesättigte Fettsäuren

In **gesättigten Fettsäuren** sind die Kohlenstoff-Atome im Alkylrest durch Einfachbindungen gebunden. Zu ihnen gehören kurzkettige Fettsäuren wie Buttersäure mit vier Kohlenstoff-Atomen im Molekül und höhere Fettsäuren wie Stearinsäure mit 18 Kohlenstoff-Atomen im Molekül. **Ungesättigte Fettsäuren** enthalten mindestens eine Doppelbindung im Alkylrest, zum Beispiel Ölsäure, oder mehrere Doppelbindungen, zum Beispiel Linol- und Linolensäure. ↗ 4

Feste Fette wie Butter oder Schweineschmalz enthalten hauptsächlich Fettmoleküle mit gesättigten Fettsäureresten. In Olivenöl oder Sonnenblumenöl überwiegen Fettmoleküle mit ungesättigten Fettsäureresten. Sie sind bei Raumtemperatur flüssig, man bezeichnet sie deshalb als **fette Öle**. ↗ 3

3 *Butter zählt zu den festen Fetten, Olivenöl ist ein fettes Öl.*

		Anteil in ... (restliche Anteile: andere Fettsäuren)					
Fettsäure	Summenformel	Butter	Schweineschmalz	Kokosfett	Olivenöl	Sonnenblumenöl	Leinöl
Buttersäure	C_3H_7COOH	3 %	–	–	–	–	–
Laurinsäure	$C_{11}H_{23}COOH$	3 %	–	48 %	–	–	–
Palmitinsäure	$C_{15}H_{31}COOH$	27 %	27 %	9 %	15 %	5 %	7 %
Stearinsäure	$C_{17}H_{35}COOH$	10 %	14 %	3 %	2 %	2 %	3 %
Ölsäure	$C_{17}H_{33}COOH$	30 %	45 %	6 %	71 %	27 %	18 %
Linolsäure	$C_{17}H_{31}COOH$	4 %	8 %	2 %	8 %	65 %	14 %
Linolensäure	$C_{17}H_{29}COOH$	1 %	–	–	–	–	58 %
	Schmelzbereich (in °C)	30 bis 36	27 bis 29	20 bis 23	–2 bis 0	–18 bis –11	–27 bis –16

4 *Wichtige Fettsäuren und ihr Vorkommen (rot: gesättigte Fettsäuren, grün: ungesättigte Fettsäuren)*

Physikalische Eigenschaften von Fetten

Der Anteil an ungesättigten Fettsäureresten wirkt sich auf die Schmelzbereiche des Fettes aus: Je höher ihr Anteil ist, desto fester ist das Fett. Hier zeigt sich das Struktur-Eigenschafts-Konzept: Zwischen den Fettmolekülen mit gesättigten Fettsäureresten können aufgrund der Geometrie mehr London-Kräfte ausgebildet werden. ↗ 5, 6

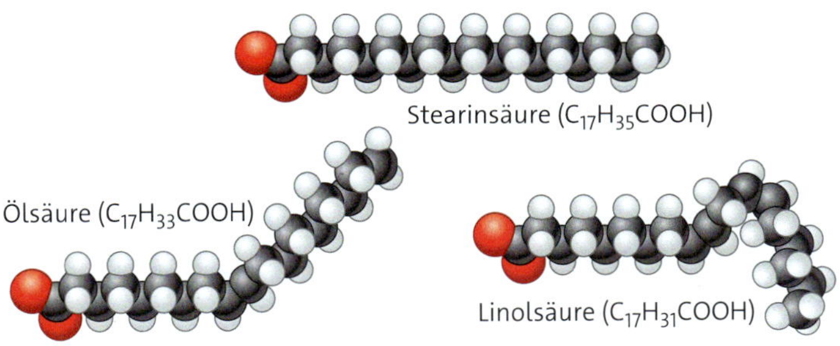

5 *Vergleich des Molekülbaus eines gesättigten und eines ungesättigten Fettsäuremoleküls*

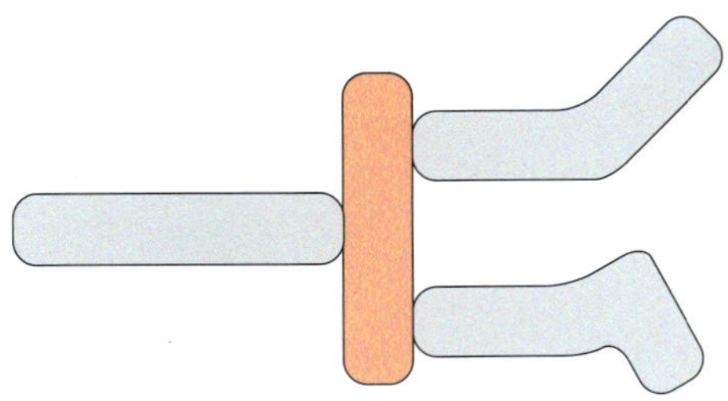

6 *Modell eines Fettmoleküls mit ungesättigten Fettsäureresten*

Auf saugfähigem Papier oder auf Textilien bilden Fette einen bleibenden Fleck. Wegen ihrer hohen Siedetemperatur verdunsten sie kaum. Durch eine solche einfache Fettfleckprobe können Fette nachgewiesen werden.

Löslichkeit von Fetten

Die Fettsäurereste in Fettmolekülen sind unpolar. Fette verhalten sich also lipophil und sind deshalb nicht wasserlöslich, lösen sich aber gut in unpolaren Lösungsmitteln wie Benzin. Ein Fettfleck auf deinem T-Shirt lässt sich daher gut mit Waschbenzin entfernen, aber nicht mit Wasser.
Die Wasserunlöslichkeit der Fette kannst du beim Kochen einer Fleischsuppe beobachten. Da die Dichte von Fetten geringer ist als die von Wasser, schwimmen Fettaugen auf der Suppe. ↗ 7

7 *Fettaugen auf einer Fleischsuppe*

8 *Auf brennendes Fett (links) wird Wasser gegeben (Mitte). Es kommt zu einer gewaltigen Stichflamme (rechts).*

Brennbarkeit von Fetten

Fette sind brennbar, ihre Entzündungstemperatur liegt bei über 300 °C. Bei ihrer Verbrennung wird viel Energie frei. Wenn du versuchst, einen Fettbrand mit Wasser zu löschen, sinkt das Wasser wegen der höheren Dichte zunächst nach unten. Infolge der großen Hitze des brennenden Fettes verdampft es dann schlagartig. Der entstehende Wasserdampf reißt kleine Fetttröpfchen mit. Diese entzünden sich und eine gewaltige Stichflamme ist das Ergebnis. ↗ 8

Nicht nur bei brennendem Fett ist Vorsicht geboten. Damit du dich nicht durch heißes, spritzendes Fett verletzt, darfst du nie eine heiße Pfanne mit Fettresten unter den Wasserhahn halten. Lass sie erst abkühlen, bevor du sie reinigst!

9 *Mayonnaise kann man selbst zubereiten. Als Emulgator wirkt ein Stoff im Eigelb.*

Emulsionen – Gemische aus Fetten und Wasser

Durch starkes Umrühren und Erwärmen kann man Fette oder Öle mit Wasser vermischen. Dabei entstehen Emulsionen, die sich rasch wieder entmischen. Durch die Zugabe von Emulgatoren wird das Entmischen verhindert. Die Emulgatoren umschließen die Fettteilchen und verhindern so deren Zusammenfließen und eine mögliche Phasentrennung.

Emulsionen aus Wasser und Fetten oder Ölen unterscheidet man so: Wenn kleine Fett- oder Öltröpfchen in Wasser schwimmen, liegt eine Öl-in-Wasser-Emulsion vor, zum Beispiel Milch. Bei Wasser-in-Öl-Emulsionen sind kleine Wassertröpfchen in Öl verteilt. Beispiele dafür sind Mayonnaise, Butter und Margarine. ↗ 9

Fette sind Trifettsäureglycerinester. Die Eigenschaften eines Fettes werden von den Fettsäureresten der Fettmoleküle bestimmt. Ist der Anteil an ungesättigten Fettsäuren größer, dann spricht man von fetten Ölen. Ist der Anteil an gesättigten Fettsäuren größer, liegen feste Fette vor.

AUFGABEN

1 □ Beschreibe, wodurch sich fette Öle von festen Fetten unterscheiden.

2 ◪ Formuliere die Reaktionsgleichung zur Bildung eines Fettmoleküls, indem die Fettsäuren Stearinsäure, Palmitinsäure und Butansäure enthalten sind.

3 ■ Wenn Butter ranzig wird, nimmt man den Geruch von Buttersäure wahr. Stelle Vermutungen an, wie diese entstehen könnte.

Eigenschaften von Fetten

1 Wie kann man ungesättigte und gesättigte Fettsäuren unterscheiden?

Iod-Kaliumiodid-Lösung ergibt mit Stärke einen tiefblauen Farbstoff. Ungesättigte Fettsäuren reagieren mit dem Iod unter Addition, ähnlich wie bei der Bromwasserprobe, und verhindern die Blaufärbung. So kann man sie von gesättigten Fettsäuren unterscheiden.

Material: 2 Reagenzgläser, Reagenzglasgestell, Tropfpipetten, Spatellöffel, Messzylinder, 2 Stopfen, Stoppuhr

Chemikalien: Olivenöl, Kokosfett, Essigsäure 10 % (5), Iod-Kaliumiodid-Lösung (8), Stärkepulver

Durchführung:
Achtung! Nitril-Einmalhandschuhe verwenden!
- Gib in ein Reagenzglas etwa 1 ml Olivenöl, in das andere eine Spatelspitze Kokosfett.
- Gib dann jeweils etwa 4 ml Essigsäure zu.
- Tropfe nun in jedes Reagenzglas 1 Tropfen Iod-Kaliumiodid-Lösung.
- Verschließe die Reagenzgläser mit Stopfen und schüttle sie mindestens 10 Sekunden.
- Gib nach einigen Minuten in jedes Reagenzglas eine Spatelspitze Stärkepulver.
- Verschließe beide Reagenzgläser mit Stopfen und schüttle erneut mindestens 10 Sekunden.

Auswertung: Fertige ein Versuchsprotokoll mit Versuchsskizzen an.

Entsorgung: Ausguss

2 Warum soll zu einem Karottensalat etwas Öl zugegeben werden?

Karotten enthalten den Farbstoff β-Carotin, der im Körper zu Vitamin A umgewandelt wird.

Material: 2 Reagenzgläser, Reagenzglasgestell, 2 Stopfen, 2 Tropfpipetten

Chemikalien: Speiseöl, Wasser, Karottenstücke

Durchführung:
- Entwickle einen Plan für die Durchführung eines Experimentes, mit dem du die Löslichkeit von β-Carotin untersuchen kannst.
- Führe die Versuche nach Rücksprache mit deiner Lehrerin/deinem Lehrer durch.

Auswertung: Beschreibe deine Beobachtungen und beantworte die Versuchsfrage.

Entsorgung: Ausguss

3 Welcher Bestandteil im Fett sorgt für die Fettlöslichkeit?

Material: je nach Versuchsplanung

Chemikalien: Glycerin, Palmitinsäure, Kokosfett, Wasser, Waschbenzin (2, 7, 8, 9)

Durchführung:
- Plane einen Versuch zum Überprüfen der Löslichkeit von Glycerin, Palmitinsäure und Kokosfett.
- Führe die Versuche nach Rücksprache mit deiner Lehrerin/deinem Lehrer durch.

Auswertung: Fertige ein Versuchsprotokoll mit Versuchsskizzen an und beantworte die Versuchsfrage.

Entsorgung: Waschbenzin in Sammelbehälter für halogenfreie organische Abfälle, der Rest in den Ausguss

Nachweis von Emulsionstypen

Es gibt zwei Emulsionstypen: Bei einer Wasser-in-Öl-Emulsion ist die umgebende Phase Öl. Bei einer Öl-in-Wasser-Emulsion ist es Wasser. ↗1
Die umgebende Phase bestimmt die Eigenschaften der Emulsion. Das kann man nutzen, um den Emulsionstyp zu bestimmen. So lässt sich eine Öl-in-Wasser-Emulsion mit Wasser verdünnen, als ob man Wasser mit Wasser verdünnt. Das gelingt mit einer Wasser-in-Öl-Emulsion aber nicht. Lässt sich also eine unbekannte Emulsion nicht mit Wasser verdünnen, so handelt es sich um eine Wasser-in-Öl-Emulsion. Im Praktikum lernst du zwei weitere Nachweise kennen und anwenden.

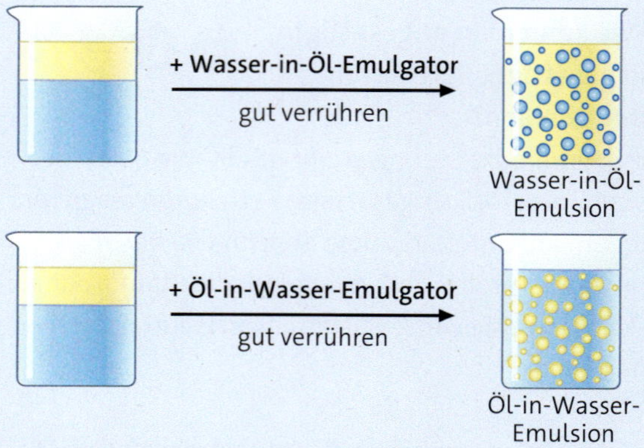

1 *Emulsionstypen*

1 Leitet jede Emulsion den elektrischen Strom?

Material: 3 Uhrgläser, Folienstift, Spatel, Leitfähigkeitsprüfer

Chemikalien: Tagescreme (Öl-in-Wasser-Emulsion), Nachtcreme (Wasser-in-Öl-Emulsion), Halbfettmargarine

Durchführung:
- Beschrifte die 3 Uhrgläser mit 1, 2 bzw. 3.
- Gib auf das Uhrglas 1 eine Spatelspitze Tagescreme, auf das Uhrglas 2 eine Spatelspitze Nachtcreme und auf das Uhrglas 3 eine Spatelspitze der Halbfettmargarine.
- Prüfe anschließend in allen drei Proben die elektrische Leitfähigkeit. Notiere deine Beobachtungen.

Auswertung:
- Erkläre deine Beobachtungen.
- Beantworte die Versuchsfrage.
- Entscheide, welcher Emulsionstyp bei Halbfettmargarine vorliegt.

Entsorgung: Nutze die drei Uhrgläser für Versuch 2.

2 Färbt sich jede Emulsion mit Methylenblau?

7

Material: vgl. Versuch 1

Chemikalien: vgl. Versuch 1, Methylenblau (7)

Durchführung:
- Verwende die 3 Uhrgläser mit den 3 verschiedenen Proben aus Versuch 1.
- Füge zur Tagescreme (Uhrglas 1) mit einem Spatel wenige Körnchen Methylenblau hinzu. Verrühre das Gemisch. Notiere deine Beobachtung.
- Untersuche nun die Nachtcreme (Uhrglas 2) und die Halbfettmargarine (Uhrglas 3) auf identische Weise mit dem Farbstoff Methylenblau. Notiere deine Beobachtungen.

Auswertung:
- Erkläre deine Beobachtungen.
- Beantworte die Versuchsfrage.
- Nenne einen Farbstoff, mit dem eine Wasser-in-Öl-Emulsion gefärbt werden kann.
- Entscheide, welcher Emulsionstyp bei Halbfettmargarine vorliegt.

Entsorgung: Die Reste können mit Papier aufgewischt und in den Restmüll entsorgt werden.

Weg der Erkenntnisgewinnung – Hypothese und Auswertung

Weitere Merkmale	Beispiel
Die **Hypothese** strukturiert das Auswerten der Daten.	*Wenn es sich bei einer Halbfettmargarine um eine Öl-in-Wasser-Emulsion handelt, dann müsste die Farbstoffmethode Wasser als umgebende Phase „anzeigen".*

Die **Hypothese** ...

... ist aufs Engste mit der **Auswertung** verknüpft.

Die **Auswertung** muss widerspruchsfrei (also in sich schlüssig) aus den Daten abgeleitet sein.	Die Daten der Farbstoffmethode zeigen, dass es sich um eine Wasser-in-Öl-Emulsion handelt.
Die zur **Auswertung** verwendeten Daten werden auch im Hinblick auf die Hypothese beurteilt.	Beurteilt man diese Daten im Hinblick auf die Hypothese, zeigt sich ein Widerspruch. Damit scheint sich die Hypothese nicht zu bestätigen. Was nun? Man kann in Erwägung ziehen, die Hypothese zu verwerfen. Vorher sollte man aber mit einer weiteren Methode zur Bestimmung des Emulsionstyps überprüfen, ob sich die Ergebnisse der Farbstoffmethode bestätigen lassen.

Das Bild rechts zeigt den Ernährungskreis.

- *Beschreibe ihn.*
- *Gib an, welchen Anteil Fette in der Ernährung einnehmen sollten.*

8.3 Bedeutung von Fetten

Fette im Körper

Fette liefern dem Körper Energie und sind Bausteine für körpereigene Stoffe. Neben Kohlenhydraten und Proteinen sind sie wichtige **Energielieferanten:** Aus einem Gramm Fett werden durch Stoffumwandlung in den Zellen 38 Kilojoule Energie gewonnen. Kohlenhydrate und Proteine liefern dagegen nur 17 Kilojoule pro Gramm. Das macht Fette als Speicherstoffe für Lebewesen bedeutsam. Tiere wie der Igel oder die Fledermaus, die Winterschlaf halten, fressen sich darum im Sommer eine dicke Fettschicht an. Angelegte Fettpolster schützen den Körper außerdem vor Wärmeverlust und die inneren Organe vor Stößen.

Fette als Nahrungsmittel

Fettreiche Nahrungsmittel wie Erdnüsse oder Schokolade solltest du wegen ihres hohen Energiegehalts nur in Maßen zu dir nehmen. Eine Packung mit 200 Gramm Chips enthält beispielsweise 60 Gramm Fett. ↗1 Dagegen sollten wir insgesamt nur 60 bis 80 Gramm Fett täglich zu uns nehmen. Bei einer ausgewogenen und abwechslungsreichen **Ernährung** muss man aber keine Angst um sein Idealgewicht haben. Erhält der menschliche Körper allerdings mehr Fett als er verbraucht, dann wird dieser Überschuss als Depotfett im Bindegewebe gespeichert.

Dennoch sind Fette in der Ernährung unverzichtbar. Zwar kann der Körper gesättigte Fettsäuren selbst herstellen, die meisten einfach und mehrfach ungesättigten Fettsäuren aber nicht. Diese müssen mit der Nahrung aufgenommen werden. Sie werden deshalb auch als essenzielle, also lebensnotwendige Fettsäuren bezeichnet. Der Körper benötigt sie als Baustoffe zur Bildung von Hormonen und Bestandteilen von Zellmembranen. Auch können die wertvollen, fettlöslichen Vitamine A, D, E und K nur mit fetthaltiger Nahrung aufgenommen werden. ↗2

Lebensmittel	Fettgehalt (pro 100 g)
Butter	81 g
Erdnüsse	50 g
Vollmilchschokolade	32 g
Camembert (60 %)	33 g
Chips	30 g
Wiener Würstchen	24 g
gekochter Schinken	13 g
Joghurt (3,5 %)	3,5 g
Hähnchenbrust	1,5 g
Roggenbrot	1 g

1 *Fettgehalt verschiedener Lebensmittel*

Vorkommen	Vitamin	Funktion
z. B. in Milch, Leber, Eiern, Gemüse, Fischöl	A Retinol	Sehvermögen, Fortpflanzung, Erneuerung der Haut
z. B. in Eiern, Lebertran, Eigensynthese	D Calciferol	Knochen- und Zahnbildung
z. B. in pflanzlichen Fetten, Milchprodukten, Blattgemüse	E Tocopherol	Durchblutung, Wundheilung
z. B. in grünem Gemüse, Leber, Spinat, Eigensynthese	K Phyllochinon	Blutgerinnung, Proteinsynthese

2 *Funktion der fettlöslichen Vitamine*

Treibstoffe aus Fetten

Fette dienen nicht nur der Ernährung, sie sind auch Ausgangsstoffe für die chemische Industrie. Biodiesel wird aus Pflanzenölen wie Rapsöl oder Palmöl gewonnen. Da Pflanzenöle bei Raumtemperatur eine viel höhere Viskosität, höhere Siedetemperaturen und höhere Flammpunkte als normaler Diesel haben, sind sie für den direkten Einsatz als Treibstoff schlecht geeignet. Um Biodiesel herzustellen, werden Fette darum mit Methanol umgeestert. So entsteht zum Beispiel der Treibstoff Rapsölmethylester, der einen ähnlichen Siedebereich wie Diesel hat. Das bei der Umesterung entstandene Glycerin wird in der chemischen Industrie und in der Kosmetikherstellung verwendet.

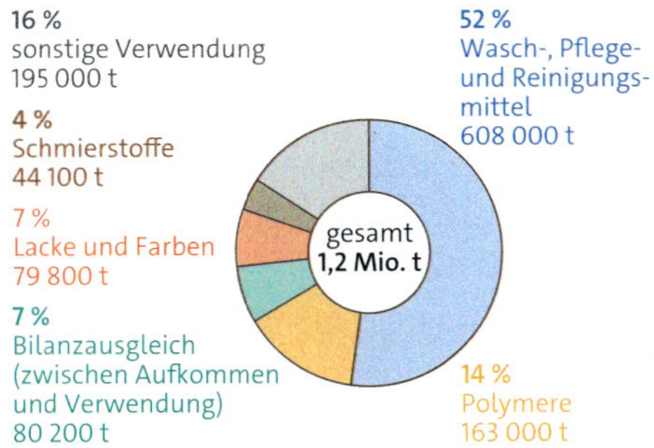

3 Stoffliche Verwendungsmengen von Pflanzenölen in Deutschland 2018 (Quelle: Fachagentur nachwachsende Rohstoffe)

Verwendung als Rohstoff

In vielen Produkten können Fette Erdöl als Rohstoff ablösen. Sie dienen aufgrund ihrer Viskosität als Schmierstoffe. Außerdem werden sie für die Herstellung von Waschmitteln, Seifen und Kosmetika eingesetzt. Cremes, Salben oder Lotionen zur Körperpflege bestehen beispielsweise häufig aus Emulsionen von Wasser und fetten Ölen. ↗ 3

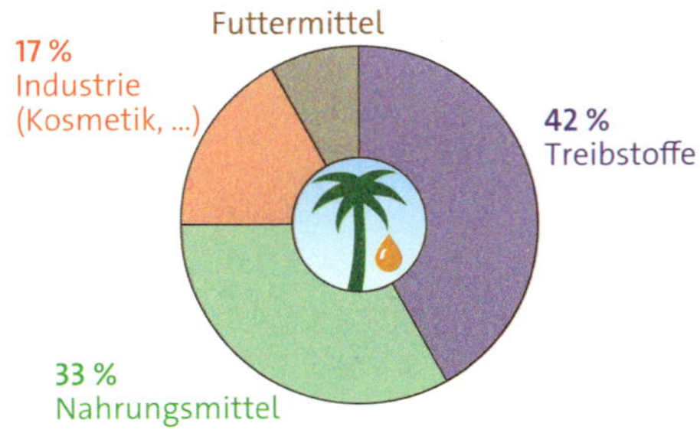

4 Verwendung von Palmöl (Quelle: WWF, Der Palmölcheck, Stand 2/2018)

Palmöl – Rohstoff mit Konfliktpotential

Das weltweit am meisten verwendete pflanzliche Öl ist Palmöl. Im Jahr 2019 wurden rund 74 Millionen Tonnen Palmöl produziert, davon gelangten etwa 1,1 Millionen Tonnen nach Deutschland. Fast die Hälfte des importierten Palmöls geht in die Produktion von Biokraftstoffen, Strom und Wärme. Der Rest findet Verwendung in Nahrungsmitteln, als Futtermittel und in weiteren Produkten. ↗ 4

Aufgrund der großen Nachfrage nach Palmöl steigt die weltweite Anbaufläche für Ölpalmen stetig. Da Ölpalmen ausschließlich im tropischen Klima wachsen, wird für ihren Anbau großflächig Regenwald abgeholzt. Zwischen großen Unternehmen und der lokalen Bevölkerung entstehen häufig Konflikte um Land- und Nutzungsrechte. Allerdings sind Ölpalmen dreimal so ertragreich wie Raps. Sie beanspruchen für den gleichen Ertrag nur 1/6 der Fläche von Soja. Ein Ersatz durch andere Pflanzenöle würde das Problem lediglich verlagern oder sogar verschlimmern. ↗ 5

Viele Firmen suchen inzwischen an runden Tischen gemeinsam mit den Kleinbauern und den Regierungen der beteiligten Länder nach Wegen zur nachhaltigen Produktion von Palmöl. Gerade deshalb ist auch das Handeln jedes Einzelnen gefragt. Eine verringerte Nachfrage nach konventionell produziertem Palmöl würde diese Entwicklung beschleunigen.

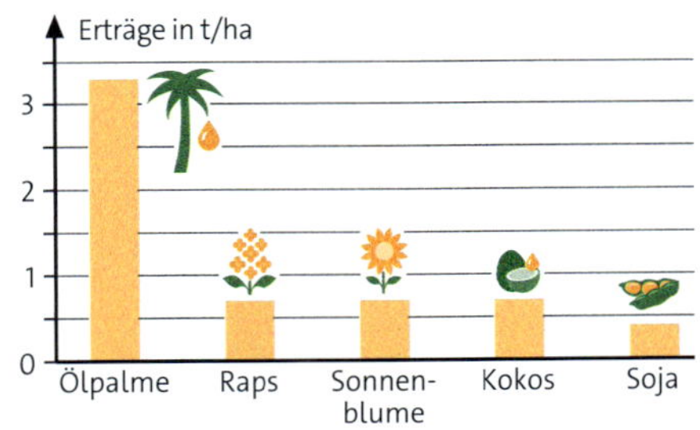

5 Ölerträge der Pflanzen im Vergleich (Quelle: WWF, Der Palmölcheck, Stand 2/2018)

Fette sind bedeutsame Energielieferanten und für die gesunde Ernährung wichtig. Als nachwachsender Rohstoff sind sie Ausgangsmaterial für zahlreiche Produkte.

AUFGABEN

1 □ Notiere für eine Woche, welche fetthaltigen Lebensmittel du zu dir nimmst. Erläutere dann, ob du dich überwiegend mit gesunden oder mit ungesunden Fetten ernährt hast.

2 ◪ Begründe mithilfe von Bild 5, warum es keinen Sinn macht, auf Palmöl zu verzichten. ↗ 5

3 ■ Recherchiere im Internet die Bedeutung des sogenannten RSPO-Zertifikats für die Palmöl-Produktion.

Glycerin

Glycerin gehört zur Gruppe der mehrwertigen Alkanole. Die Eigenschaften von Glycerin werden durch die drei polaren Hydroxygruppen im Molekül bestimmt. ↗ 1 Diese sind die Ursache für die vergleichsweise hohe Siedetemperatur, die stark reduzierende Wirkung, das Lösungsverhalten und die Hygroskopie.

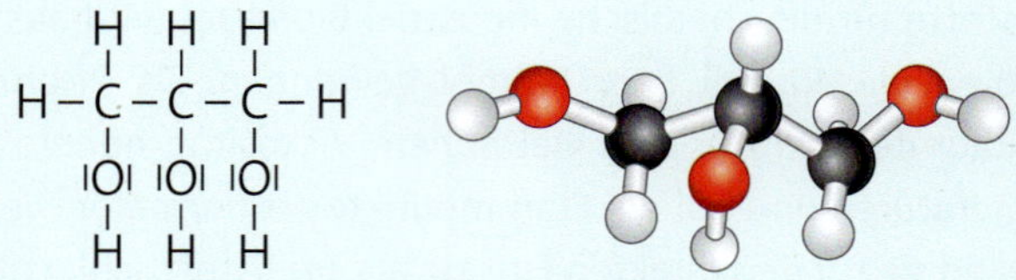

1 *Strukturformel und Kugel-Stab-Modell von Glycerin*

Bau von Fettmolekülen

Fette sind Ester aus Glycerin und langkettigen Carbonsäuren, den Fettsäuren. ↗ 2

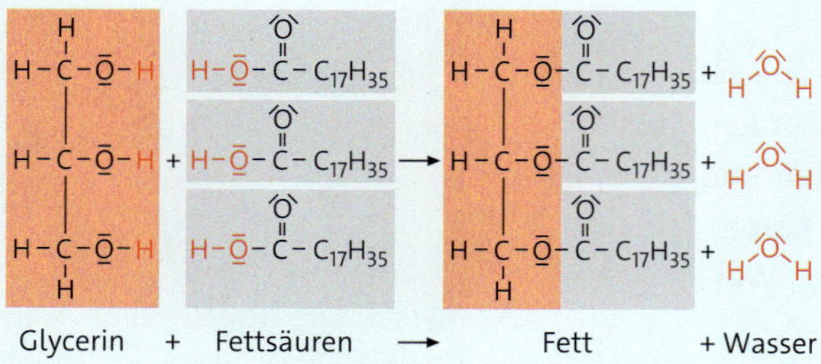

2 *Bildung eines Fettmoleküls durch Veresterung*

Die Eigenschaften eines Fettes werden von den Fettsäureresten bestimmt. Ist der Anteil an ungesättigten Fettsäuren größer, dann spricht man von fetten Ölen. Diese sind bei Raumtemperatur flüssig.

Fette mit einem hohen Anteil an gesättigten Fettsäuren sind bei Raumtemperatur fest. ↗ 3 Alle Fette sind lipophil und hydrophob und zudem brennbar.

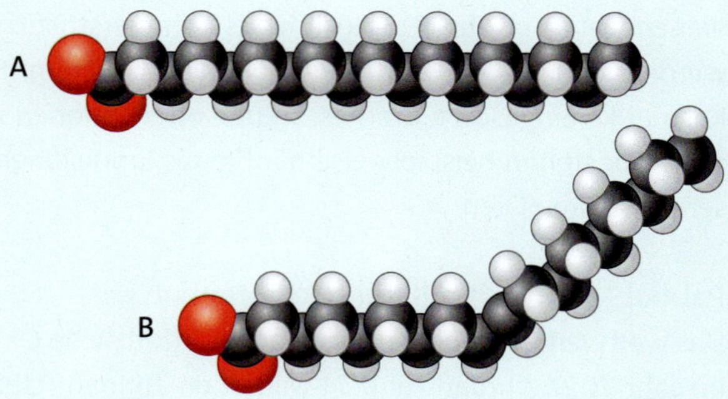

3 *Kalottenmodell der gesättigten Stearinsäure (A) und der ungesättigten Ölsäure (B)*

Bedeutung von Fetten

Fette erfüllen vielfältige Funktionen für den Körper. Zum einen sind sie Energielieferanten. Zum anderen sind sie notwendig, damit der Körper fettlösliche Vitamine aufnehmen kann. Da der Körper bestimmte Fettsäuren nicht selbst bilden kann, müssen diese über die Nahrung aufgenommen werden. Diese bezeichnet man als essenzielle Fettsäuren.
Als nachwachsender Rohstoff sind Fette Ausgangsmaterial für zahlreiche Produkte. ↗ 4

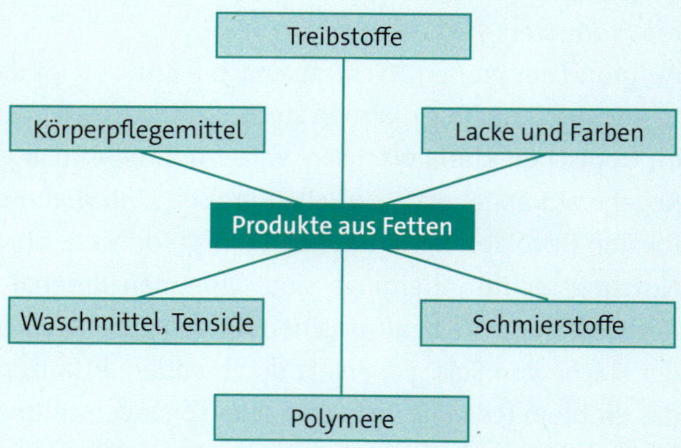

4 *Fette werden vielfältig weiterverarbeitet.*

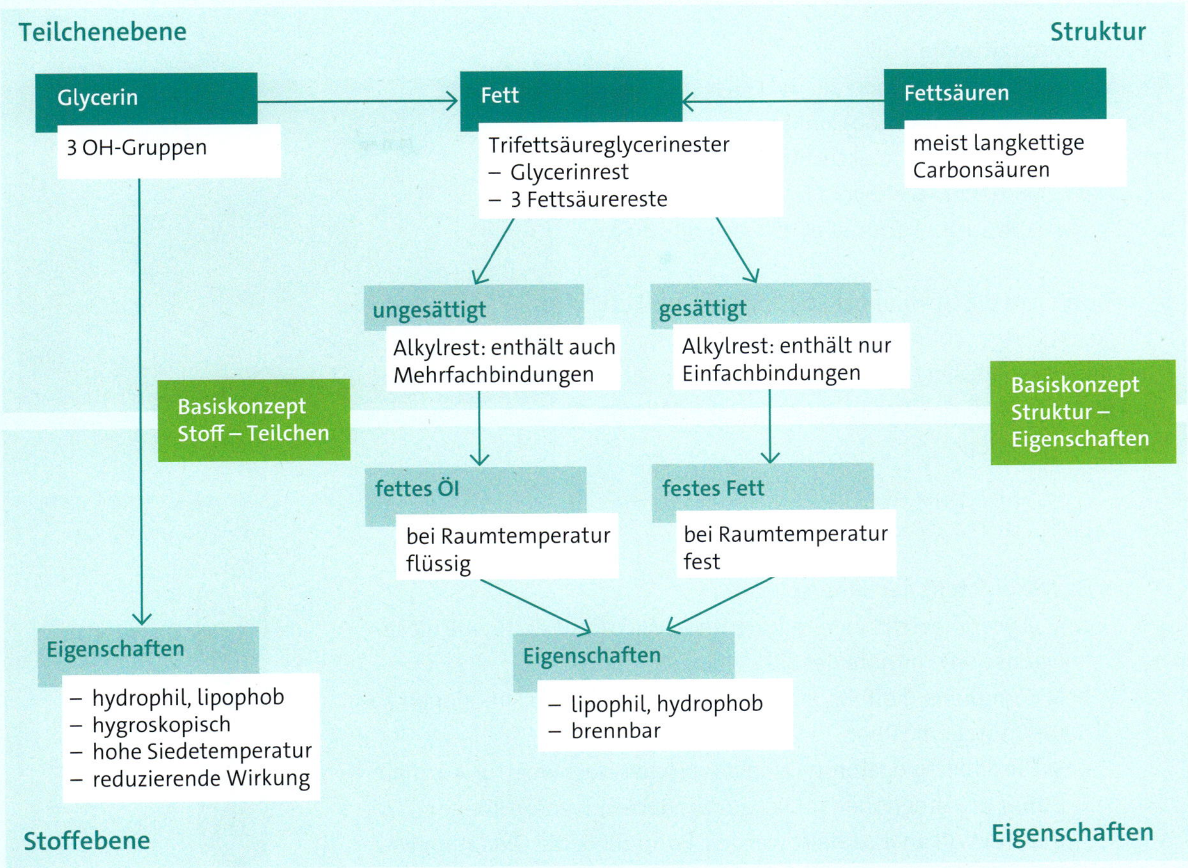

Kompetenzcheck

Hast du alle wichtigen Inhalte des Kapitels verstanden? Schätze dich zuerst selbst ein: ☺, 😐, ☹.

Überprüfe nun deine Selbsteinschätzung. Löse dazu die Aufgaben auf der Seite 140/141 und vergleiche deine Antworten mit den Lösungen. ↗ S. 161

Ich kann ...	☺	😐	☹	Alles-im-Griff-Seiten	Hilfe findest du auf Seite
die Eigenschaften von Glycerin mithilfe der Struktur des Glycerin-Moleküls erklären.	?	?	?	1, 2	128, 129
die Eigenschaften von Fetten mithilfe der Struktur der Fettmoleküle erklären.	?	?	?	3, 4, 5	130–132
erläutern, welche Bedeutung Fette als Nahrungsmittel haben und ihre Verwendung bewerten.	?	?	?	5, 6	136
erläutern, welche Bedeutung Fette als nachwachsende Rohstoffe haben und ihre Verwendung bewerten.	?	?	?	7, 8	137

1 Frostschutzmittel im Blut

Arktische Laufkäfer gewinnen aus Fett Glycerin. Mit diesem mehrwertigen Alkanol können sie auch bei Temperaturen bis zu –20 °C aktiv bleiben. Es schützt die Käfer sogar bis zu –85 °C vor Frostschäden.

a □ Zeichne die Strukturformel eines Glycerin-Moleküls.

b ◪ Formuliere die Gewinnung von Glycerin aus Fett als Reaktionsgleichung.

c ■ Glycerin setzt den Gefrierpunkt von Wasser herab. Beschreibe diesen Vorgang unter Einbeziehung der Teilchenebene.

2 Wie entsteht der Silberspiegel?

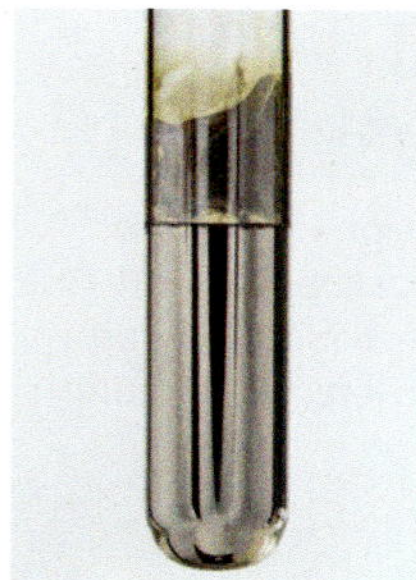

a ◪ Glycerin besitzt eine reduzierende Wirkung. Beschreibe diese Eigenschaft mithilfe der Silberspiegelprobe.

b ◪ Formuliere die Teilgleichung der Reduktion von Silberionen zu metallischem Silber.

c ■ Die Silberspiegelprobe ist ein typischer Nachweis für Alkanale. Damit die Silberionen im Reagenz reduziert werden können, muss ein Alkanal oxidiert werden. Formuliere die Oxidation von Ethanal unter Verwendung der Oxidationszahlen.

3 Kennst du Trisäureglycerinester?

a □ Zeichne ein Trisäureglycerinestermolekül in dein Heft.

b ◪ Kennzeichne im Trisäureglycerinestermolekül die funktionellen Gruppen.

c ◪ Ordne richtig zu:
Ein Stoff, der nur aus Trisäureglycerinmolekülen besteht ist ...

A hydrophob

B lipophob

C lipophil

D hydrophil

d ◪ Begründe, ob sich ein Stoff, welcher nur aus Trisäureglycerinestermolekülen besteht, besser in Wasser oder in Benzin löst.

4 Ist Fett gleich Fett?

a ◪ Beschreibe, aus welchen Bestandteilen Fettmoleküle aufgebaut sind.

b ◪ Formuliere die Reaktionsgleichung zur Bildung eines Fettmoleküls. Verwende dazu drei unterschiedliche Fettsäuren.

c ◪ Begründe, warum Fette Schmelzbereiche haben.

5 Fest oder flüssig?

a ◪ Begründe den unterschiedlichen Aggregatzustand der beiden Fette im Bild oben auf Teilchenebene.

b ◪ Erkläre den unterschiedlichen Aggregatzustand bei Raumtemperatur anhand der zwischenmolekularen Kräfte.

c ◪ Begründe, welches der beiden Fette du täglich zu dir nehmen sollst.

6 Die Dringlichkeit essenzieller Fette

Linolensäure ist eine mehrfach ungesättigte Fettsäure. Sie wird zu den essenziellen Omega-3-Fettsäuren gezählt.

a ◪ Erkläre, was du unter essenziellen Fettsäuren verstehst.

b ◪ Die Deutsche Gesellschaft für Ernährung empfiehlt, ein- bis zweimal pro Woche Fisch zu verzehren. Fisch ist reichhaltig an Omega-3-Fettsäuren. Begründe, warum der Fischverzehr für uns so wichtig ist.

7 Palmöl als Energieträger

Die Ölpalme produziert Fruchtstände mit vielen Einzelfrüchten. Aus den Früchten wird das Palmöl gewonnen, aus den Fruchtkernen das Palmkernöl.

a ◪ Recherchiere die Verwendung von Palmöl und Palmkernöl und fertige dazu eine Tabelle an.

b ◪ Beschreibe das Diagramm unten und nimm kritisch Stellung dazu.

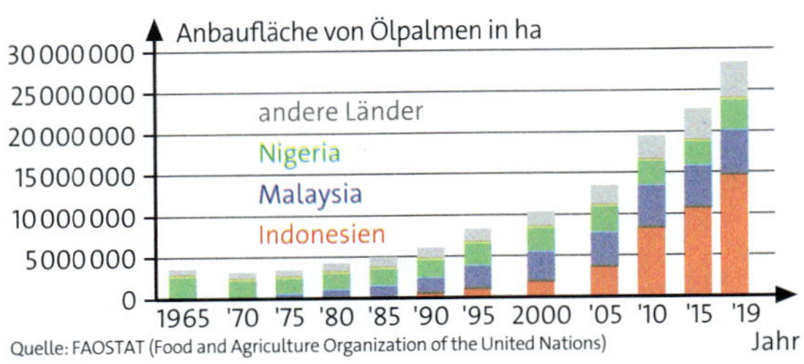

Quelle: FAOSTAT (Food and Agriculture Organization of the United Nations)

8 Rapsöl zur Gewinnung von Biodiesel

In Europa wird Biodiesel durch die Umesterung von Rapsöl mit Methanol gewonnen.

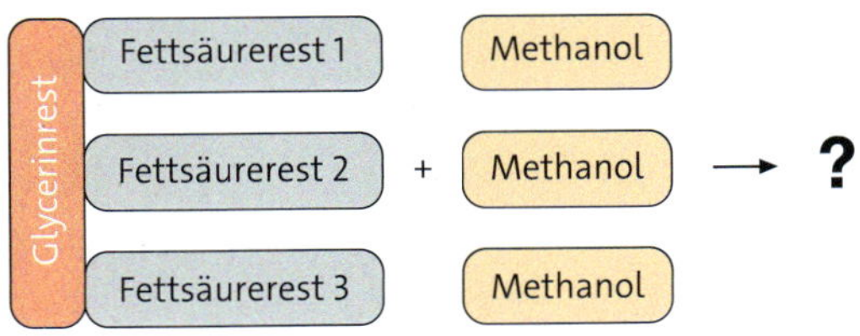

a ◪ Übertrage das Schema in dein Heft und ergänze rechts vom Reaktionspfeil die entstehenden Produkte.

b ◪ Erkläre, warum man Rapsöl nicht direkt als Treibstoff einsetzt, sondern es mit Methanol umestert.

c ■ Rapsöl kann sowohl als Lebensmittel als auch als Energieträger eingesetzt werden. Beziehe dazu Stellung.

9

Kunststoffe

Kunststoffe sind in vielen Bereichen ein Segen. Sie werden für nahezu jede Tätigkeit, die wir erledigen, benötigt – egal ob in der Technik, im Haushalt, beim Spielen oder Sport. Wenn Kunststoffe in der Natur landen, werden sie zur Gefahr für andere Lebewesen. Auch langfristig haben sie negative Auswirkungen auf die Natur. Aus diesem Grund ist es wichtig, verantwortungsvoll und durchdacht mit Kunststoffen umzugehen.

Rad-an-Rad-Duelle, Kontakt mit dem Gegner auf der Rennstrecke. Wo früher Kotflügel verbogen wurden, brechen diese jetzt. Kunststoffe ersetzen das Metall.

▶ *Überlege, warum gerade Kunststoffe in der Automobilbranche immer gefragter sind.*

9.1 Synthese von Kunststoffen

1 *Einsatz von Kunststoffen im Alltag*

Kunststoffe – unsere vielseitigen Helfer

Kunststoffe werden umgangssprachlich auch Plastik genannt. Mit der Erfindung der modernen Kunststoffe vor gut 100 Jahren haben diese mit ihren unterschiedlichen Eigenschaften in allen Bereichen unseres Lebens Einzug erhalten. ↗ 1 Weltweit werden jährlich über 400 Millionen Tonnen Kunststoff hergestellt.

Monomere – Bausteine der Kunststoffe

Kunststoffe entstehen durch Verbindung von vielen Monomeren zu einem Polymer. Monomere sind kleine Moleküle, die sich je nach Aufbau in bestimmten chemischen Reaktionen zu Riesenmolekülen verbinden können. Die entstehenden Moleküle werden auch als Makromoleküle oder Polymere bezeichnet. Sie besitzen eine Molekülmasse von mehr als 10 000 g/mol.

Herstellung durch radikalische Polymerisation

Bei der radikalischen Polymerisation verbinden sich Monomere, die C=C-Doppelbindungen enthalten. Unter bestimmten Bedingungen wie hohem Druck und hoher Temperatur spalten sich die Doppelbindungen auf. Dabei bilden sich neue C–C-Einfachbindungen zwischen den Monomeren. ↗ 2

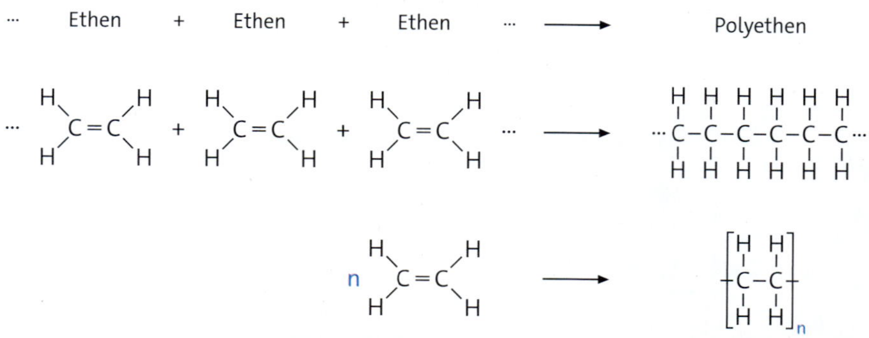

2 *Aus Monomeren bildet sich ein Polymer (n: unbestimmte Zahl).*

Werden in den Monomeren Wasserstoff-Atome durch andere Atome ersetzt, z.B. durch Chlor-Atome, wirkt sich das auf die Eigenschaften der Polymere aus. So entstehen Kunststoffe für verschiedene Anwendungsbereiche. ↗ 3

Monomer	Formel des Monomers	Polymer	Formelausschnitt des Polymers	Verwendung
Ethen	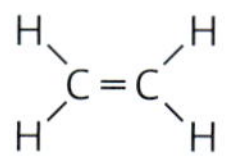	Polyethen (PE)	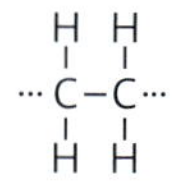	Folien, Rohre, Kunststoffflaschen, ...
Monochlorethen (Vinylchlorid)	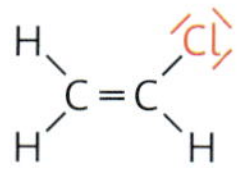	Polyvinylchlorid (PVC)	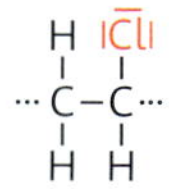	Bodenbeläge, Kabelummantelungen, Fensterrahmen, ...
Propen	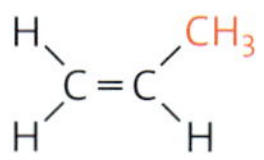	Polypropen (PP)	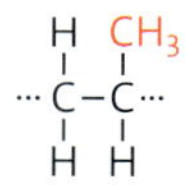	Autoteile, Kindersitze, Fahrradhelme, Verpackung, Rohrleitungen, ...

3 *Monomere, Polymere und ihre Verwendung*

Herstellung durch Polykondensation

Wenn sich viele Moleküle in einer Kondensationsreaktion verknüpfen, spricht man von einer Polykondensation. Dabei wird ein Nebenprodukt abgespalten, zum Beispiel Wasser. Die Monomere müssen mindestens zwei funktionelle Gruppen enthalten. ↗ 4 Nur so können die Moleküle in beide Richtungen verknüpft werden.
Eine typische Polykondensationsreaktion ist die Veresterung. Dabei werden Hydroxygruppen und Carboxygruppen über Esterbindungen verknüpft. Es bilden sich Polyester. ↗ 5

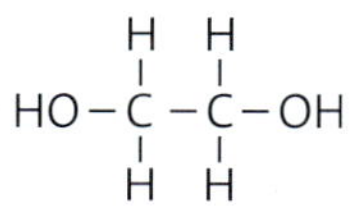

Ethan-1,2-diol (Glykol)

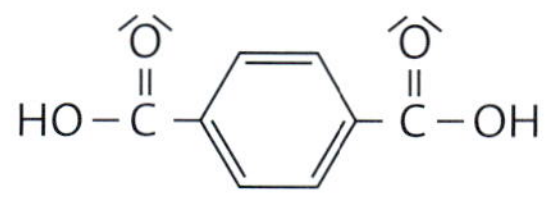

Terephthalsäure

4 *Monomere mit zwei funktionellen Gruppen*

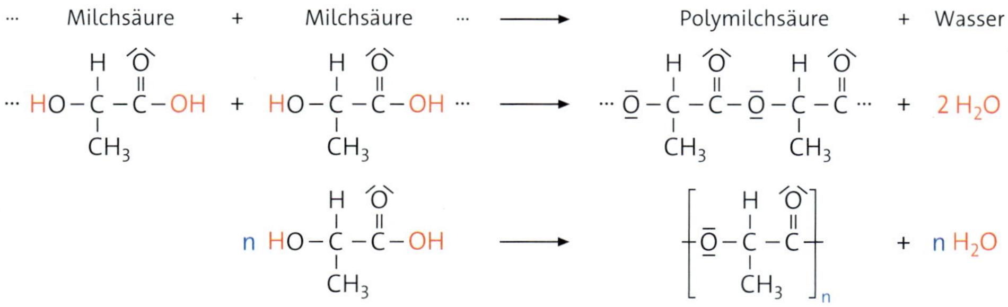

5 *Bildung eines Polyesters durch eine Polykondensation*

Zu den Polyestern gehört der wichtige Gebrauchskunststoff PET. Daraus werden Getränkeflaschen und Mikrofasern hergestellt. Außerdem wird PET im Fahrzeugbau verwendet. Kondensationsreaktionen können auch zwischen anderen funktionellen Gruppen auftreten. Werden Aminogruppen und Carboxygruppen über Peptidbindungen verknüpft, entstehen Polyamide.

Kunststoffe sind Polymere, die durch Polymerisation oder Polykondensation aus unterschiedlichen Monomeren hergestellt werden.

AUFGABEN

1 ◪ Formuliere die Strukturformelgleichung für die Bildung von Polyvinylchlorid.

2 ■ Aus den beiden Monomeren in Bild 4 entsteht der Kunststoff PET. Formuliere die die Formelgleichung mit je zwei Molekülen.

Spätestens seit Beginn der Corona-Pandemie haben Atemschutzmasken und Einwegschutzbekleidung vermehrt an Bedeutung gewonnen. Im medizinischen Alltag sind Kunststoffe aber schon längst nicht mehr wegzudenken.

- ► *Nenne mindesten fünf Gegenstände auf dem Bild rechts, die aus Kunststoff bestehen.*
- ► *Erläutere jeweils eine Eigenschaft, die jeder dieser Kunststoffe aufweisen muss, um seinen Zweck zu erfüllen.*

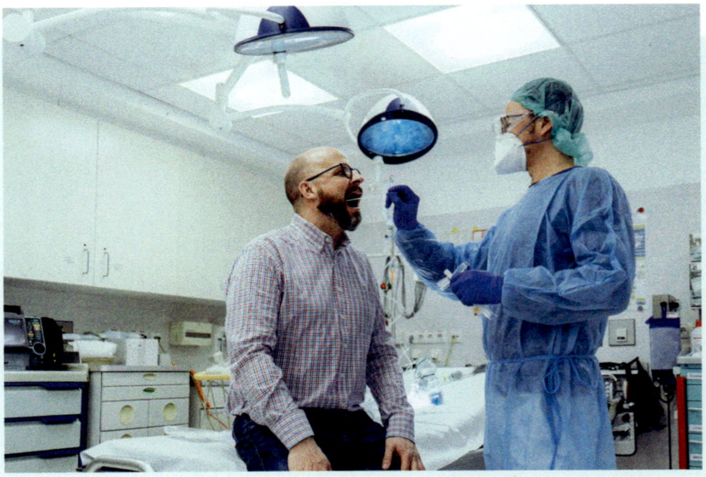

9.2 Eigenschaften von Kunststoffen

Verhalten unter thermisch-mechanischen Einflüssen

Je nach Einsatzbereich sollen Kunststoffe unterschiedliche Eigenschaften aufweisen. Bügelperlen sollen beispielsweise beim Erhitzen schmelzen, aber danach wieder eine stabile Form annehmen. Der Kunststoff für Abdeckungen von Lampen muss hart und zugleich hitzebeständig sein. Und Autoreifen sollen elastisch und bei Hitze doch formstabil sein.
Aufgrund ihres Verhaltens beim Erhitzen und unter mechanischen Einflüssen werden Kunststoffe in **Thermoplaste**, **Duroplaste** und **Elastomere** eingeteilt. ↗ 1

Kunststoff	Anwendung
Thermoplaste:	
Polyethen (PE)	Bügelperlen, Spritzen
Polyethylenterephthalat (PET)	Flaschen
Polyvinylchlorid (PVC)	Wärmflaschen
Polystyrol (PS)	Besteck
Polyamid (PA)	Textilfasern
Polymethylmethacrylat (PMMA)	Glasersatz
Duroplaste:	
Phenoplast (PF)	Steckdosen
Melaminharz (MF)	Essgeschirr
Epoxidharz (EP)	Graffitilack
Elastomere:	
Naturkautschuk (NR)	Kondome
Styrol-Butadien-Kautschuk (SBR)	Autoreifen

1 *Beispiele verschiedener Kunststoffe*

Die Struktur bestimmt die Eigenschaften

Die unterschiedlichen Eigenschaften lassen sich mit der Vernetzungsstruktur der jeweiligen Makromoleküle (Polymere) erklären. Bei **Thermoplasten** sind die langkettigen Makromoleküle nicht oder nur wenig verzweigt. Sie sind durch London-Kräfte schwach verbunden. Die zwischenmolekularen Kräfte werden beim Erhitzen geringer, wodurch der Kunststoff weich und verformbar wird, er schmilzt. ↗ 2
In **Duroplasten** sind die Makromoleküle engmaschig durch Elektronenpaarbindungen verknüpft, weshalb sich die Struktur bei Wärmezufuhr bis zur Hitzezersetzung nicht verändert. Dadurch sind sie temperaturbeständig und nicht schmelzbar. ↗ 3
Elastomere weisen weitmaschig vernetzte Makromoleküle auf, die ebenfalls über Elektronenpaarbindungen verknüpft sind. Durch mechanische Einflüsse können die Makromoleküle in die Länge gezogen oder zusammengepresst werden. Da sie an den Vernetzungspunkten zusammenhalten, kehren sie wieder in ihre ursprüngliche Form zurück. Beim Erhitzen nimmt die Elastizität zu, Elastomere sind jedoch nicht schmelzbar. ↗ 4

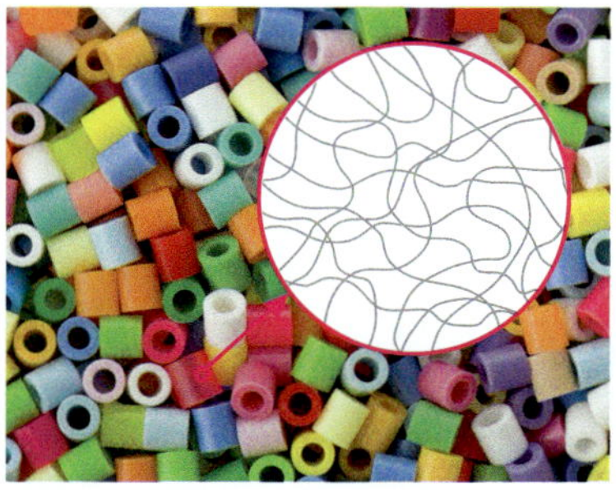

2 *Thermoplast: locker verbundene Makromoleküle*

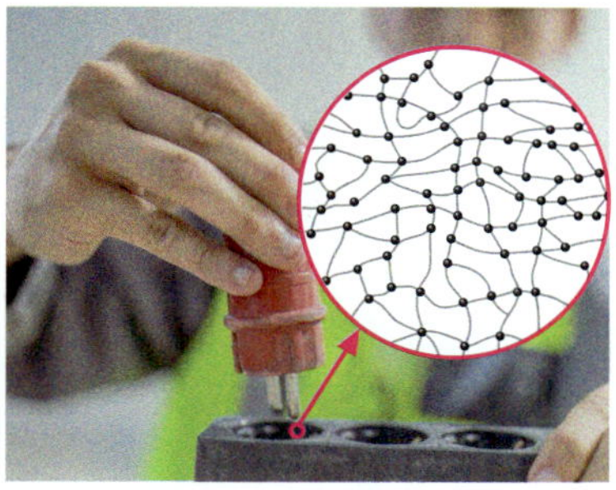

3 *Duroplast: eng verbundene Makromoleküle*

4 *Elastomer: weitmaschig vernetzte Makromoleküle*

Weitere Eigenschaften

Kunststoffe bieten aufgrund ihrer Eigenschaften viele Vorteile im Vergleich zu anderen Werkstoffen. Ihre Dichte ist geringer als die von Metallen oder Glas und sie zerspringen nicht so leicht, da sie eine hohe Zähigkeit aufweisen. Die Beständigkeit bestimmter Kunststoffe gegenüber Chemikalien macht man sich für die Lagerung gefährlicher Stoffe wie Flusssäure oder zur Herstellung von Schutzbekleidung für Labore zunutze. ↗ 5 In polaren Lösungsmitteln sind Kunststoffe meist nicht löslich, sie sind also hydrophob. Organische Lösungsmittel können Kunststoffe dagegen zersetzen. Viele Kunststoffe sind gut brennbar. Diese Eigenschaft kann auch zur Identifizierung eines unbekannten Kunststoffes verwendet werden, indem man eine Brennprobe durchführt.

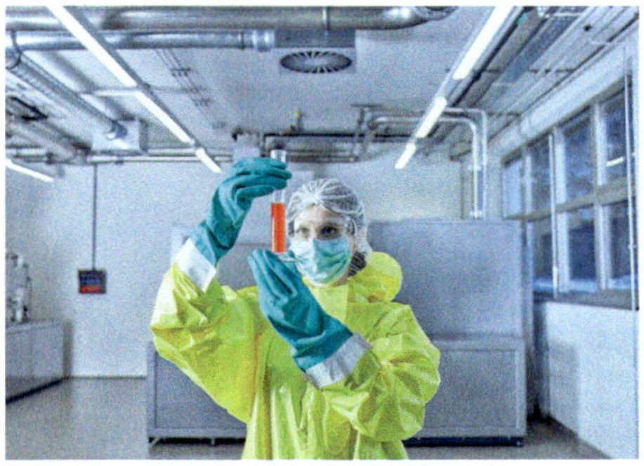

5 *Schutzbekleidung in einem Labor*

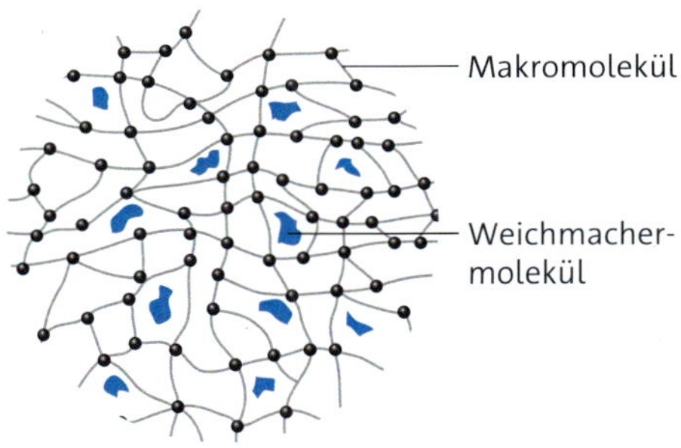

6 *Wirkung eines Weichmachers auf Teilchenebene: Die Makromoleküle werden auseinander gedrängt.*

Zum „Wunsch-Kunststoff"

Um gezielt bestimmte Eigenschaften zu erzeugen, werden den Kunststoffen während des Herstellungsprozesses sogenannte **Additive** hinzugefügt. Additive verändern die Vernetzungsstruktur der Makromoleküle und beeinflussen dadurch die Eigenschaften der Kunststoffe. Die größte Gruppe der Additive sind **Weichmacher**, die für eine bessere Verform- und Verarbeitbarkeit sorgen. ↗ 6 **Stabilisatoren** erhöhen die Lebensdauer und steigern unter anderem die Beständigkeit gegenüber UV-Strahlung und Hitze. Zu ihnen zählen auch Flammschutzmittel, welche die Brennbarkeit herabsetzen. **Füllstoffe** dienen zum einen dazu, die Herstellungskosten zu senken, verbessern zum anderen aber auch die mechanischen Eigenschaften. Durch die **Beschichtung** von Kunststoffen mit Metallen können die sonst sehr geringe elektrische Leitfähigkeit und die Beständigkeit erhöht werden.

Die Vernetzungsstruktur der Polymere bestimmt die Eigenschaften von Kunststoffen. Aufgrund thermisch-mechanischer Eigenschaften kann man sie in Thermoplaste, Duroplaste und Elastomere einteilen. Durch Additive können gezielt bestimmte Eigenschaften erzeugt werden.

AUFGABEN

1 ◪ Vergleiche in einer Tabelle Thermoplaste, Duroplaste und Elastomere bezüglich ihres Aufbaus, ihrer Verformbarkeit und ihrer Temperaturbeständigkeit.

2 ■ Es existieren auch thermoplastische Elastomere. Stelle Vermutungen an, was damit gemeint sein könnte.

Du kennst bestimmt die Bilder von riesigen Plastikteppichen, die auf den Ozeanen schwimmen. Doch eigentlich hätte das Plastik nie dort landen dürfen.

- *Recherchiere Probleme, die das Meeresplastik mit sich bringt.*
- *Überlege dir drei Möglichkeiten, wie man dieser Problematik entgegenwirken könnte.*

9.3 Wohin mit dem Plastik?

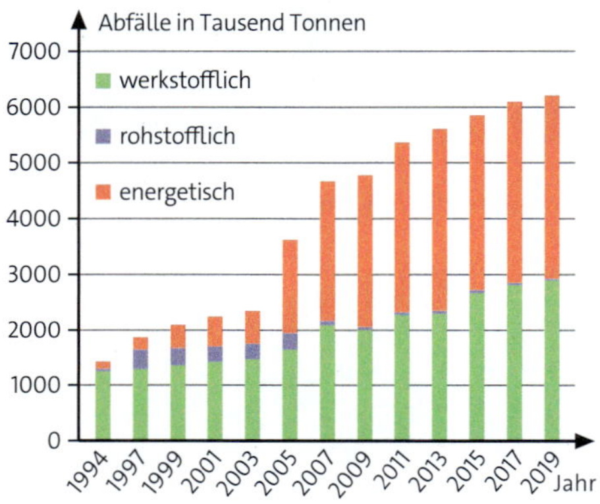

1 *Entwicklung der Verwertung von Kunststoffabfällen (Quelle: Umweltbundesamt)*

Verwertungsmöglichkeiten von Kunststoffabfällen

Als der Kunststoff erfunden wurde, feierte man ihn als neuen Wunderstoff, der ungeahnte Möglichkeiten bieten würde. Womit man allerdings nicht rechnete, war, dass das Plastik auch zu einem so großen Problem werden würde. Für den Umgang mit Abfallprodukten aus Kunststoff gibt es verschiedene Möglichkeiten. Voraussetzung dafür ist, dass Kunststoffabfälle nicht unbedachterweise in der Natur landen, sondern zunächst gesammelt werden. Sie können dann **energetisch**, **werkstofflich** oder **rohstofflich verwertet** werden. Kommt keine dieser Verwertungsmöglichkeiten in Frage, werden die Kunststoffabfälle z. B. durch Deponieren beseitigt. Jährlich fallen in Deutschland mittlerweile über 6 Millionen Tonnen an Kunststoffabfällen an, Tendenz steigend. ↗ 1

Verbrennen von Kunststoffen

Der größte Teil der Kunststoffabfälle wird nach wie vor verbrannt. Wird die Energie, die dabei entsteht, z. B. industriell genutzt, sprich man von **energetischer Verwertung**. Thermisch beseitigt, also das Verbrennen der Kunststoffabfälle ohne Energieauskopplung, wird in Deutschland nur ein sehr geringer Anteil.

Reduce, Reuse, Recycle

Nach diesem Grundsatz sollte optimalerweise vorgegangen werden: reduzieren, wiederverwenden und verwerten. ↗ 2

Im Alltag bedeutet das, dass mit der Abfallvermeidung am meisten erreicht werden kann (reduce). Das Wiederverwenden kommt beispielsweise beim Verarbeiten einer LKW-Plane zu einem Geldbeutel zum Einsatz (reuse). Obwohl man in diesem Fall von Upcycling spricht, zählt das Wiederverwenden nicht zum Recycling. Nur wenn Rohstoffe aufbereitet und erneut genutzt werden, hat ein Verwerten stattgefunden (recycle).

2 *Optimaler Umgang mit Kunststoffabfällen*

Arten des Recyclings

Beim Recyceln wird zwischen **werkstofflicher** und **rohstofflicher Verwertung** unterschieden. ↗ 3

Die meisten Altkunststoffe werden **werkstofflich verwertet**. Sie werden zerkleinert, gereinigt, nach Dichte aufgetrennt und umgeschmolzen. Der Kunststoff, der dabei entsteht, wird Rezyklat genannt und liegt häufig in Form von Granulat vor. Auf Teilchenebene bleiben bei diesem Prozess die Polymere erhalten. ↗ 4 Voraussetzung dafür sind sortenreine, saubere Kunststoffe. Wurden zuvor viele Additive zugesetzt oder wurde die chemische Struktur durch äußere Einflüsse geschädigt, sinkt die Qualität des Rezyklats. Da auf diese Art meist minderwertigere Produkte entstehen, spricht man von Downcycling.

Ist keine werkstoffliche Verwertung möglich, da die Zusammensetzung der Kunststoffabfälle zu verschieden ist, kommt die **rohstoffliche Verwertung** zum Einsatz. Auf Teilchenebene werden die Polymere der Kunststoffe wieder in kleinere Moleküle bis hin zu Monomeren zerlegt. Das Rezyklat sind Öle und Gase, die fossile Rohstoffe ersetzen. Es entstehen sogenannte Sekundärrohstoffe. Die Zerlegung kann durch **Pyrolyse** erfolgen. Dabei werden die Altkunststoffe unter Ausschluss von Sauerstoff thermisch zersetzt. Das Rezyklat ist Pyrolyseöl. Es kann nach weiterer Aufreinigung beispielsweise in der chemischen Industrie eingesetzt werden.

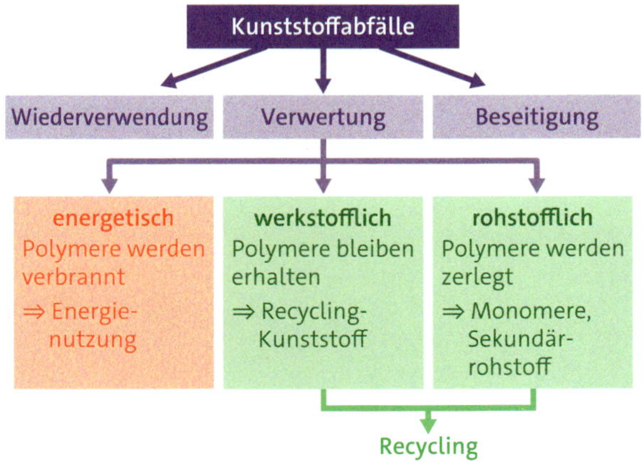

3 *Überblick über mögliche „Schicksale“ von Kunststoffabfällen*

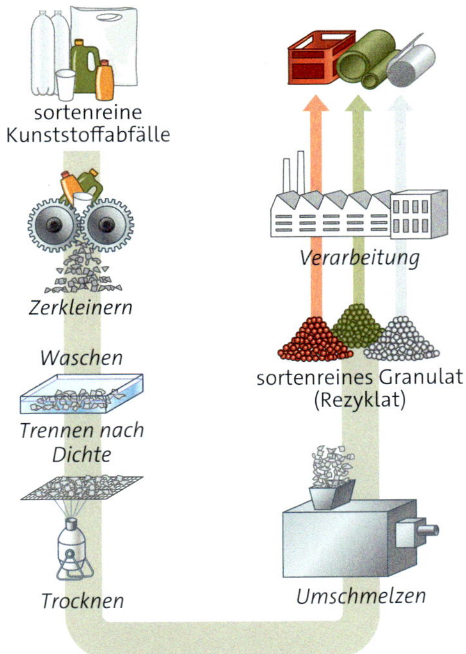

4 *Beispiel für eine werkstoffliche Verwertung*

Was ist besser?

Aus ökologischer Sicht ist dem Recycling im Vergleich zur energetischen Verwertung der Vorzug zu geben. Die Herstellung von Kunststoffen aus Erdöl ist jedoch häufig noch kostengünstiger als die Verwendung eines Rezyklats und bietet flexiblere Anwendungsmöglichkeiten. Der Anteil an Rezyklaten an der insgesamt verarbeiteten Kunststoffmenge konnte in den letzten Jahren zwar erhöht werden, lag im Jahr 2019 jedoch immer noch bei nur 13,7 %. Eine werkstoffliche Verwertung ist aus ökologischer und ökonomische Sicht besser als rohstoffliches Verwerten. Es werden insgesamt weniger Energie und Zusatzstoffe benötigt.

Um der Plastikflut Herr zu werden, wird auch an weiteren Verwertungsmöglichkeiten geforscht. Das enzymatische Recycling, bei dem Bakterien helfen, die Kunststoffe zu zersetzen oder die Kompostierung von Kunststoffen rücken hier mehr und mehr in den Vordergrund.

Kunststoffabfälle können wiederverwendet, energetisch verwertet oder recycelt werden. Hauptsächlich wird durch werkstoffliche Verwertung recycelt, wobei die rohstoffliche Verwertung immer mehr an Bedeutung gewinnt.

AUFGABEN

1 □ Betrachte das Diagramm in Bild 1 und beschreibe, wie sich die Menge an Kunststoffabfällen und deren Verwertung seit 1994 entwickelt hat.

2 ◪ Zeichne ein Flussdiagramm für das Recycling von Kunststoffen.

3 ■ Erläutere mindestens einen Nachteil der energetischen Verwertung im Vergleich zum Recycling.

Synthese von Kunststoffen

Kunststoffe sind Polymere, die aus einzelnen verknüpften Monomeren zusammengesetzt sind. Die Verknüpfung dieser Monomere erfolgt durch Polymerisation oder Polykondensation. Je nach Monomer ergeben sich für das entstehende Makromolekül unterschiedliche Eigenschaften.

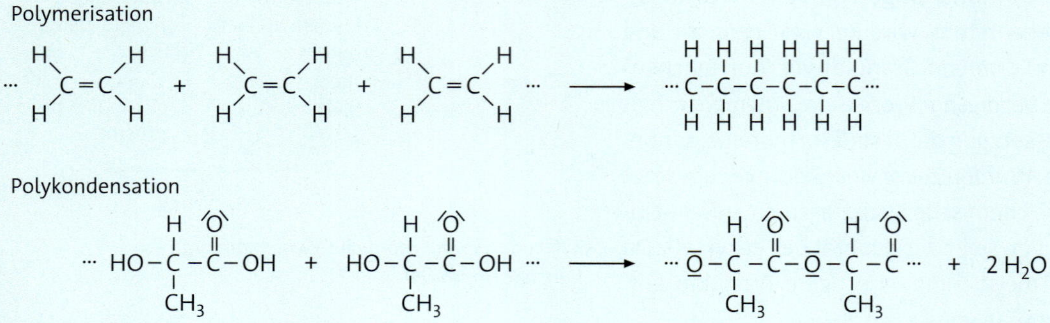

1 *Reaktionstypen bei der Bildung von Kunststoffen*

Eigenschaften von Kunststoffen

Kunststoffe lassen sich aufgrund ihrer thermisch-mechanischen Eigenschaften in Thermoplaste, Duroplaste und Elastomere einteilen. Grund für die unterschiedlichen Eigenschaften sind die verschiedenen Vernetzungsstrukturen der Makromoleküle (Polymere). Bei Thermoplasten sind die Makromoleküle locker verbunden, bei Duroplasten eng vernetzt und Elastomere weisen weitmaschig vernetzte Makromoleküle auf. ↗ 2

Durch Additive kann die Vernetzungsstruktur verändert werden, wodurch gezielt bestimmte Eigenschaften erzeugt werden können.

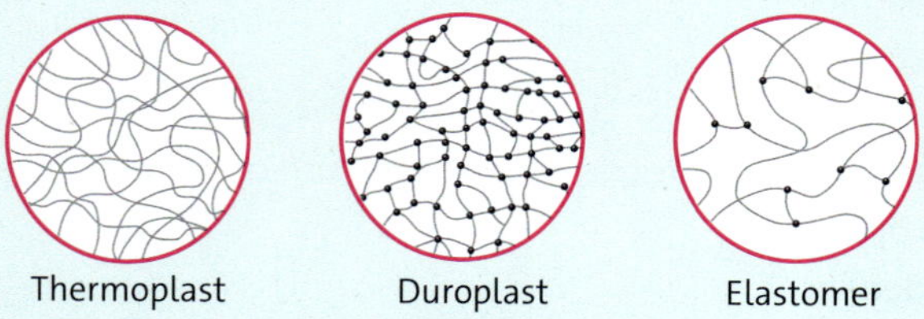

2 *Vernetzungsstruktur der Kunststoffe*

Recycling

Gesammelte Kunststoffabfälle können energetisch, werkstofflich oder rohstofflich verwertet werden. Der größte Anteil wird nach wie vor energetisch verwertet, sprich unter Nutzung der Energie verbrannt. Zum Recycling zählen die werkstoffliche und rohstoffliche Verwertung. ↗ 3

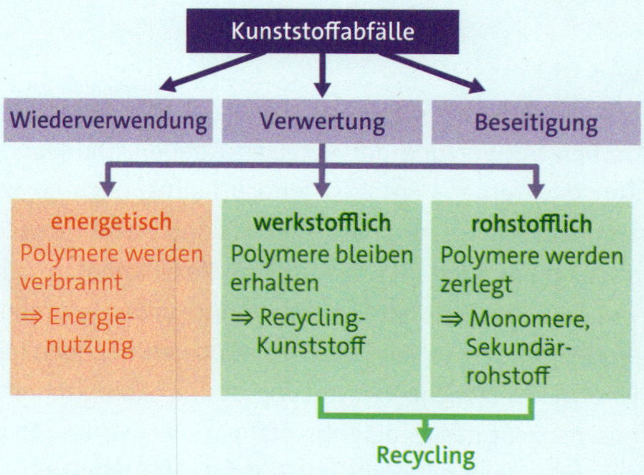

3 *Mögliche „Schicksale" von Kunststoffabfällen*

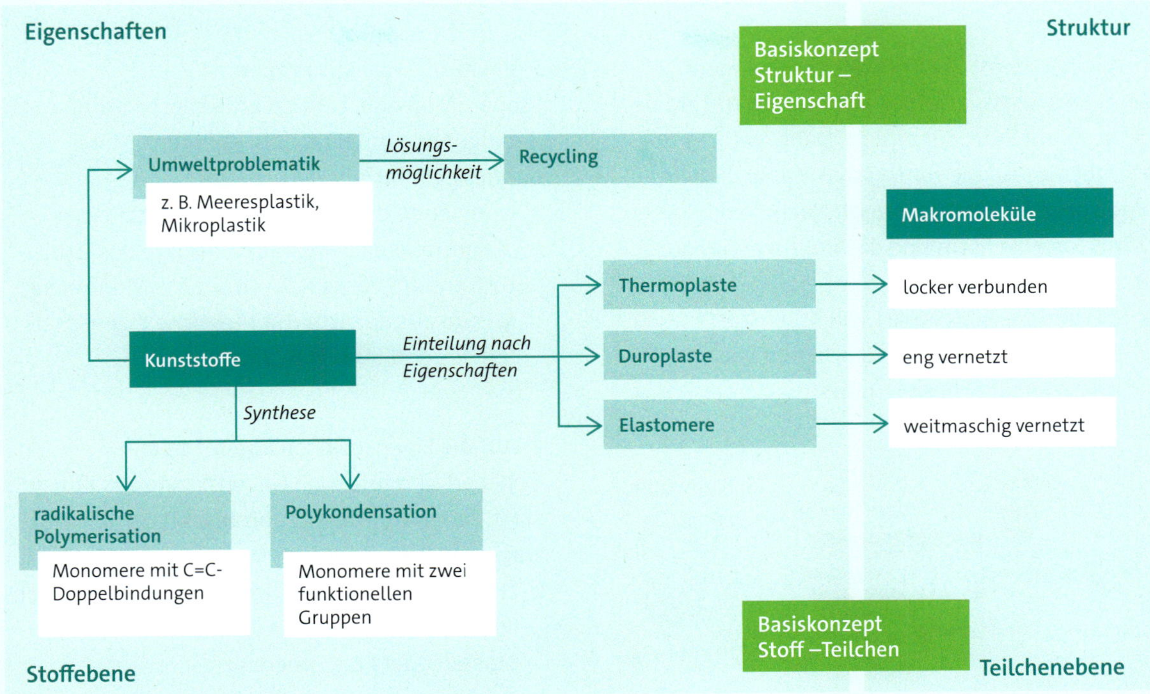

Kompetenzcheck

Hast du alle wichtigen Inhalte des Kapitels verstanden? Schätze dich zuerst selbst ein: ☺, 😐, ☹.

Überprüfe nun deine Selbsteinschätzung: Löse dazu die Aufgaben auf Seite 152/153 und vergleiche deine Antworten mit den Lösungsvorschlägen. ↗ S. 163

Ich kann ...	☺	😐	☹	Alles-im-Griff-Aufgaben?	Hilfe findest du auf Seite
die Reaktion von Monomeren zu Kunststoff-Polymeren mit Strukturformeln darstellen.	?	?	?	2, 3, 6	144, 145
Kunststoffe nach ihrer Vernetzungsstruktur in Thermoplaste, Duroplaste und Elastomere einteilen.	?	?	?	1, 4	146, 147
Umweltprobleme in Bezug auf Kunststoffabfälle benennen und Verwertungsmöglichkeiten erläutern.	?	?	?	5, 7, 8	148, 149

1 Wie bekommt der Kunststoff seine Form?
Beim Spritzgussverfahren wird Kunststoffgranulat in einem Extruder erhitzt. Dabei wird es geschmolzen und die zähflüssige Masse dann in eine Spritzgussform gepresst. Nach dem Erkalten öffnet sich die Form und das Produkt wird ausgeworfen.

a ◪ Erläutere, welche Art von Kunststoffen sich mit diesem Verfahren verarbeiten lassen.

b □ Skizziere die Vernetzungsstruktur dieser Art von Kunststoffen.

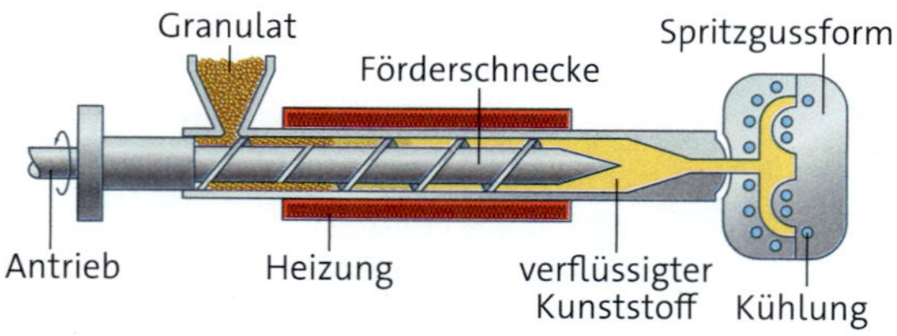

3 Alles Gummi?
Autoreifen, Matratzen, aber auch Kaugummis enthalten häufig den Kunststoff Kautschuk. Die folgende Formel zeigt einen Ausschnitt aus einem Kautschuk-Makromolekül.

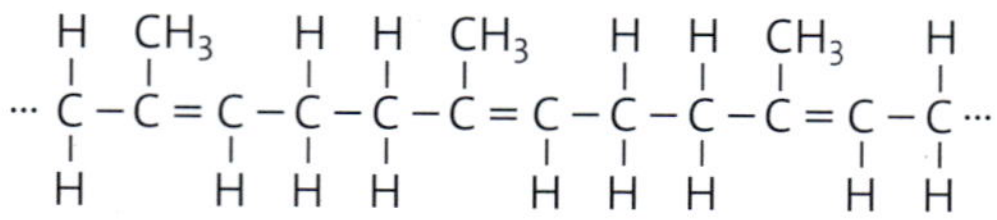

a □ Nenne den Reaktionstyp, mit dem dieser Kunststoff hergestellt wird.

b ◪ Welche Art Kunststoff ist Kautschuk? Begründe deine Antwort.

c ■ Das Monomer, aus dem Kautschuk erzeugt wird, ist 2-Methylbuta-1,3-dien. Zeichne die Strukturformel und beschreibe, wie sich das Polymer bildet.

2 Ein Kunststoff aus Propen
Propen-Moleküle können unter bestimmten Bedingungen miteinander reagieren. Dabei entsteht ein farbloser Kunststoff.

a □ Benenne den ablaufenden Reaktionstyp.

b ◪ Formuliere die Reaktion mithilfe der Strukturformeln. Verwende dafür zwei Monomere.

c ■ Leite aus der Struktur mögliche Eigenschaften des entstehenden Stoffes ab.

4 Auf die Eigenschaften kommt es an
Gegeben sind folgende Gegenstände aus Kunststoff: Feuerwehrhelm, Fahrradschlauch, Einwegwasserflasche, Fön.

a □ Ordne die Gegenstände aufgrund ihrer Eigenschaften entweder den Thermoplasten, Duroplasten oder Elastomeren zu.

b ◪ Erläutere, warum man sich bei dem Feuerwehrhelm für diese Art von Kunststoff entschieden hat.

5 Der Umgang mit Plastikmüll

Forscher vermuten, dass wir bis zu fünf Gramm Mikroplastik pro Woche aufnehmen. Das entspricht ungefähr der Masse einer Kreditkarte.
Die Auswirkungen sind bisher wenig erforscht.

a ◪ Erläutere, wie achtlos weggeworfenes Plastik (Eintrag in die Natur) zu Mikroplastik führen kann.

b ◪ Beschreibe zwei mögliche Wege, die Mikroplastik in unserem Körper nehmen kann.

c □ Bringe folgende Stichpunkte bezüglich des Umgangs mit (Plastik-)Müll in eine sinnvolle Reihenfolge:
Eintrag in die Natur, reduzieren, reguliert entsorgen, recyclen, wiederverwenden.

7 „Müllexporte schützen die Umwelt!"

Macht man beispielsweise in Malaysia Urlaub, kann es sein, dass einem am Strand eine Verpackungstüte aus Deutschland entgegengeweht wird.

a ◪ Recherchiere, wie es zu diesem Szenario kommen kann.

b ■ Nimm Stellung zu der Aussage in der Überschrift. Recherchiere auch hier, wenn nötig.

6 Alles straff?

Für Faceliftings werden unter anderem auch Fäden aus Polymilchsäure (PLA) verwendet.

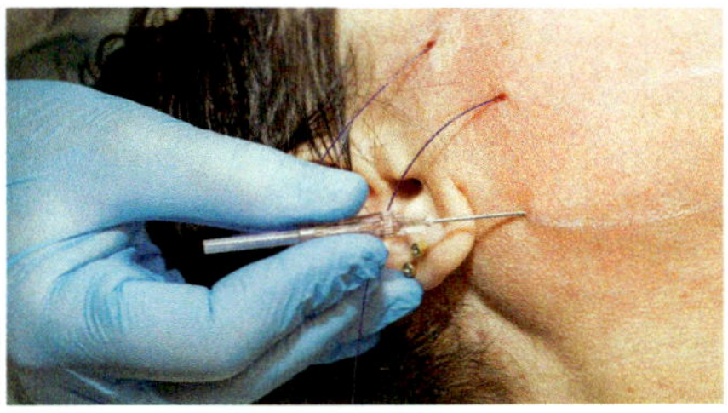

a ◪ Monomer zur Bildung von Polymilchsäure ist 2-Hydroxypropansäure. Zeichne die Strukturformel des Monomers.

b ■ Durch Polykondensation wird daraus Polymilchsäure gebildet. Formuliere für die Bildung eines Dimers die Reaktionsgleichung. Verwende Strukturformeln.

8 Weg mit den Plastiktrinkhalmen!

Seit dem 3. Juli 2021 dürfen viele Einwegplastikprodukte in der EU nicht mehr produziert werden.

a □ Nenne zwei Gründe, warum das sinnvoll ist.

b ◪ Recherchiere auf der Internetseite der Bundesregierung, was diese in den nächsten Jahren noch unternimmt, um der Plastikvermüllung entgegenzuwirken (Stand: Mai 2021).

Diese Kunststoffprodukte werden verboten:

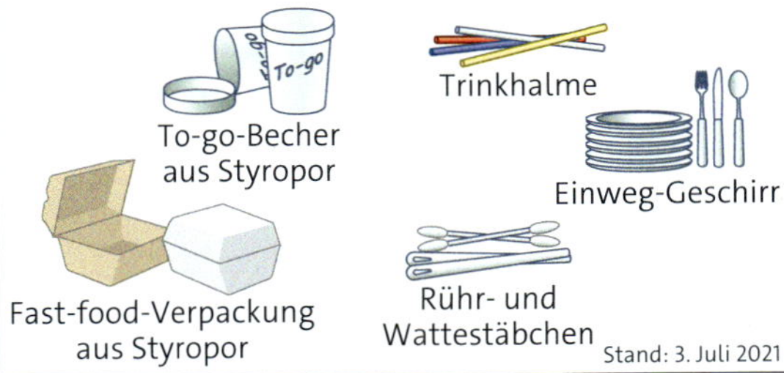

Stand: 3. Juli 2021

Lösungsvorschläge

Kapitel 1: Elektronenübergänge
Alles im Griff? (S. 26/27)

1 Nichtmetallatome nehmen Elektronen auf. Dadurch entstehen negativ geladene Nichtmetallionen.
oder: Metallatome geben Elektronen ab. Dadurch entstehen positiv geladene Metallionen.

2 Redoxreaktionen sind Reaktionen mit Elektronenübertragung. Ein Reaktionspartner gibt Elektronen ab und wird oxidiert, das ist Magnesium:
Oxidation: $Mg \rightarrow Mg^{2+} + 2\,e^-$
Der andere Reaktionspartner nimmt Elektronen auf und wird reduziert, das ist Sauerstoff:
Reduktion: $O_2 + 4\,e^- \rightarrow 2\,O^{2-}$

3 Häufig ist in den Kühlbeuteln eine Mischung aus Ammoniumnitrat und Wasser. Der Abkühlungseffekt beruht darauf, dass der Lösungsvorgang des Salzes endotherm verläuft und die hierzu erforderliche Energie dem System bzw. der Umgebung entzogen wird.

4 a Kein Salz: HF, I_2O, H_2O, CBr_4
Salz: KCl, Na_2O, Ca_3N_2, Al_2O_3

b

Oxidation: $K \rightarrow K^+ + e^- \quad | \cdot 2$
Reduktion: $Cl_2 + 2\,e^- \rightarrow 2\,Cl^-$

Gesamtgleichung: $2\,K + Cl_2 \rightarrow 2\,KCl$

Oxidation: $Na \rightarrow Na^+ + e^- \quad | \cdot 4$
Reduktion: $O_2 + 4\,e^- \rightarrow 2\,O^{2-}$

Gesamtgleichung: $4\,Na + O_2 \rightarrow 2\,Na_2O$

Oxidation: $Ca \rightarrow Ca^{2+} + 2\,e^- \quad | \cdot 3$
Reduktion: $N_2 + 6\,e^- \rightarrow 2\,N^{3-}$

Gesamtgleichung: $3\,Ca + N_2 \rightarrow Ca_3N_2$

Oxidation: $Al \rightarrow Al^{3+} + 3\,e^- \quad | \cdot 4$
Reduktion: $O_2 + 4\,e^- \rightarrow 2\,O^{2-} \quad | \cdot 3$

Gesamtgleichung: $4\,Al + 3\,O_2 \rightarrow 2\,Al_2O_3$

5 Lösung s. unten

6 a

Ion	Oxidationszahl
Natrium-Ion	+I
Magnesium-Ion	+II
Calcium-Ion	+II
Nitrid-Ion	–III
Kalium-Ion	+I
Sulfid-Ion	–II
Oxid-Ion	–II
Aluminium-Ion	+III
Chlorid-Ion	–I

Lösung zu Aufgabe 5:

Atomsymbol	Hauptgruppen nummer	Anzahl der Valenzelektronen	Ladungszahl des gebildeten Ions	gebildetes Ion	Edelgaskonfiguration von
Na	I	1	1+	Na^+	Neon
Cl	VII	7	1–	Cl^-	Argon
Al	III	3	3+	Al^{3+}	Neon
O	VI	6	2–	O^{2-}	Neon
Ca	II	2	2+	Ca^{2+}	Argon
Br	VII	7	1–	Br^-	Krypton
K	I	1	1+	K^+	Argon
Mg	II	2	2+	Mg^{2+}	Neon

b + c Fünf Salze aus folgender Tabelle:

Verhältnisformel	Name
$(Na^+)(Cl^-)$	Natrium(I)-chlorid
$(Na^+)_2(O^{2-})$	Natrium(I)-oxid
$(Na^+)_2(S^{2-})$	Natrium(I)-sulfid
$(Na^+)_3(N^{3-})$	Natrium(I)-nitrid
$(K^+)(Cl^-)$	Kalium(I)-chlorid
$(K^+)_2(O^{2-})$	Kalium(I)-oxid
$(K^+)_2(S^{2-})$	Kalium(I)-sulfid
$(K^+)_3(N^{3-})$	Kalium(I)-nitrid
$(Mg^{2+})(Cl^-)_2$	Magnesium(II)-chlorid
$(Mg^{2+})(O^{2-})$	Magnesium(II)-oxid
$(Mg^{2+})(S^{2-})$	Magnesium(II)-sulfid
$(Mg^{2+})_3(N^{3-})_2$	Magnesium(II)-nitrid
$(Ca^{2+})(Cl^-)_2$	Calcium(II)-chlorid
$(Ca^{2+})(O^{2-})$	Calcium(II)-oxid
$(Ca^{2+})(S^{2-})$	Calcium(II)-sulfid
$(Ca^{2+})_3(N^{3-})_2$	Calcium(II)-nitrid
$(Al^{3+})(Cl^-)_3$	Aluminium(III)-chlorid
$(Al^{3+})_2(O^{2-})_3$	Aluminium(III)-oxid
$(Al^{3+})_2(S^{2-})_3$	Aluminium(III)-sulfid
$(Al^{3+})(N^{3-})$	Aluminium(III)-nitrid

7 Die Aussage ist falsch. Das linke Bild zeigt, dass schon im Feststoff Lithium-Kationen und Bromid-Anionen vorliegen und diese nicht erst beim Schmelzen gebildet werden. Im Feststoff liegen die Ionen allerdings an festen Gitterplätzen und sind demnach nicht in der Lage, elektrische Ladungen zu transportieren.

Kapitel 2: Protonenübergänge
Alles im Griff? (S. 44/45)

1 a Die 6 Fehler sie sind farbig mit einem Kreis gekennzeichnet.

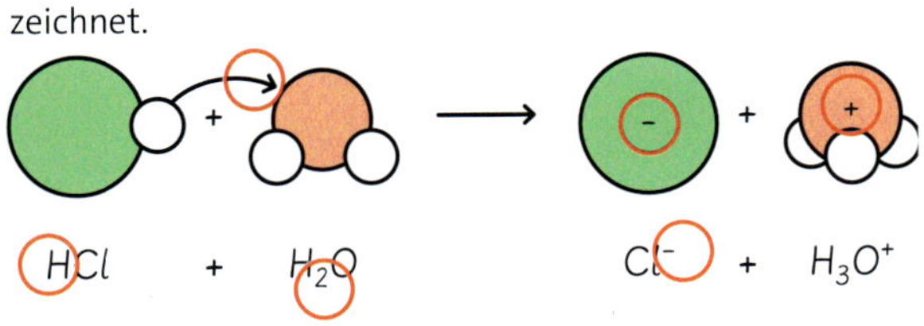

b Wasserstoffmonochlorid + Wasser → Salzsäure

2 a (Universal-)Indikatorpapier

b Bei diesem Indikator erkennt man:

- Saure Lösungen durch eine Färbung von Rot (pH 1) bis Orange (pH 6), dabei ist pH 1 am sauersten und pH 6 am schwächsten sauer.
- Neutrale Lösungen (pH 7) färben dieses Universalindikatorpapier gelb.
- Alkalische Lösungen (Laugen) haben Farben im Bereich von Hellgrün (pH 8) über Grün bis Blau (pH 14), dabei ist pH 14 die stärkste Lauge.

3 a Man kann beobachten, dass der pH-Wert ansteigt.

b Der pH-Wert, der auf dem ersten Foto angezeigt wird, liegt mit pH 1,70 im sauren Bereich. Mit Zutropfen der alkalischen Lösung (mittleres Becherglas) steigt der pH-Wert auf 2,20. Die Lösung ist immer noch sauer. Bei weiterem Zutropfen wird irgendwann der Neutralisationspunkt erreicht, bei dem die Lösung pH 7 hat, also neutral ist. Das ist im rechten Becherglas der Fall.

4 a + b

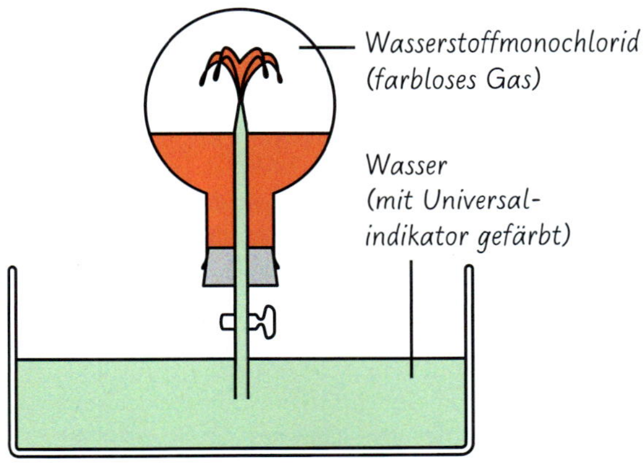

c Wasser wird durch das Glasrohr in den Kolben gesaugt. Dabei ändert es die Frabe von Grün nach Rot. Wasserstoffmonochlorid ist sehr gut in Wasser löslich. Lösen sich die Wasserstoffmonochlorid-Moleküle im Wasser, bleiben im Kolben immer weniger Gasteilchen. So entsteht ein Unterdruck, wodurch das Wasser aus der Wanne unten einströmt. Wasser- und Wasserstoffmonochlorid-Moleküle reagieren miteinander. Dabei bilden sich Chlorid-Ionen und Oxonium-Ionen. Es findet ein Protonenübergang statt. Das Wasserstoffmonochlorid-Molekül ist der Protonendonator und das Wasser-Molekül der Protonenakzeptor. Eine saure Lösung, die sogenannte Salzsäure, entsteht und verfärbt Universalindikator rot.

d $HCl + H_2O \rightarrow Cl^- + H_3O^+ \quad | -\Delta E$

e Mit dem Gas Ammoniak kann man eine ähnliche Reaktion beobachten.

5

Säure		Säurerest-Ionen	
Name	**Formel**	**Name**	**Formel**
Wasserstoffmono-chlorid	HCl	Chlorid	Cl^-
Schwefelsäure	H_2SO_4	Sulfat-Ion	SO_4^{2-}
Salpetersäure	HNO_3	Nitrat-Ion	NO_3^-
Kohlensäure	H_2CO_3	Carbonat-Ion	CO_3^{2-}
Phosphorsäure	H_3PO_4	Phosphat-Ion	PO_4^{3-}
Ameisensäure	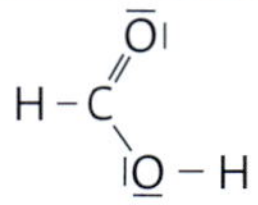	Formiat-Ion	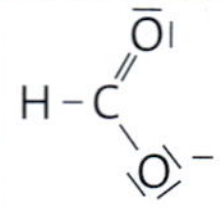
Essigsäure	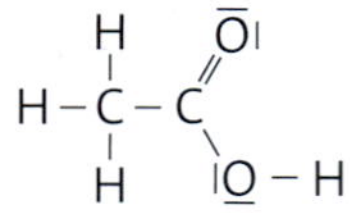	Acetat-Ion	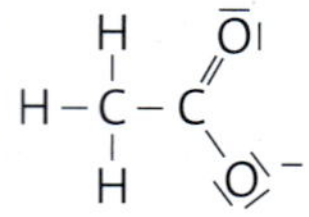

6 a Links: Ätzwirkung – Stoffe und Gemische, die schwere Verätzung der Haut und/oder schwere Augenschäden verursachen;
Mitte: Gesundheitsgefahr – Stoffe und Gemische, die bei Verschlucken und Eindringen in die Atemwege tödlich sein können und oder eine Gefahr für die Gesundheit darstellen;
Rechts: Umweltgefahr – Stoffe und Gemische, die sehr giftig oder giftig für Wasserorganismen sind
b Beim Arbeiten mit diesen Stoffen Schutzbrille und Handschuhe tragen. Gut Lüften und Dämpfe/Sprühnebel (Sprühflasche rechts) nicht einatmen. Stoffe nicht Verschlucken oder einatmen. Gegebenenfalls besondere Entsorgung beachten.
c In der Flasche links könnten zum Beispiel stark saure und alkalische Lösungen enthalten sein wie Batteriesäure oder Rohreiniger.

7 a

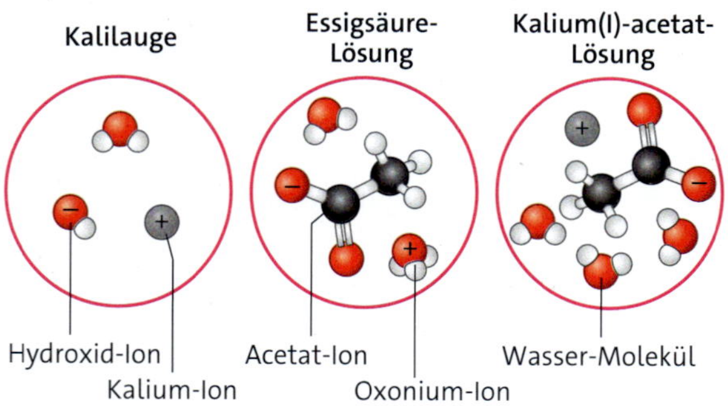

b Die Kalilauge enthält positive Kalium-Ionen (K^+), negative Hydroxid-Ionen (OH^-) und Wasser-Moleküle (H_2O). Die Ethansäure-Lösung (= Essigsäure-Lösung) enthält Ethanoat-Ionen (CH_3COO^-), als saure Lösung natürlich Oxonium-Ionen (H_3O^+) und Wasser-Moleküle (H_2O).
Durch Zutropfen der alkalischen Kalilauge zur Ethansäure-Lösung werden aus Hydroxid-Ionen (OH^-) und Oxonium-Ionen (H_3O^+) Wasser-Moleküle. Die Kalium-Ionen (K^+), Ethanoat-Ionen (CH_3COO^-) und die Wasser-Moleküle (H_2O) der Ausgangslösungen nehmen nicht an der Reaktion teil und liegen unverändert vor.

8 Das ist keine gute Idee, denn saure Lösungen reagieren mit unedlen Metallen. Die Salzsäure würde also das Magnesiumgefäß auflösen, dabei würde zudem auch noch das entzündliche Gas Wasserstoff entstehen.
$Mg + 2\,Cl^- + 2\,H_3O^+ \rightarrow H_2 + Mg^{2+} + 2\,Cl^- + 2\,H_2O \quad | -\Delta E$

Kapitel 3: Herkunft organischer Verbindungen
Alles im Griff? (S. 64/65)

1 a $2\,H_2O \rightarrow 2\,H_2 + O_2$

$6\,CO_2 + 6\,H_2O \rightarrow C_6H_{12}O_6 + 6\,O_2$

b *Gemeinsamkeiten:* z. B. Reaktionen laufen nur tagsüber ab // beide Reaktionen setzen Sauerstoff frei // Lichtenergie wird umgewandelt

Unterschiede: z. B. es wird keine Glucose gebildet // bei der Wasserzersetzung entsteht auch Wasserstoff // Solarzelle statt Chlorophyll

c Liebes Team der Schülerzeitung,
ich habe euren Artikel „Ab sofort kommen wir auch ohne Wälder aus" gelesen. Leider stimmt das nicht so ganz. Denn bei der Fotosynthese wird Kohlenstoffdioxid aus der Luft aufgenommen und daraus Zucker gebildet. Die Fotosynthese ist damit die grundlegende Aufbaureaktion aller organischen Verbindungen. Solarzellen können das nicht leisten. Außerdem wachsen Pflanzen ganz von alleine, während Solarzellen unter Einsatz von Energie aufwändig hergestellt werden müssen. Deshalb kommen wir sicher nicht ohne Wälder aus. Bitte berichtigt dies in der nächsten Ausgabe der Schülerzeitung.
Viele Grüße
XXX

2 a „Organische Verbindungen sind ausschließlich Kohlenstoffverbindungen."

b Zucker, Mehl, Öl, Kunststoffsieb, Nudelholz

c Man könnte den Stoff erhitzen. Wenn er verkohlt, ist er als Kohlenstoffverbindung zu erkennen.

3 z. B. Kleidung, Kosmetik, Plastikbehälter, Kunstgummi (Autoreifen...), Farben/Lacke, Lösungsmittel, Medikamente, Waschmittel, Insektengift, Düngemittel, ...

4 Vor mehr als 250 Millionen Jahren bedeckten riesige Meere die Erdoberfläche. Darin befindliches Plankton starb ab und sank auf den Meeresboden. Dort kam an das organische Material kaum Sauerstoff. Deshalb konnte es nicht verwesen und es entstand Faulschlamm. Flüsse schoben Sand und Geröll darüber. Der Faulschlamm gelangte so in immer größere Tiefen. Durch hohen Druck und hohe Temperaturen entstanden aus großen Molekülen kleinere. Aus fester Substanz wurde so flüssiges Öl oder Gas. Der hohe Druck quetschte Öl und Gas soweit nach oben, bis undurchlässige Gesteinsschichten den weiteren Aufstieg verhinderten. Es bildeten sich große Gasblasen.

5 a Die Tellerunterseite wird schwarz.

b Es lagert sich Ruß ab. Dieser besteht aus Kohlenstoff, der durch die (unvollständige) Verbrennung des Kerzenwachses freigesetzt wird.

c Man könnte die Verbrennungsgase auffangen, z. B. einen Trichter darüber halten, und in Kalkwasser einleiten. Kommt es zur Trübung, ist dies ein Nachweis für Kohlenstoffdioxid.

6 a Der gesamte Kohlenstoff, der bei der Fotosynthese in Biomasse gebunden wurde, wird bei der Zersetzung abgestorbener organischer Substanzen als Kohlenstoffdioxid wieder freigesetzt. Dieser Vorgang wird als natürlicher Kohlenstoffkreislauf bezeichnet.

b Bei der Verbrennung der Palmwedel wird der gebundene Kohlenstoff als Kohlenstoffdioxid freigesetzt. Asche besteht somit aus dem anorganischen Teil der verbrannten Substanz und daher in erster Linie aus Mineralstoffen.

7 a Methan, Distickstoffmonooxid und Wasserdampf

b Eine Wärmelampe ist auf eine Dose gerichtet, die auf beiden Seiten mit Klarsichtfolie verschlossen ist. Die Klarsichtfolie wurde jeweils mit einem Gummiband fixiert. In die Dose ragt ein Schlauch, der mit einem Erlenmeyerkolben verbunden ist. Dose und Erlenmeyerkolben sind jeweils in einem Stativ eingespannt. Im Erlenmeyerkolben befinden sich Wasser, Citronensäure und Natron. Ein Digitalthermometer misst die Temperatur in der Dose.

c Wenn die Dose durch die Wärmelampe bestrahlt wird, erwärmt sie sich. Je mehr sie sich erwärmt, desto mehr Energie strahlt sie auch wieder an die Umgebung ab. Sobald die eingestrahlte Energie und die abgestrahlte Energie gleich groß sind, erwärmt sich die Dose nicht weiter – es hat sich ein Gleichgewicht eingestellt, deshalb bleibt die gemessene Temperatur relativ konstant, solange kein Kohlenstoffdioxid eingeleitet wird.

d

Realität	Modellversuch
Erdoberfläche	Wärmelampe
Atmosphäre	Dose
von der Erdoberfläche in die Atmosphäre zurückgeworfene Wärmestrahlung	von der Wärmelampe abgegebene Wärmestrahlung
Übergang zum Weltall	Dosenwand
Zusammensetzung der Atmosphäre vor der Erhöhung des CO_2-Ausstoßes durch den Menschen	Dose vor dem Einleiten von Kohlenstoffdioxid
Erhöhter Kohlenstoffdioxidgehalt der Atmosphäre durch menschliche Einflüsse	Dose mit Kohlenstoffdioxid
Kohlekraftwerk	Erlenmeyerkolben mit Substanzen

Kapitel 4: Reaktionen organischer Moleküle
Alles im Griff? (S. 82/83)

1 a Hex-1-en und n-Hexan lassen sich durch die Bromwasserprobe unterscheiden: Die rotbraune Reagenzlösung wird durch Alkene entfärbt, mit Alkanen tritt keine Veränderung ein. Der Reaktionstyp ist eine Additionsreaktion.

b

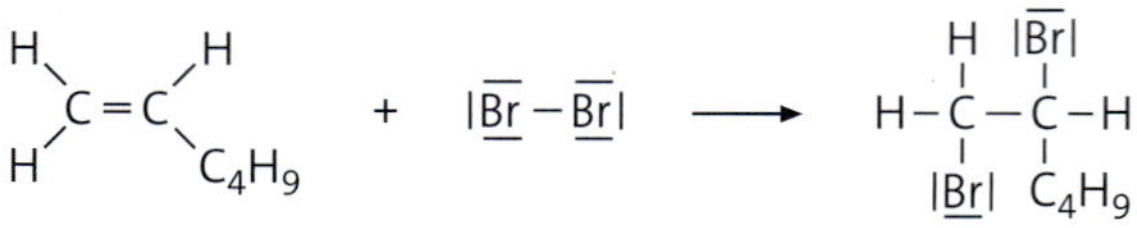

2 a Edukte: Methansäure (Ameisensäure) und Ethanol

b Methansäureethylester (Ameisensäureethylester)

c

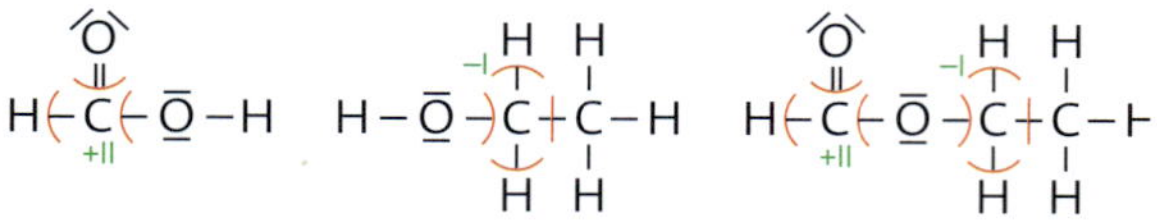

Michael hat nicht recht. Alle Oxidationszahlen sind unverändert

3 a

Stoff	Formel	Stoffklasse
Methanol	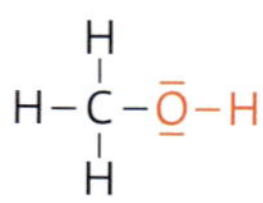	Alkanol
n-Propanol	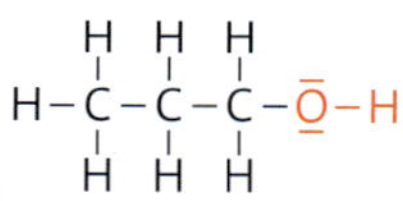	Alkanol
Ethanal	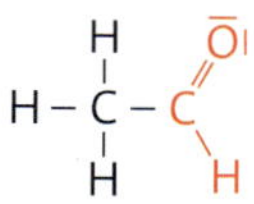	Alkanal
Ethansäure	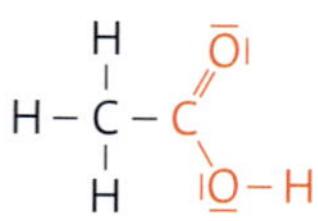	Alkansäure
Ethansäureethylester	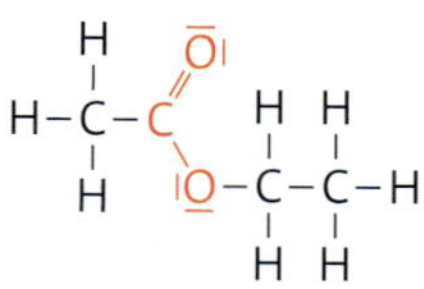	Ester

b Whisky entsteht durch die Vergärung von Mais- und/oder Gerste-Stärke. Dazu muss die Stärke zu Glucose abgebaut werden, die der alkoholischen Gärung unterliegt. Das Ethanol im Whisky ist das Produkt dieser alkoholischen Gärung. Ethanal und Ethansäure können durch Oxidation von Ethanol entstanden sein. Ethansäureethylester kann sich bei einer Kondensationsreaktion von Ethansäure und Ethanol gebildet haben.

c Bildung von Ethanal: Oxidation von Ethanol; Reaktionstyp: Redoxreaktion
Teilgleichung der Oxidation:

Bildung von Ethansäureethylester: Kondensationsreaktion

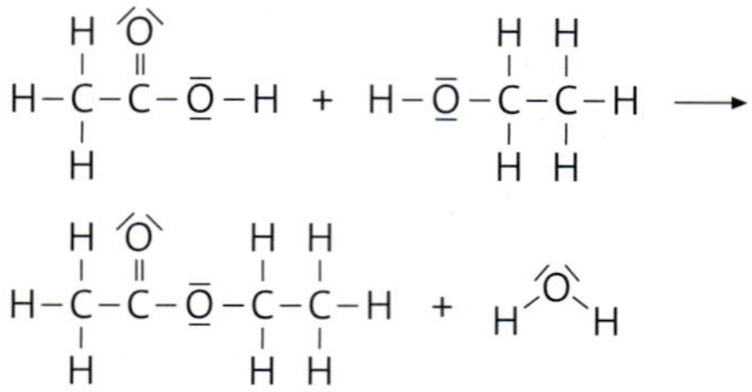

4 a In den Makromolekülen von Polystyrol liegen nur Kohlenstoff-Wasserstoff-Bindungen vor, vergleichbar mit Alkanen hoher Molmasse. Zwischen den einzelnen Makromolekülen sind London-Kräfte wirksam, die in Summe bedingen, dass Polystyrol ein Feststoff ist. Da die Moleküle von Ethansäureethylester nur geringen Dipolcharakter besitzen, können dessen Alkylreste (Kohlenwasserstoffreste) auf Grund der London-Kräfte mit den Makromolekülen in Wechselwirkung treten und sich vermischen. Polystyrol ist demnach unpolar und löst sich daher im unpolaren Lösungsmittel Ethansäureethylester.

b Polystyrol sollte sich nicht in Ethansäure lösen. Die Moleküle von Ethansäure weisen einen sehr starken Dipolcharakter auf. Es handelt sich also um ein sehr polares Lösungsmittel, Polystyrol ist unpolar (vgl. Aufgabe a).

5 a Reaktionstyp: Kondensationsreaktion

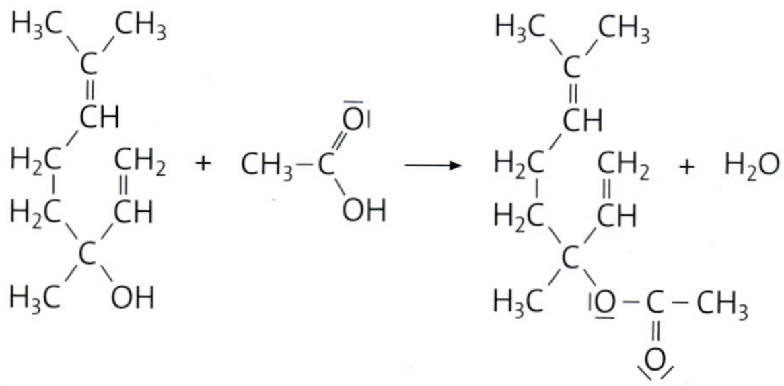

b Ethansäurelinalylester

c Linalylacetat ist eine andere Bezeichnung für Essigsäurelinalylester. Sie beruht darauf, dass die Esterbildung aus Säure und Alkanol analog zur Neutralisationsreaktion zwischen Säure und Hydroxid-Lösung (Lauge) betrachtet wird. Würde man Essigsäure neutralisieren, so entstünden Acetate, die Salze der Essigsäure. Dementsprechend ergibtsich eine Parallele zwischen Acetaten und Estern der Essigsäure, obwohl sie ihrer Struktur nach nichts miteinander zu tun haben. Folglich kann unter diesem Gesichtspunkt der Ester als Linalylacetat bezeichnet werden.

6 Propansäure und Propansäureethylester unterscheiden sich in ihren Siedetemperaturen. Während Propansäure bei 141 °C siedet, liegt die Siedetemperatur von Propansäureethylester bei 99 °C. Die Differenz beträgt 42 °C. Dieser Unterschied beruht darauf, dass die Propansäure-Moleküle aufgrund der Carboxygruppen sehr polar sind. Zwischen diesen Dipolmolekülen kommt es zur Ausbildung von Wasserstoffbrücken. Die dadurch zusammengehaltenen Moleküle sind schwer voneinander zu trennen. Das heißt, es muss viel Energie zugeführt werden, damit sie als Einzelmoleküle in die Gasphase gelangen können. Demgegenüber wirken zwischen den Propansäureethylester-Molekülen schwächere Dipol- und London-Kräfte. Das hat zur Folge, dass weniger Energie notwendig ist, um den Ester in die Gasphase zu überführen.

Kapitel 5: Anwendung von Redoxreaktionen
Alles im Griff? (S. 96/97)

1 a
① falsch; in der Lösung befinden sich Cu^{2+}-Ionen
② richtig
③ falsch; die Cu^{2+}-Ionen wandern zur Kathode bzw. die Cl^--Ionen wandern zur Anode
④ richtig

b

Anode (Oxidation): $2\,Cl^- \rightarrow Cl_2 + 2\,e^-$
Kathode (Reduktion): $Cu^{2+} + 2\,e^- \rightarrow Cu$

Gesamtgleichung: $Cu^{2+} + 2\,Cl^- \rightarrow Cu + Cl_2$

2 a–c

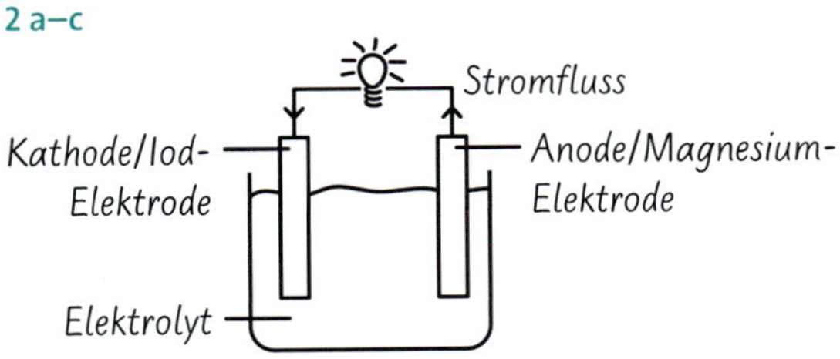

3

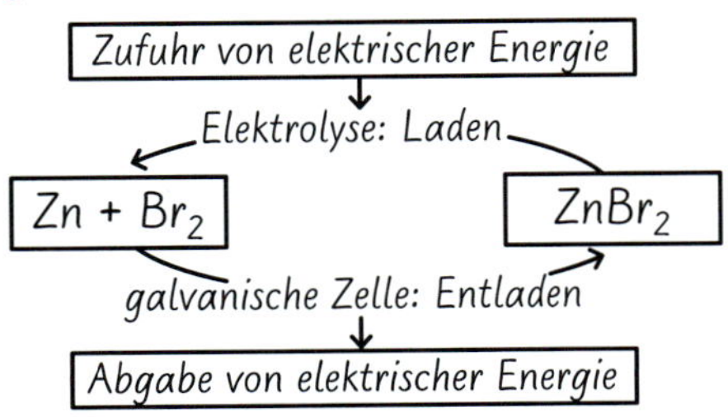

4 Bei einer Elektrolyse findet an der Anode die Oxidation statt. Dabei wird Energie zugeführt. In einer galvanische Zelle findet an der Kathode die Reduktion statt. Dabei wird Energie frei.

bzw. Bei einer Elektrolyse findet an der Kathode die Reduktion statt. Dabei wird Energie zugeführt. In einer galvanische Zelle findet an der Anode die Oxidation statt. Dabei wir Energie frei.

5 a Zahngrill (z. B. aus Kupfer), Gleichspannungsquelle, Stromkabel, Wanne, Elektrolyt, der Gold-Ionen enthält, Anode aus Gold (Graphit ist auch möglich)

b

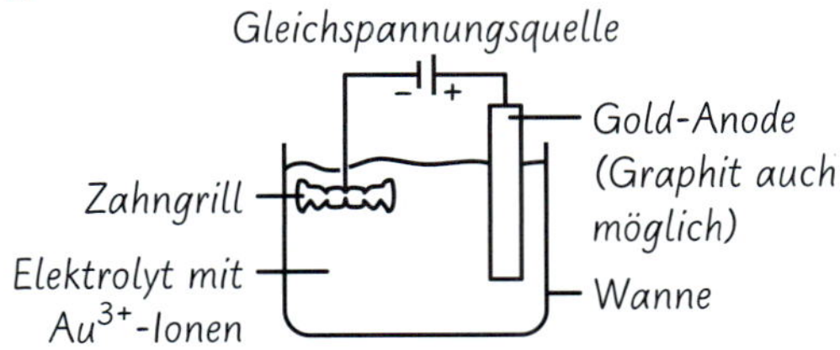

6

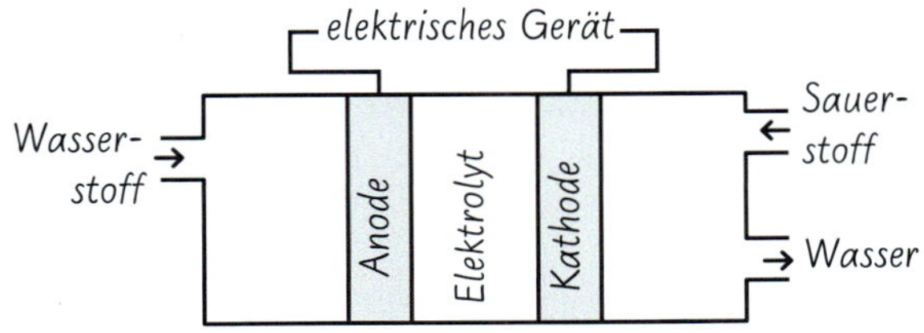

7 a Betanken/Laden: Das Betanken von Brennstoffzellen-Pkws dauert nur wenige Minuten, erfolgt also wesentlich schneller als das Laden von reinen E-Autos, das mindestens eine Stunde dauert. Allerdings ist die Infrastruktur von Wasserstofftankstellen viel schlechter ausgebaut, als die der Ladestationen für E-Autos. Wasserstoff kann gut in großen Mengen gelagert werden, wodurch Wartezeiten geringer gehalten werden können als beim Laden der Akkus, wenn ein großer Andrang herrscht.
Gefährlichkeit: Fängt der Wasserstofftank Feuer, ist die Wahrscheinlichkeit hoch, dass der Wasserstoff mit einer hohen Stichflamme verbrennt und es nicht zu einer Explosion kommt. Fängt ein E-Auto hingegen an zu brennen, ist es schwierig, dieses zu löschen, da sich der Lithium-Ionen-Akku immer wieder entzündet.

b Auf den ersten Blick ist das Brennstoffzellen-Auto emissionsfrei, da es nur Wasser als Abgas ausstößt. Allerdings muss beachten werden, wie der Wasserstoff hergestellt wird. Wenn z. B. für die Elektrolyse kein Strom aus regenerativen Energiequellen verwendet wird, steigt die CO_2-Bilanz an. Auf der anderen Seite werden für Elektro-Autos große Akkus benötigt, deren Herstellung sehr energieintensiv ist. Außerdem wird dabei Feinstaub ausgestoßen. Zu berücksichtigen ist auch, wie der Strom zum Laden der Akkus erzeugt wird. Verwendet man also bei beiden Fahrzeugen regenerative Energie, sind sie im Vergleich zu Verbrennern auf lange Nutzung hin gesehen umweltfreundlicher.

Kapitel 6: Proteine
Alles im Griff? (S. 110/111)

1 a Essenzielle Aminosäuren können vom Körper nicht selbst hergestellt werden, sondern müssen mit der Nahrung aufgenommen werden.
b *gemeinsam*: Alle Moleküle haben an einem zentralen Kohlenstoff-Atom eine Carboxygruppe, eine Aminogruppe und ein Wasserstoff-Atom gebunden.
unterschiedlich: Es gibt am Kohlenstoff-Atom verschiedene Reste.
c Die beiden Aminosäuren werden jeweils in Wasser gelöst. Jede Lösung wird mit ein paar Tropfen Universalindikator versehen. Die Glutaminsäure-Lösung ist für einen roten Farbumschlag des Indikators verantwortlich, da der Rest eine Carboxygruppe besitzt und somit sauer reagiert. Die Valin-Lösung ergibt mit dem Indikator eine grüne Farbe, weil die Alkylgruppe ein neutraler Rest ist.

2 a Ammoniak (NH_3)
b Über das Reagenzglas wird beim Erhitzen angefeuchtetes Universalindikatorpapier gehalten. Die Ammoniak-Dämpfe verfärben dieses blau, da das Ammoniak-Molekül eine Base ist.
c Zwischen den ungleichnamigen Ladungen benachbarter Zwitterionen herrschen starke elektrostatische Anziehungskräfte. Durch das Erhitzen können diese nicht überwunden werden, sondern vorher brechen die Atombindungen in den Zwitterionen. Daher zersetzt sich das Alanin.

3 a eine Kondensationsreaktion
b

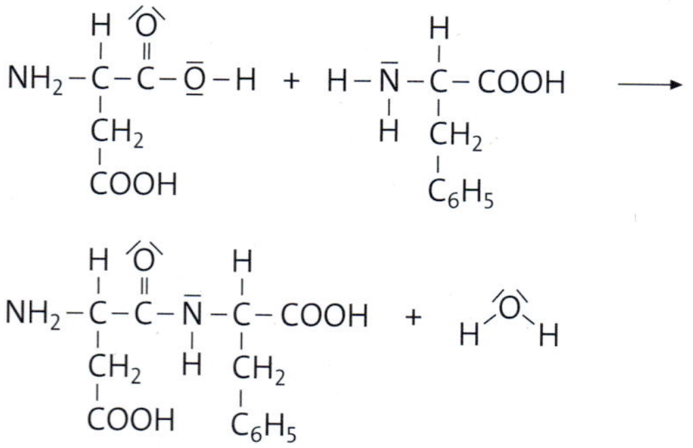

c Wenn man Aspartam verzehrt, wird das Dipeptid bei der Verdauung gespalten und die beiden Aminosäuren Asparaginsäure und Phenylalanin entstehen. Die Kondensationsreaktion wird also umgekehrt.

4 a Die Primärstruktur beschreibt die Abfolge der Aminosäuren, d. h. die Aminosäuresequenz eines Proteinmoleküls.
b Man führt die Biuret-Reaktion durch. Zu einer alkalischen Gelatine-Lösung wird verdünnte Kupfer(II)-sulfat-Lösung gegeben. Ein Farbumschlag von blau nach violett zeigt an, dass in den Molekülen der Gelatine Peptidbindungen vorhanden sind.
c

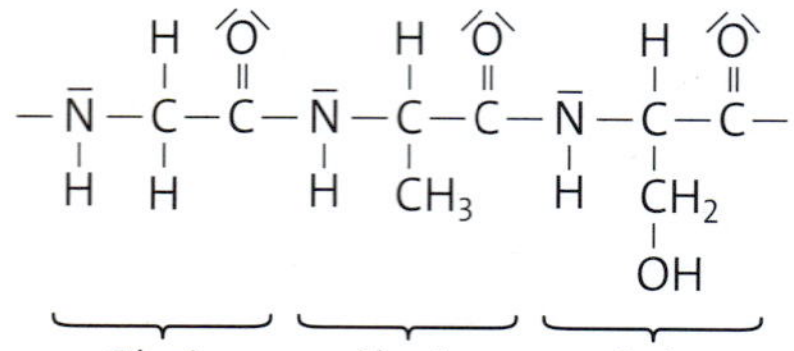

Glycin Alanin Serin

5 a Beim Sichelzellen-Hämoglobin wird an einer bestimmten Stelle die Aminosäure Glu (Glutaminsäure) durch Val (Valin) ersetzt. Die Primärstruktur ist also verändert.
b Da Glu und Val verschiedene Reste mit anderen Eigenschaften haben, ändern sich die Sekundärstruktur und der gesamte räumliche Bau der Hämoglobin-Moleküle. Deshalb nehmen die roten Blutkörperchen eine sichelförmige Gestalt an.

6 a Das Molekül bildet eine spiralförmige Struktur, also eine α-Helix.
b Durch den heißen Gegenstand wird die α-Helix des Moleküls zerstört. Durch die Hitzedenaturierung verliert Mastoparan daher seine Wirkung.

7 a Die Polypeptidkette bildet zahleiche α-Helix- und β-Faltblatt-Strukturen. Die räumliche Gestalt ist in etwa kugelförmig. Die Katalase gehört somit zu den globulären Proteinen.
b Der räumliche Bau der Moleküle ermöglicht die Funktion des Proteins Katalase als Biokatalysator.
c Durch die Blei-Ionen wird die Katalase denaturiert, d. h. die Raumstruktur der Moleküle wird irreversibel verändert. Somit verliert das Enzym seine Wirkung und das Wasserstoffperoxid wird bei Körpertemperatur kaum mehr abgebaut.

Kapitel 7: Kohlenhydrate
Alles im Griff? (S. 124/125)

1 a Zucker, Glucose und Fructose sind Kohlenhydrate.
b Monosaccharide: Glucose, Fructose;
Disaccharid: Zucker (Saccharose)
c

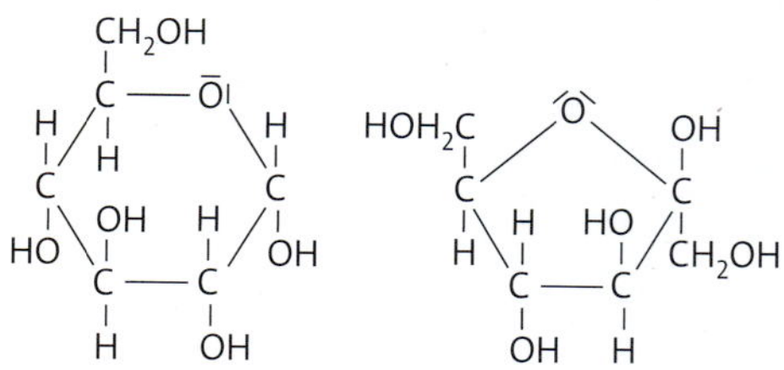

Glucose Fructose

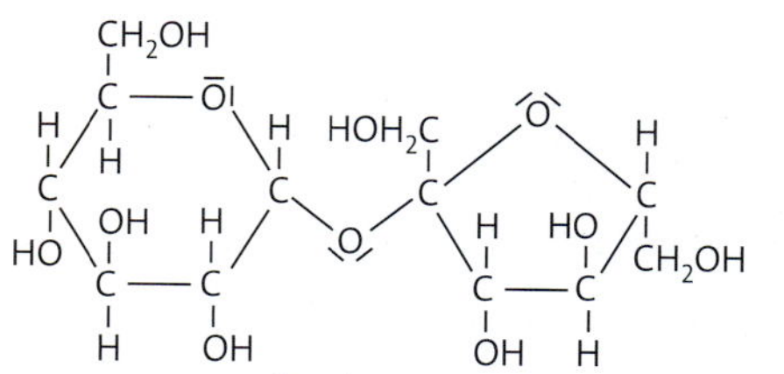

Saccharose

2

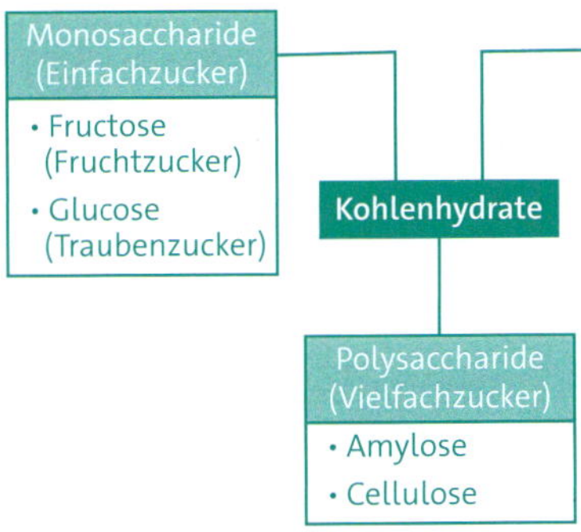

3

Steckbrief	Fehler	richtig
Glucose	nicht in Wasser löslich	gut in Wasser löslich
Fructose	Disaccharid	Monosaccharid
Cellulose	lange, verzweigte Ketten	lange, unverzweigte Ketten
Amylose	Nachweis mit Chlorzinkiod-Lösung	Nachweis mit der Iod-Stärke-Reaktion

4 a Zum Beispiel: Getreide (Mais, Weizen, Gerste, Reis, Roggen), Getreideprodukte, Nudeln, Brot, Mehl, ...

b Bei der Verdauung wird Amylose unter Mitwirkung von Enzymen gespalten und zu Glucose abgebaut. Sie dient also als Energiespeicher und Energielieferant.

c Amylose-Moleküle sind spiralförmig und aus langen Ketten aufgebaut.

d Amylose wird mithilfe der Iod-Stärke-Reaktion nachgewiesen. Max könnten auf ein Stück Kartoffel etwas Iod-Kaliumiodid-Lösung (Lugolsche Lösung) tropfen. Wenn Amylose enthalten ist, entsteht eine Blaufärbung.

5 a Zum Beispiel: Ketchup, löslicher Cappuccino, Instanttee, Fruchtsäfte, Smoothies, Obstkonserven, ...

b Zum Beipiel:

Knuspermüsli (40 g) mit Vollmilch (200 ml)	19,6 g
Hähnchenkeule, Pommes, Ketchup (20 g) 1 Glas Cola (200 ml)	28,4 g
Vollkornsemmel mit Käse, 1 Apfel (150 g)	17,0 g
	65,0 g

oder:

Vollkornsemmel mit Nuss-Nougat-Creme (20 g), Tee	13,0 g
Salamipizza (300 g), Glas Apfelsaft (150 ml)	28,5 g
Vollkornsemmel mit Käse, Fruchtjoghurt (150 g)	21,5 g
	63,0 g

6 a Aufbau von Cellulose-Molekülen

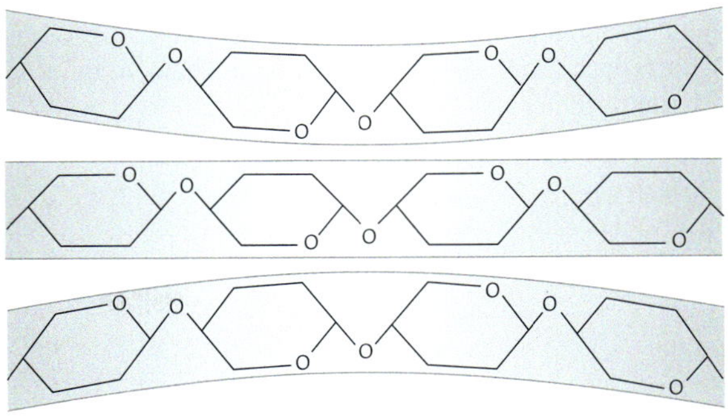

b Im Gegensatz zu Amylose kann Cellulose im menschlichen Körper nicht in ihre Bestandteile gespalten werden. Sie ist unverdaulich und damit ein Ballaststoff. In Pflanzen ist Cellulose der Hauptbestandteil der pflanzlichen Zellwände. Sie dient ihnen als Bau- und Gerüststoff.

c Individuelle Lösung, zum Beispiel:
Ich finde den Einsatz von Cellulose in kalorienreduzierten Lebensmitteln nicht gut. Da Cellulose gesundheitlich unbedenklich ist, spricht zwar nichts gegen ihre Verwendung. Allerdings kostet Cellulose viel weniger als die „richtigen" Eiszutaten. Kalorienreduziert Lebensmittel kosten oft mehr als normale Lebensmittel. Die Kunden kaufen also für teures Geld hauptsächlich „Holzspäne".

Kapitel 8: Fette
Alles im Griff? (S. 140/141)

1 a

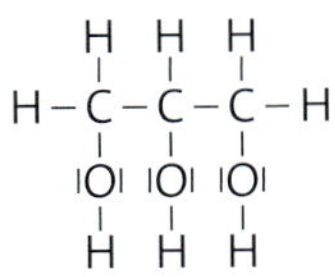

b

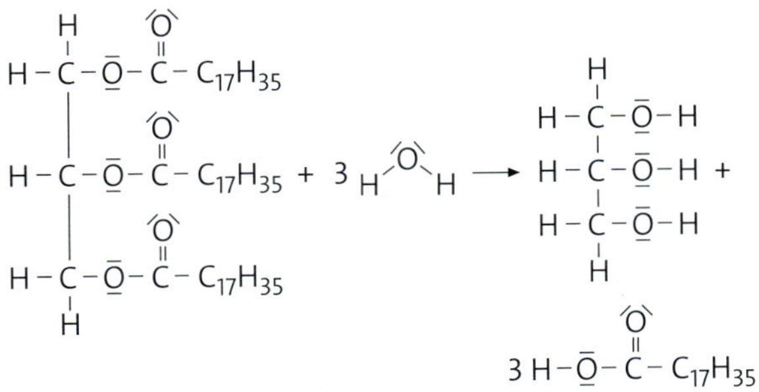

c Wenn Wasser gefriert, verlangsamt sich die Bewegung der Wasser-Moleküle, bis feste Eiskristalle entstehen. Jedes Wasser-Molekül ist dann auf einem festen Platz. Zwischen den Molekülen wirken starke Anziehungskräfte, die Wasserstoffbrücken. Wenn man nun Glycerin in das gefrierende Wasser gibt, wechselwirken die Glycerin-Moleküle mit den Wasser-Molekülen und verhindern, dass sich eine Eiskristallstruktur formt. Die Wechselwirkungen sind weniger stark und damit wird der Gefrierpunkt herabgesetzt.

2 a Gibt man zu einer ammoniakalischen Silbersalzlösung Glycerin, so werden die einfach positiv geladenen Silber-Ionen zu Silber-Atomen reduziert. Beim gleichmäßigen Schütteln scheidet sich an der Gefäßwand eine metallisch glänzende Silberschicht ab.

b $Ag^+ + e^- \rightarrow Ag$

c

3 a + b

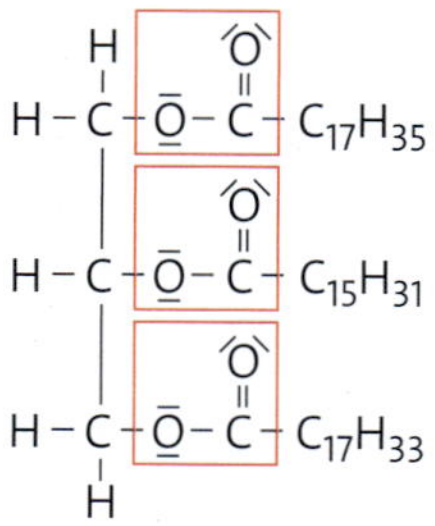

c Die Lösungen A und C sind richtig: Ein Stoff, der nur aus Trisäureglycerinestermolekülen besteht, ist hydrophob und lipophil.
d Trisäureglycerinestermoleküle sind unpolar. Ähnliches löst sich nur in Ähnlichem. Somit treten die unpolaren Moleküle nur in Wechselwirkung mit unpolaren Benzin-Molekülen. Zwischen den Molekülen herrschen London-Kräfte. Die Ausbildung von Wasserstoffbrücken mit polaren Wasser-Molekülen ist nicht möglich.

4 a Fettmoleküle bestehen jeweils aus einem Glycerin-Molekül, welches mit drei Fettsäuremolekülen verestert ist. Die Fettsäuren können gesättigt oder ungesättigt sein.

b

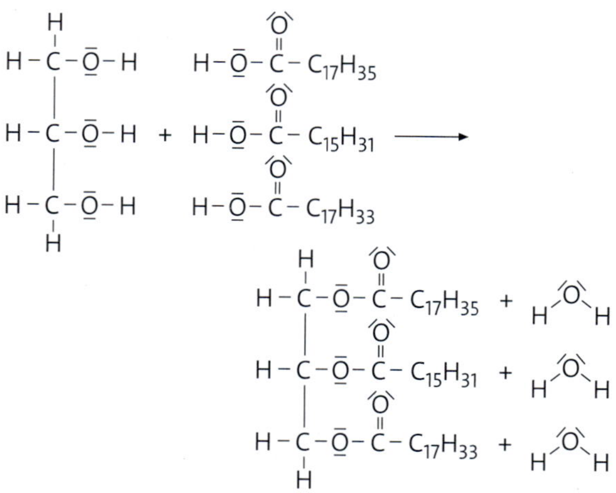

c Fette sind keine Reinstoffe, sondern Stoffgemische aus verschiedenen Fettsäureglycerinester. Ihr Schmelzbereich wird bestimmt durch die Art und die Zusammensetzung der Fettsäurereste in den Fettmolekülen.

5 a Butter und Olivenöl unterscheiden sich in den Fettsäureresten in ihren Fettmolekülen: Butter besteht aus Fettmolekülen mit überwiegend gesättigten Fettsäureresten, während die Fettmoleküle im Olivenöl hauptsächlich ungesättigte Fettsäurereste enthalten.
b Zwischen den Molekülen von Fetten mit gesättigten Fettsäureresten können aufgrund der Geometrie mehr London-Kräfte ausgebildet werden, daher liegt der Schmelzbereich von Butter über der Raumtemperatur, während der von Olivenöl darunter liegt.
c Olivenöl ist wichtiger für den Körper, da es einfach und mehrfach ungesättigte Fettsäuren enthält. Diese werden als Baustoffe zur Bildung lebensnotwendiger Stoffe in unserem Körper benötigt.

6 a Als essenzielle Fettsäuren bezeichnet man einfach und mehrfach ungesättigte Fettsäuren, die von unserem Körper nicht hergestellt werden können. Sie müssen täglich mit der Nahrung aufgenommen werden.
b Die Omega-3-Fettsäuren im Fisch gehören zu den mehrfach ungesättigten Fettsäuren, welche der Köper nicht selbst herstellen kann. Sie müssen daher über die Nahrung aufgenommen werden. Ihnen wird eine besonders günstige Wirkung auf Risikofaktoren wie Herz- und Kreislauferkrankungen zugeschrieben.

7 a Zum Beispiel:

Palmöl	Palmkernöl
als Brat- und Backfett	zur Margarineherstellung
in Back- und Süßwaren	in Süßwaren, die im Mund zerschmelzen sollen (Eiskonfekt, Schokoglasuren),
zur Margarineherstellung	zur Tensidherstellung
zur Tensidherstellung	
zur Herstellung von Biodiesel	

b Das Diagramm zeigt, wie sich die Anbaufläche von Ölpalmen in den Jahren von 1965 bis 2019 verändert. Die drei Länder Nigeria, Malaysia und Indonesien werden einzeln aufgeführt, sie sind vermutlich die Hauptanbauländer; der Rest ist zusammengefasst. Das Diagramm zeigt, dass sich die Anbaufläche für Ölpalmen seit 1965 nahezu verzehnfacht hat.
Stellungnahme zum Beispiel: Der starke Anstieg der Anbauflächen führt in den Hauptanbaugebieten immer mehr zur Rodung des Regenwaldes. So geht wertvoller Lebensraum für Menschen, Tiere und Pflanzen verloren. Außerdem wird beim Abholzen das Treibhausgas Kohlenstoffdioxid frei. Allerdings würde ein Ersatz des Palmöls durch andere Pflanzenöle das Problem lediglich verlagern oder sogar verschlimmern, weil für andere Pflanzenöle der Ertrag deutlich geringer ist. Für die gleiche Menge Sonnenblumenöl benötigt man fast die fünffache Anbaufläche.

Ich bin der Meinung, dass man Palmöl verwenden kann, allerdings muss der Anbau nachhaltig erfolgen und die Bedürfnisse der Bevölkerung der Anbauländer berücksichtigen.

Kapitel 9: Kunststoffe Alles im Griff? (S. 152/153)

1 a Beim Spritzgussverfahren können nur Thermoplaste verarbeitet werden, da Duroplaste und Elastomere nicht schmelzen, sondern bis zu Hitzezersetzung formstabil bleiben.

b

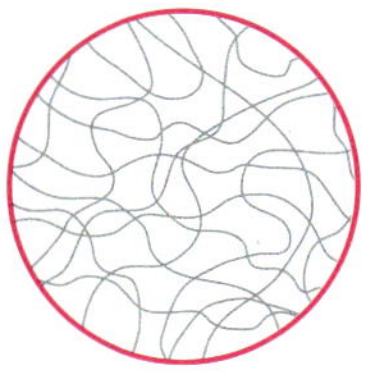

2 a Polymerisation

b

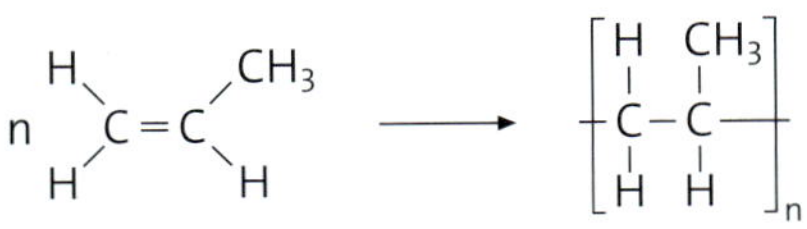

c Ein geradkettiger Aufbau sorgt dafür, dass sich die Moleküle dicht aneinander lagern können, was zu einer hohen Festigkeit des Werkstoffes führt.

3 a Es handelt sich um eine Polymerisationsreaktion.
b Der Kunststoff sollte dehnbar und elastisch sein, daher muss es sich um ein Elastomer handeln.
c 2-Methylbuta-1,3-dien

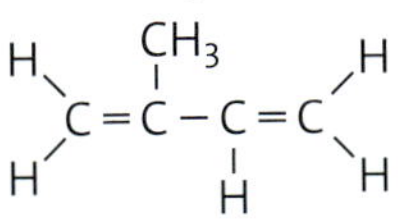

Die beiden Doppelbindungen lösen sich. Für die Einfachbindungen zu den Nachbarmolekülen wird jeweils ein Elektron benötigt, die beiden übrigen Elektronen bilden eine neue Doppelbindung.

4 a Feuerwehrhelm: Duroplast; Fahrradschlauch: Elastomer; Einwegwasserflasche: Thermoplast; Fön: Duroplast
b Der Feuerwehrhelm muss hitzebeständig und dabei formstabil sein. Diese Eigenschaften weisen Duroplaste auf.

5 a Wenn der Plastikmüll in der Umwelt landet, kann durch Alterungs- und Zerfallsprozesse, zum Beispiel durch UV-Strahlung, Mikroplastik entstehen.
b Wird das Mikroplastik von unserem Körper aufgenommen, kann es zum einen einfach wieder ausgeschieden werden. Zum anderen könnte es sein, dass es sich im Körper ablagert.
c Von sinnvoll zu nicht sinnvoll: reduzieren, wiederverwenden, recyclen, reguliert entsorgen, Eintrag in die Umwelt

6 a

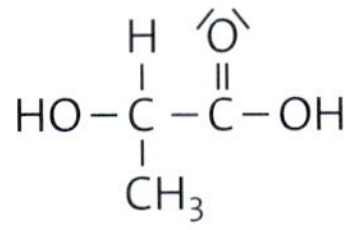

b

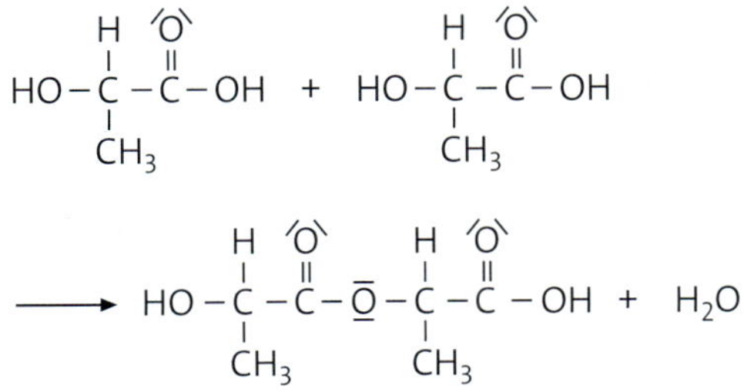

7 a Deutschland exportiert seit Jahren Plastikmüll ins Ausland. Der Müll wird zum Beispiel nach Malaysia verkauft und dort zum Teil recycelt. Ein Großteil verbleibt dort aber in der Umwelt und kann beispielsweise an den Strand geweht werden.
b Die Müllexporte sind stark umstritten. Die Staaten können den Plastikmüll zwar teilweise als Sekundärrohstoff nutzen, aber der Verbleib der Abfälle ist unklar. Ein großer Teil verbleibt in der Umwelt oder wird thermisch beseitigt.

8 a Mögliche Gründe: Einwegverpackung bleiben oft in der Natur zurück, vor allem Essensverpackungen, die dann zum Beispiel in die Meere eingetragen werden. Viele der Einwegprodukte können problemlos durch Mehrwegprodukte oder Naturprodukte ersetzt werden, was ressourcensparend ist.
b 2022: keine leichten Kunststofftragetaschen mehr // bessere Markierung von Einweg- oder Mehrwegflaschen // Pfandpflicht für Einweggetränkeflaschen;
2023: Gastronomie muss Mehrwegbehälter als Alternative anbieten oder in mitgebrachte Behälter abfüllen;
2025: PET-Einwegflaschen müssen 25 % Rezyklat enthalten.

Gefahrstoffe und Entsorgung im Chemieunterricht

Einstufung von Gefahrstoffen nach der GHS-Verordnung

In der GHS-Verordnung *(GHS = Globally Harmonised System of Classification and Labelling of Chemicals)* sind die Kriterien für die Einstufung von Gefahrstoffen festgelegt und mit international einheitlichen Piktogrammen versehen. Die Kennzeichnung wird durch ein Signalwort ergänzt: „Gefahr“ bei hoher Gefährdung oder „Achtung“ bei geringerer Gefährdung.

Gefahrenpiktogramm und -code		**Mit dem Gefahrenpiktogramm gekennzeichnete Stoffe und Gemische (Verkürzte Darstellung, weitere Hinweise bitte jeweils den Etiketten und Sicherheitsdatenblättern entnehmen.)**
	GHS01 Explodierende Bombe	explosive und sehr gefährliche selbstzersetzliche Stoffe und Gemische sowie sehr gefährliche organische Peroxide
	GHS02 Flamme	entzündbare, selbsterhitzungsfähige und gefährliche selbstzersetzliche Stoffe und Gemische, pyrophore Stoffe sowie Stoffe und Gemische, die bei Berührung mit Wasser entzündbare Gase entwickeln
	GHS03 Flamme über einem Kreis	Stoffe und Gemische mit oxidierender Wirkung
	GHS04* Gasflasche	Gase unter Druck
	GHS05 Ätzwirkung	Stoffe und Gemische, die schwere Verätzungen der Haut und/oder schwere Augenschäden verursachen.
	GHS06 Totenkopf mit gekreuzten Knochen	lebensgefährliche und giftige Stoffe und Gemische
	GHS07 Ausrufezeichen	gesundheitsschädliche Stoffe und Gemische
	GHS08 Gesundheitsgefahr	Stoffe und Gemische, die bei Verschlucken und Eindringen in die Atemwege tödlich sein können und/oder eine Gefahr für die Gesundheit darstellen. Diese Stoffe und Gemische schädigen bestimmte Organe und/oder können Krebs erzeugen, die Fruchtbarkeit beeinträchtigen, das Kind im Mutterleib schädigen und/oder genetische Defekte und/oder beim Einatmen Allergien, asthmaartige Symptome oder Atembeschwerden verursachen.
	GHS09 Umwelt	Stoffe und Gemische, die sehr giftig oder giftig für Wasserorganismen sind

* Die in den Experimenten verwendeten Gase stehen meist nicht unter Druck, daher wird dort in der Regel auf diese Kennzeichnung verzichtet.

Gefahrenhinweise (H-Sätze)

Gefahrenhinweise für physikalische Gefahren

H200	Instabil, explosiv.
H201	Explosiv, Gefahr der Massenexplosion.
H202	Explosiv; große Gefahr durch Splitter, Spreng- und Wurfstücke.
H203	Explosiv; Gefahr durch Feuer, Luftdruck oder Splitter, Spreng- und Wurfstücke.
H204	Gefahr durch Feuer oder Splitter, Spreng- und Wurfstücke.
H205	Gefahr der Massenexplosion bei Feuer.
H220	Extrem entzündbares Gas.
H221	Entzündbares Gas.
H222	Extrem entzündbares Aerosol.
H223	Entzündbares Aerosol.
H224	Flüssigkeit und Dampf extrem entzündbar.
H225	Flüssigkeit und Dampf leicht entzündbar.
H226	Flüssigkeit und Dampf entzündbar.
H228	Entzündbarer Feststoff.
H240	Erwärmung kann Explosion verursachen.
H241	Erwärmung kann Brand oder Explosion verursachen.
H242	Erwärmung kann Brand verursachen.
H250	Entzündet sich in Berührung mit Luft von selbst.
H251	Selbsterhitzungsfähig; kann in Brand geraten.
H252	In großen Mengen selbsterhitzungsfähig; kann in Brand geraten.
H260	In Berührung mit Wasser entstehen entzündbare Gase, die sich spontan entzünden können.
H261	In Berührung mit Wasser entstehen entzündbare Gase.
H270	Kann Brand verursachen oder verstärken; Oxidationsmittel.
H271	Kann Brand oder Explosion verursachen; starkes Oxidationsmittel.
H272	Kann Brand verstärken; Oxidationsmittel.
H280	Enthält Gas unter Druck; kann bei Erwärmung explodieren.
H281	Enthält tiefkaltes Gas; kann Kälteverbrennungen oder -verletzungen verursachen.
H290	Kann gegenüber Metallen korrosiv sein.

Gefahrenhinweise für Gesundheitsgefahren

H300	Lebensgefahr bei Verschlucken.
H301	Giftig bei Verschlucken.
H302	Gesundheitsschädlich bei Verschlucken.
H304	Kann bei Verschlucken und Eindringen in die Atemwege tödlich sein.
H310	Lebensgefahr bei Hautkontakt.
H311	Giftig bei Hautkontakt.
H312	Gesundheitsschädlich bei Hautkontakt.
H314	Verursacht schwere Verätzungen der Haut und schwere Augenschäden.
H315	Verursacht Hautreizungen.
H317	Kann allergische Hautreaktionen verursachen.
H318	Verursacht schwere Augenschäden.
H319	Verursacht schwere Augenreizung.
H330	Lebensgefahr bei Einatmen.
H331	Giftig bei Einatmen.
H332	Gesundheitsschädlich bei Einatmen.
H334	Kann bei Einatmen Allergie, asthmaartige Symptome oder Atembeschwerden verursachen.
H335	Kann die Atemwege reizen.
H336	Kann Schläfrigkeit und Benommenheit verursachen.
H340	Kann genetische Defekte verursachen *<Expositionsweg angeben, sofern schlüssig belegt ist, dass diese Gefahr bei keinem anderen Expositionsweg besteht>*.
H341	Kann vermutlich genetische Defekte verursachen *<Expositionsweg angeben, sofern schlüssig belegt ist, dass diese Gefahr bei keinem anderen Expositionsweg besteht>*.
H350	Kann Krebs erzeugen *<Expositionsweg angeben, sofern schlüssig belegt ist, dass diese Gefahr bei keinem anderen Expositionsweg besteht>*.
H350i	Kann beim Einatmen Krebs erzeugen.
H351	Kann vermutlich Krebs erzeugen *<Expositionsweg angeben, sofern schlüssig belegt ist, dass diese Gefahr bei keinem anderen Expositionsweg besteht>*.
H360	Kann die Fruchtbarkeit beeinträchtigen oder das Kind im Mutterleib schädigen *<konkrete Wirkung angeben, sofern bekannt> <Expositionsweg angeben, sofern schlüssig belegt ist, dass die Gefahr bei keinem anderen Expositionsweg besteht>*.
H360F	Kann die Fruchtbarkeit beeinträchtigen.
H360D	Kann das Kind im Mutterleib schädigen.
H360FD	Kann die Fruchtbarkeit beeinträchtigen. Kann das Kind im Mutterleib schädigen.
H360Fd	Kann die Fruchtbarkeit beeinträchtigen. Kann vermutlich das Kind im Mutterleib schädigen.
H360Df	Kann das Kind im Mutterleib schädigen. Kann vermutlich die Fruchtbarkeit beeinträchtigen.
H361	Kann vermutlich die Fruchtbarkeit beeinträchtigen oder das Kind im Mutterleib schädigen *<konkrete Wirkung angeben, sofern bekannt> <Expositionsweg angeben, sofern schlüssig belegt ist, dass die Gefahr bei keinem anderen Expositionsweg besteht>*.
H361f	Kann vermutlich die Fruchtbarkeit beeinträchtigen.
H361d	Kann vermutlich das Kind im Mutterleib schädigen.
H361fd	Kann vermutlich die Fruchtbarkeit beeinträchtigen. Kann vermutlich das Kind im Mutterleib schädigen.
H362	Kann Säuglinge über die Muttermilch schädigen.
H370	Schädigt die Organe *<oder alle betroffenen Organe nennen, sofern bekannt> <Expositionsweg angeben, sofern schlüssig belegt ist, dass diese Gefahr bei keinem anderen Expositionsweg besteht>*.
H371	Kann die Organe schädigen *<oder alle betroffenen Organe nennen, sofern bekannt> <Expositionsweg angeben, sofern schlüssig belegt ist, dass diese Gefahr bei keinem anderen Expositionsweg besteht>*.
H372	Schädigt die Organe *<alle betroffenen Organe nennen>* bei längerer oder wiederholter Exposition *<Expositionsweg angeben, wenn schlüssig belegt ist, dass diese Gefahr bei keinem anderen Expositionsweg besteht>*.
H373	Kann die Organe schädigen *<alle betroffenen Organe nennen, sofern bekannt>* bei längerer oder wiederholter Exposition *<Expositionsweg angeben, wenn schlüssig belegt ist, dass diese Gefahr bei keinem anderen Expositionsweg besteht>*.

Gefahrenhinweise für Umweltgefahren

H400	Sehr giftig für Wasserorganismen.
H410	Sehr giftig für Wasserorganismen, mit langfristiger Wirkung.
H411	Giftig für Wasserorganismen, mit langfristiger Wirkung.
H412	Schädlich für Wasserorganismen, mit langfristiger Wirkung.
H413	Kann für Wasserorganismen schädlich sein, mit langfristiger Wirkung.

Ergänzende Gefahrenmerkmale

Physikalische Eigenschaften

EUH001	In trockenem Zustand explosionsgefährlich.
EUH006	Mit und ohne Luft explosionsfähig.
EUH014	Reagiert heftig mit Wasser.
EUH018	Kann bei Verwendung explosionsfähige/entzündbare Dampf/Luft-Gemische bilden.
EUH019	Kann explosionsfähige Peroxide bilden.
EUH044	Explosionsgefahr bei Erhitzen unter Einschluss.

Gesundheitsgefährliche Eigenschaften

EUH029	Entwickelt bei Berührung mit Wasser giftige Gase.
EUH031	Entwickelt bei Berührung mit Säure giftige Gase.
EUH032	Entwickelt bei Berührung mit Säure sehr giftige Gase.
EUH066	Wiederholter Kontakt kann zu spröder oder rissiger Haut führen.
EUH070	Giftig bei Berührung mit den Augen.
EUH071	Wirkt ätzend auf die Atemwege.

Umweltgefährliche Eigenschaften

EUH059	Die Ozonschicht schädigend.

Ergänzende Kennzeichnungselemente / Informationen über bestimmte Stoffe und Gemische

EUH201	Enthält Blei. Nicht für den Anstrich von Gegenständen verwenden, die von Kindern gekaut oder gelutscht werden könnten.
EUH201A	Achtung! Enthält Blei.
EUH202	Cyanacrylat. Gefahr. Klebt innerhalb von Sekunden Haut und Augenlider zusammen. Darf nicht in die Hände von Kindern gelangen.
EUH203	Enthält Chrom (VI). Kann allergische Reaktionen hervorrufen.
EUH204	Enthält Isocyanate. Kann allergische Reaktionen hervorrufen.
EUH205	Enthält epoxidhaltige Verbindungen. Kann allergische Reaktionen hervorrufen.
EUH206	Achtung! Nicht zusammen mit anderen Produkten verwenden, da gefährliche Gase (Chlor) freigesetzt werden können.
EUH207	Achtung! Enthält Cadmium. Bei der Verwendung entstehen gefährliche Dämpfe. Hinweise des Herstellers beachten. Sicherheitsanweisungen einhalten.
EUH208	Enthält *<Name des sensibilisierenden Stoffes>*. Kann allergische Reaktionen hervorrufen.
EUH209	Kann bei Verwendung leicht entzündbar werden.
EUH209A	Kann bei Verwendung entzündbar werden.
EUH210	Sicherheitsdatenblatt auf Anfrage erhältlich.
EUH401	Zur Vermeidung von Risiken für Mensch und Umwelt die Gebrauchsanleitung einhalten.

Sicherheitshinweise (P-Sätze)

Sicherheitshinweise – Allgemeines

P101	Ist ärztlicher Rat erforderlich, Verpackung oder Kennzeichnungsetikett bereithalten.
P102	Darf nicht in die Hände von Kindern gelangen.
P103	Vor Gebrauch Kennzeichnungsetikett lesen.

Sicherheitshinweise – Prävention

P201	Vor Gebrauch besondere Anweisungen einholen.
P202	Vor Gebrauch alle Sicherheitshinweise lesen und verstehen.
P210	Von Hitze/Funken/offener Flamme/heißen Oberflächen fernhalten. Nicht rauchen.
P211	Nicht gegen offene Flamme oder andere Zündquelle sprühen.
P220	Von Kleidung/.../brennbaren Materialien fernhalten/entfernt aufbewahren.
P221	Mischen mit brennbaren Stoffen/... unbedingt verhindern.
P222	Kontakt mit Luft nicht zulassen.
P223	Kontakt mit Wasser wegen heftiger Reaktion und möglichem Aufflammen unbedingt verhindern.
P230	Feucht halten mit ...
P231	Unter inertem Gas handhaben.
P232	Vor Feuchtigkeit schützen.
P233	Behälter dicht verschlossen halten.
P234	Nur im Originalbehälter aufbewahren.
P235	Kühl halten.
P240	Behälter und zu befüllende Anlage erden.
P241	Explosionsgeschützte elektrische Betriebsmittel/Lüftungsanlagen/Beleuchtung/... verwenden.
P242	Nur funkenfreies Werkzeug verwenden.
P243	Maßnahmen gegen elektrostatische Aufladungen treffen.
P244	Druckminderer frei von Fett und Öl halten.
P250	Nicht schleifen/stoßen/.../reiben.
P251	Behälter steht unter Druck: Nicht durchstechen oder verbrennen, auch nicht nach der Verwendung.
P260	Staub/Rauch/Gas/Nebel/Dampf/Aerosol nicht einatmen.
P261	Einatmen von Staub/Rauch/Gas/Nebel/Dampf/Aerosol vermeiden.
P262	Nicht in die Augen, auf die Haut oder auf die Kleidung gelangen lassen.
P263	Kontakt während der Schwangerschaft und der Stillzeit vermeiden.
P264	Nach Gebrauch ... gründlich waschen.
P270	Bei Gebrauch nicht essen, trinken oder rauchen.
P271	Nur im Freien oder in gut belüfteten Räumen verwenden.
P272	Kontaminierte Arbeitskleidung nicht außerhalb des Arbeitsplatzes tragen.
P273	Freisetzung in die Umwelt vermeiden.
P280	Schutzhandschuhe/Schutzkleidung/Augenschutz/Gesichtsschutz tragen.
P281	Vorgeschriebene persönliche Schutzausrüstung verwenden.
P282	Schutzhandschuhe/Gesichtsschild/Augenschutz mit Kälteisolierung tragen.
P283	Schwer entflammbare/flammhemmende Kleidung tragen.
P284	Atemschutz tragen.
P285	Bei unzureichender Belüftung Atemschutz tragen.
P231 + P232	Unter inertem Gas handhaben. Vor Feuchtigkeit schützen.
P235 + P410	Kühl halten. Vor Sonnenbestrahlung schützen.

Sicherheitshinweise – Reaktion

P301	BEI VERSCHLUCKEN:
P302	BEI BERÜHRUNG MIT DER HAUT:
P303	BEI BERÜHRUNG MIT DER HAUT (oder dem Haar):
P304	BEI EINATMEN:
P305	BEI KONTAKT MIT DEN AUGEN:
P306	BEI KONTAMINIERTER KLEIDUNG:
P307	BEI Exposition:
P308	BEI Exposition oder falls betroffen:
P309	BEI Exposition oder Unwohlsein:
P310	Sofort GIFTINFORMATIONSZENTRUM oder Arzt anrufen.
P311	GIFTINFORMATIONSZENTRUM oder Arzt anrufen.
P312	Bei Unwohlsein GIFTINFORMATIONSZENTRUM oder Arzt anrufen.
P313	Ärztlichen Rat einholen/ärztliche Hilfe hinzuziehen.
P314	Bei Unwohlsein ärztlichen Rat einholen/ärztliche Hilfe hinzuziehen.
P315	Sofort ärztlichen Rat einholen/ärztliche Hilfe hinzuziehen.
P320	Besondere Behandlung dringend erforderlich (siehe ... auf diesem Kennzeichnungsetikett).
P321	Besondere Behandlung (siehe ... auf diesem Kennzeichnungsetikett).
P322	Gezielte Maßnahmen (siehe ... auf diesem Kennzeichnungsetikett).
P330	Mund ausspülen.
P331	KEIN Erbrechen herbeiführen.
P332	Bei Hautreizung:
P333	Bei Hautreizung oder -ausschlag:
P334	In kaltes Wasser tauchen/nassen Verband anlegen.
P335	Lose Partikel von der Haut abbürsten.
P336	Vereiste Bereiche mit lauwarmem Wasser auftauen. Betroffenen Bereich nicht reiben.
P337	Bei anhaltender Augenreizung:
P338	Eventuell vorhandene Kontaktlinsen nach Möglichkeit entfernen. Weiter ausspülen.
P340	Die betroffene Person an die frische Luft bringen und in einer Position ruhig stellen, die das Atmen erleichtert.
P341	Bei Atembeschwerden an die frische Luft bringen und in einer Position ruhig stellen, die das Atmen erleichtert.
P342	Bei Symptomen der Atemwege:
P350	Behutsam mit viel Wasser und Seife waschen.
P351	Einige Minuten lang behutsam mit Wasser ausspülen.
P352	Mit viel Wasser und Seife waschen.
P353	Haut mit Wasser abwaschen/duschen.
P360	Kontaminierte Kleidung und Haut sofort mit viel Wasser abwaschen und danach Kleidung ausziehen.
P361	Alle kontaminierten Kleidungsstücke sofort ausziehen.
P362	Kontaminierte Kleidung ausziehen und vor erneutem Tragen waschen.
P363	Kontaminierte Kleidung vor erneutem Tragen waschen.
P370	Bei Brand:
P371	Bei Großbrand und großen Mengen:
P372	Explosionsgefahr bei Brand.
P373	KEINE Brandbekämpfung, wenn das Feuer explosive Stoffe/Gemische/Erzeugnisse erreicht.
P374	Brandbekämpfung mit üblichen Vorsichtsmaßnahmen aus angemessener Entfernung.
P375	Wegen Explosionsgefahr Brand aus der Entfernung bekämpfen.
P376	Undichtigkeit beseitigen, wenn gefahrlos möglich.
P377	Brand von ausströmendem Gas: Nicht löschen, bis Undichtigkeit gefahrlos beseitigt werden kann.
P378	... zum Löschen verwenden.
P380	Umgebung räumen.
P381	Alle Zündquellen entfernen, wenn gefahrlos möglich.
P390	Verschüttete Mengen aufnehmen, um Materialschäden zu vermeiden.
P391	Verschüttete Mengen aufnehmen.
P301 + P310	BEI VERSCHLUCKEN: Sofort GIFTINFORMATIONSZENTRUM oder Arzt anrufen.
P301 + P312	BEI VERSCHLUCKEN: Bei Unwohlsein GIFTINFORMATIONSZENTRUM oder Arzt anrufen.
P301 + P330 + P331	BEI VERSCHLUCKEN: Mund ausspülen. KEIN Erbrechen herbeiführen.
P302 + P334	BEI KONTAKT MIT DER HAUT: In kaltes Wasser tauchen/nassen Verband anlegen.
P302 + P350	BEI KONTAKT MIT DER HAUT: Behutsam mit viel Wasser und Seife waschen.
P302 + P352	BEI KONTAKT MIT DER HAUT: Mit viel Wasser und Seife waschen.
P303 + P361 + P353	BEI KONTAKT MIT DER HAUT (oder dem Haar): Alle kontaminierten Kleidungsstücke sofort ausziehen. Haut mit Wasser abwaschen/duschen.
P304 + P340	BEI EINATMEN: An die frische Luft bringen und in einer Position ruhig stellen, die das Atmen erleichtert.
P304 + P341	BEI EINATMEN: Bei Atembeschwerden an die frische Luft bringen und in einer Position ruhig stellen, die das Atmen erleichtert.
P305 + P351 + P338	BEI KONTAKT MIT DEN AUGEN: Einige Minuten lang behutsam mit Wasser spülen. Vorhandene Kontaktlinsen nach Möglichkeit entfernen. Weiter spülen.
P306 + P360	BEI KONTAKT MIT DER KLEIDUNG: Kontaminierte Kleidung und Haut sofort mit viel Wasser abwaschen und danach Kleidung ausziehen.
P307 + P311	BEI Exposition: GIFTINFORMATIONSZENTRUM oder Arzt anrufen.
P308 + P313	BEI Exposition oder falls betroffen: Ärztlichen Rat einholen/ärztliche Hilfe hinzuziehen.
P309 + P311	BEI Exposition oder Unwohlsein: GIFTINFORMATIONSZENTRUM oder Arzt anrufen.
P332 + P313	Bei Hautreizung: Ärztlichen Rat einholen/ärztliche Hilfe hinzuziehen.
P333 + P313	Bei Hautreizung oder -ausschlag: Ärztlichen Rat einholen/ärztliche Hilfe hinzuziehen.
P335 + P334	Lose Partikel von der Haut abbürsten. In kaltes Wasser tauchen/nassen Verband anlegen.

P337 + P313 Bei anhaltender Augenreizung: Ärztlichen Rat einholen/ärztliche Hilfe hinzuziehen.
P342 + P311 Bei Symptomen der Atemwege: GIFTINFORMATIONSZENTRUM oder Arzt anrufen.
P370 + P376 Bei Brand: Undichtigkeit beseitigen, wenn gefahrlos möglich.
P370 + P378 Bei Brand: ... zum Löschen verwenden.
P370 + P380 Bei Brand: Umgebung räumen.
P370 + P380 + P375 Bei Brand: Umgebung räumen. Wegen Explosionsgefahr Brand aus der Entfernung bekämpfen.
P371 + P380 + P375 Bei Großbrand und großen Mengen: Umgebung räumen. Wegen Explosionsgefahr Brand aus der Entfernung bekämpfen.

Sicherheitshinweise – Aufbewahrung

P401	... aufbewahren.
P402	An einem trockenen Ort aufbewahren.
P403	An einem gut belüfteten Ort aufbewahren.
P404	In einem geschlossenen Behälter aufbewahren.
P405	Unter Verschluss aufbewahren.
P406	In korrosionsbeständigem/... Behälter mit korrosionsbeständiger Auskleidung aufbewahren.
P407	Luftspalt zwischen Stapeln/Paletten lassen.
P410	Vor Sonnenbestrahlung schützen.
P411	Bei Temperaturen von nicht mehr als ... °C aufbewahren.
P412	Nicht Temperaturen von mehr als 50 °C aussetzen.
P413	Schüttgut in Mengen von mehr als ... kg bei Temperaturen von nicht mehr als ... °C aufbewahren.
P420	Von anderen Materialien entfernt aufbewahren.
P422	Inhalt in/unter ... aufbewahren.
P402 + P404	In einem geschlossenen Behälter an einem trockenen Ort aufbewahren.
P403 + P233	Behälter dicht verschlossen an einem gut belüfteten Ort aufbewahren.
P403 + P235	Kühl an einem gut belüfteten Ort aufbewahren.
P410 + P403	Vor Sonnenbestrahlung geschützt an einem gut belüfteten Ort aufbewahren.
P410 + P412	Vor Sonnenbestrahlung schützen und nicht Temperaturen von mehr als 50 °C aussetzen.
P411 + P235	Kühl und bei Temperaturen von nicht mehr als ... °C aufbewahren.

Sicherheitshinweise – Entsorgung

P501	Inhalt/Behälter ... zuführen.

Entsorgungsratschläge (E-Sätze)

E1	Verdünnen, in den Ausguss geben (WGK 0 bzw. 1)
E2	Neutralisieren, in den Ausguss geben
E3	In den Hausmüll geben, gegebenenfalls im Polyethylenbeutel (Stäube)
E4	Als Sulfid fällen
E5	Mit Calcium-Ionen fällen, dann E 1 oder E 3
E6	Nicht in den Hausmüll geben
E7	Im Abzug entsorgen
E8	Der Sondermüllbeseitigung zuführen (Adresse zu erfragen bei der Kreis- oder Stadtverwaltung), Abfallschlüssel beachten
E9	Unter größter Vorsicht in kleinsten Portionen reagieren lassen (z. B. offen im Freien verbrennen)
E10	In gekennzeichneten Behältern sammeln: 1. „Organische Abfälle – halogenhaltig" 2. „Organische Abfälle – halogenfrei", dann E 8
E11	Als Hydroxid fällen (pH = 8), den Niederschlag zu E 8
E12	Nicht in die Kanalisation gelangen lassen
E13	Aus der Lösung mit unedlem Metall (z. B. Eisen) als Metall abscheiden (E 14, E 3)
E14	Recycling-geeignet (Redestillation oder einem Recyclingunternehmen zuführen)
E15	Mit Wasser vorsichtig umsetzen, frei werdende Gase absorbieren oder ins Freie ableiten
E16	Entsprechend den speziellen Ratschlägen für die Beseitigungsgruppen beseitigen

Entsorgung von Chemikalienabfällen

Nach dem Experimentieren werden die Reste in die dafür vorgesehenen Sammelbehälter gegeben:

nicht gefährliche und wasserlösliche Chemikalien	nicht gefährliche und feste Chemikalien	Säuren und Laugen	giftige anorganische Chemikalien	halogenfreie organische Chemikalien	halogenhaltige organische Chemikalien
z. B. Natriumchlorid, Natriumcarbonat, Wasserstoffperoxidlösung	z. B. Indikatorpapier	z. B. Salzsäure, Natronlauge	z. B. Kupfersulfat	z. B. Petroleumbenzin, Methanol	z. B. Trichlormethan

Liste der Gefahrstoffe nach der GHS-Verordnung

Gefahrstoff	Signalwort	Piktogrammcode	H-Sätze und EUH-Sätze	E-Sätze
Aceton (Propanon)	Gefahr	GHS02 GHS07	H225 H319 H336 EUH066	1-10-14
Aluminium, Grieß o. Pulver (stabilisiert)	Gefahr	GHS02	H261 H228	6-9
Aluminiumbromid, wasserfrei	Gefahr	GHS05 GHS07	H290 H302 H314	2
Aluminiumchlorid, wasserfrei	Gefahr	GHS05	H314	2
Aluminiumiodid	Gefahr	GHS05	H314	2
Ameisensäure (Methansäure) $w \geq 90\,\%$	Gefahr	GHS02 GHS05	H226 H314	1-10
$10\,\% \leq w < 90\,\%$	Gefahr	GHS05	H314	1-10
$2\,\% \leq w < 10\,\%$	Achtung	GHS07	H315 H319	1-10
Ammoniak, wasserfrei	Gefahr	GHS04 GHS06 GHS05 GHS09	H221 H280 H331 H314 H400 EUH071	2-7
Ammoniaklösung $10\,\% \leq w < 25\,\%$	Gefahr	GHS05	H314 H335	2
$5\,\% \leq w < 10\,\%$	Achtung	GHS07	H315 H319 H335	2
Ammoniumcarbonat	Achtung	GHS07	H302	1
Ammoniumchlorid	Achtung	GHS07	H302 H319	2
Bariumchlorid, wasserfrei	Gefahr	GHS06	H301 H332	1-3
Bariumchloridlösung $3\,\% \leq w < 25\,\%$	Achtung	GHS07	H302	1
Bariumhydroxid, Bariumhydroxid-Octahydrat	Gefahr	GHS05 GHS07	H302 H314 H332	1-3
Bariumoxid	Gefahr	GHS06 GHS05	H301 H314 H332	1-3
Benzoesäure	Achtung	GHS07	H302 H319	10-12
Blei (bioverfügbar)	Gefahr	GHS08 GHS07 GHS09	H360Df H302 H332 H373 H410	8
Blei(II)-acetat	Gefahr	GHS08 GHS09	H351 H360Df H373 H410	8-14
Brom	Gefahr	GHS06 GHS05 GHS09	H330 H314 H400	16
Bromethan (Ethylbromid)	Gefahr	GHS02 GHS08 GHS07	H225 H302 H332 H351	10
Bromthymolblaulösung (ethanolisch, $w = 0{,}1\,\%$)	Gefahr	GHS02	H225	10
Bromwasser $1\,\% \leq w < 5\,\%$	Gefahr	GHS06	H311 H330	16
Bromwasserstoff	Gefahr	GHS04 GHS06 GHS05	H280 H314 H331	2
n-Butan	Gefahr	GHS02 GHS04	H220 H280	7
Butan-1-ol	Gefahr	GHS02 GHS05 GHS07	H226 H302 H335 H315 H318 H336	10
Butansäure (Buttersäure)	Gefahr	GHS05	H314	10
Calcium	Gefahr	GHS02	H261 EUH014	15
Calciumcarbid	Gefahr	GHS02	H260	15-16
Calciumchlorid	Achtung	GHS07	H319	1
Calciumhydroxid (Löschkalk)	Gefahr	GHS05 GHS07	H315 H318 H335	2
Calciumoxid	Gefahr	GHS05 GHS07	H315 H318 H335	2
Chlor	Gefahr	GHS03 GHS04 GHS06 GHS09	H270 H280 H330 H319 H335 H315 H400 EUH071	16
Chlorethan (Ethylchlorid)	Gefahr	GHS02 GHS04 GHS08	H220 H351 H412	16
Chlormethan (Methylchlorid)	Gefahr	GHS02 GHS04 GHS08	H220 H351 H373	7-12
Chlorwasser, gesättigt $w \approx 0{,}7\,\%$	Achtung	GHS07	H332	16
Chlorwasserstoff	Gefahr	GHS04 GHS06 GHS05	H280 H331 H314 EUH071	2
Citronensäure	Gefahr	GHS05	H318	3
Dibenzoylperoxid	Gefahr	GHS02 GHS07	H242 H319 H317	10-12
Diethylether (Ether)	Gefahr	GHS02 GHS07	H224 H302 H336 EUH019 EUH066	9-10-12
Eisen, Pulver	Gefahr	GHS02	H228	3

Gefahrstoff	Signalwort	Piktogrammcode	H-Sätze und EUH-Sätze	E-Sätze
Eisen(III)-chlorid	Gefahr	GHS05 GHS07	H302 H315 H317 H318	2
Eisen(II)-sulfat, Eisen(II)-sulfatlösung $w \geq 25\,\%$	Achtung	GHS07	H302 H319 H315	2
Eisen(II)-sulfid	Achtung	GHS09	H400 EUH031	8
Essigsäure (Ethansäure)				
$w \geq 90\,\%$	Gefahr	GHS02 GHS05	H226 H314	2-10
$25\,\% \leq w < 90\,\%$	Gefahr	GHS05	H314	2-10
$10\,\% \leq w < 25\,\%$	Achtung	GHS07	H319 H315	2-10
Essigsäureanhydrid	Gefahr	GHS02 GHS05 GHS07	H226 H332 H302 H314 H335	2-10
Essigsäureethylester (Ethylacetat)	Gefahr	GHS02 GHS07	H225 H319 H336 EUH066	10-12
Ethan	Gefahr	GHS02 GHS04	H220 H280	7
Ethanal (Acetaldehyd)	Gefahr	GHS02 GHS08 GHS07	H224 H351 H319 H335	9-10-12-16
Ethanallösung (Acetaldehydlösung) $w \geq 10\,\%$	Achtung	GHS08 GHS07	H351 H319 H335	9-10-12-16
Ethandiol	Achtung	GHS07	H302	1-10
Ethanol (Brennspiritus)	Gefahr	GHS02	H225	1-10
Ethen (Ethylen)	Gefahr	GHS02 GHS04 GHS07	H220 H280 H336	7
Ethin (Acetylen)	Gefahr	GHS02 GHS04	H220 H280 EUH006	7
Fehling'sche Lösung I	Achtung	GHS07	H302 H319 H315 H410	8
Fehling'sche Lösung II	Gefahr	GHS05	H314	2
n-Heptan	Gefahr	GHS02 GHS08 GHS07 GHS09	H225 H304 H315 H336 H410	10-12
Hexan-1-ol	Achtung	GHS07	H302	10
Hex-1-en	Gefahr	GHS02 GHS08	H225 H304	10-12
Hex-1-in	Gefahr	GHS02 GHS08 GHS07	H225 H304 H315 H319 H335	10-12
Iod	Achtung	GHS07 GHS09	H332 H312 H400	1-16
Iodwasserstoff	Gefahr	GHS04 GHS05	H314	1
Isobutanol (2-Methylpropan-1-ol)	Gefahr	GHS02 GHS05 GHS07	H226 H315 H318 H336 H335	10
Kalium	Gefahr	GHS02 GHS05	H260 H314 EUH014	6-12-16
Kaliumcarbonat	Achtung	GHS07	H319 H315 H335	1
Kaliumchlorat	Gefahr	GHS03 GHS07 GHS09	H271 H302 H332 H411	1-6
Kaliumhydroxid (Ätzkali)	Gefahr	GHS05 GHS07	H302 H314 H290	2
Kaliumhydroxidlösung (Kalilauge)				
$w \geq 5\,\%$	Gefahr	GHS05 GHS07	H302 H314	2
$2\,\% \leq w < 5\,\%$	Gefahr	GHS05	H314	2
$0{,}5\,\% \leq w < 2\,\%$	Achtung	GHS07	H319 H315	2
Kaliumnitrat	Achtung	GHS03	H272	1
Kaliumnitrit	Gefahr	GHS03 GHS06 GHS09	H272 H301 H400	1-16
Kaliumpermanganat	Gefahr	GHS03 GHS07 GHS09	H272 H302 H410	1-6
Kaliumpermanganatlösung $w \geq 25\,\%$	Gefahr	GHS07 GHS09	H302 H410	1-6
Kohlenstoffmonooxid	Gefahr	GHS02 GHS04 GHS06 GHS08	H220 H280 H360D H331 H372	7
Kupfer, Pulver	Gefahr	GHS02 GHS09	H228 H410	3
Kupferacetat	Achtung	GHS07 GHS09	H302 H315 H319 H335 H410	11
Kupfer(II)-chlorid	Achtung	GHS07 GHS09	H302 H319 H315 H335 H400	11
Kupfer(II)-chloridlösung $3\,\% \leq w < 25\,\%$	Achtung	GHS07	H302	11
Kupfer(II)-hydroxidcarbonat (Malachit)	Achtung	GHS07	H302	8-12
Kupfer(I)-oxid	Achtung	GHS07 GHS09	H302 H410	8-16
Kupfer(II)-oxid	Achtung	GHS07 GHS09	H302 H410	8-16

Gefahrstoff	Signalwort	Piktogrammcode	H-Sätze und EUH-Sätze	E-Sätze
Kupfer(II)-sulfat, Kupfer(II)-sulfat-Pentahydrat	Achtung	GHS07 GHS09	H302 H319 H315 H410	11
Kupfer(II)-sulfat-lösung *w*≥25 %	Achtung	GHS07 GHS09	H302 H319 H315 H410	11
Lithium	Gefahr	GHS02 GHS05	H260 H314 EUH014	15-1
Lithiumchlorid	Achtung	GHS07	H302 H319 H315	1
Magnesium, Pulver oder Späne (phlegmatisiert)	Gefahr	GHS02	H228 H261 H251	3
Mangan(IV)-oxid (Braunstein)	Gefahr	GHS03 GHS07	H272 H332 H302	3
Methan	Gefahr	GHS02 GHS04	H220 H280	7
Methanal (Formaldehyd), wasserfrei	Gefahr	GHS06 GHS08 GHS05	H301 H311 H314 H317 H330 H351	10-12-16
Methanallösung (Formaldehydlösung) *w*≥25 %	Gefahr	GHS06 GHS08 GHS05	H351 H330 H311 H301 H314 H317 H335 H370	10-12-16
5 %≤*w*<25 %	Gefahr	GHS06 GHS08	H351 H331 H311 H301 H319 H315 H317 H335	1-10
0,2 %≤*w*<5 %	Gefahr	GHS08 GHS07	H302 H317 H351	1-10
Methanol	Gefahr	GHS02 GHS06 GHS08	H225 H331 H311 H301 H370	1-10
Methansäure s. Ameisensäure				
Natrium	Gefahr	GHS02 GHS05	H260 H314 EUH014	6-12-16
Natriumcarbonat	Achtung	GHS07	H319	1
Natriumfluorid	Gefahr	GHS06	H301 H315 H319 EUH032	5
Natriumhydroxid (Ätznatron)	Gefahr	GHS05	H290 H314	2
Natriumhydroxid-lösung (Natronlauge) *w*≥2 %	Gefahr	GHS05	H290 H314	2
0,5 %≤*w*<2 %	Achtung	GHS07	H315 H319	1
Natriumiodid	Achtung	GHS09	H400	6-12-16
Natriumnitrat	Gefahr	GHS03 GHS07	H272 H302	1
Natriumnitrit	Gefahr	GHS03 GHS06 GHS09	H272 H301 H400	1-16
Natriumoxalat	Achtung	GHS07	H302 H312	
Natriumsulfid	Gefahr	GHS08 GHS07 GHS09	H302 H332 H360Df H373 H410	1
n-Octan	Gefahr	GHS02 GHS08 GHS07 GHS09	H225 H304 H315 H336 H410	10-12
Octan-1-ol	Achtung	GHS07	H319	10
Oxalsäure	Achtung	GHS07	H312 H302	5
Oxalsäurelösung *w*≥5 %	Achtung	GHS07	H312 H302	5
n-Pentan	Gefahr	GHS02 GHS08 GHS07 GHS09	H225 H304 H336 H411 EUH066	10-12
Pentan-1-ol	Achtung	GHS02 GHS07	H226 H315 H332 H335	10-14
Petrolether (Leichtbenzin)	Gefahr	GHS02 GHS08 GHS07 GHS09	H225 H304 H315 H336 H411	10-12
Petroleum	Gefahr	GHS08	H304	10-12
Petroleumbenzin	Gefahr	GHS02 GHS08 GHS07 GHS09	H225 H304 H315 H336 H361f H373 H411	10-12
Phenolphthalein-lösung (ethanolisch) *w*>1 %	Gefahr	GHS02	H225	1-10
Phosphor, rot	Gefahr	GHS02	H228 H412	6-9
Phosphor(V)-oxid	Gefahr	GHS05	H314	2
Phosphorsäure *w*≥25 %	Gefahr	GHS05	H290 H314	2
10 %≤*w*<25 %	Achtung	GHS07	H319 H315	1
Propan	Gefahr	GHS02 GHS04	H220 H280	7

Gefahrstoff	Signalwort	Piktogrammcode	H-Sätze und EUH-Sätze	E-Sätze
Propanal	Gefahr	GHS02 GHS07	H225 H319 H335 H315	9-10-12-16
Propan-1-ol	Gefahr	GHS02 GHS05 GHS07	H225 H318 H336	10
Propan-2-ol	Gefahr	GHS02 GHS07	H225 H319 H336	10
Propanon s. Aceton				
Propansäure (Propionsäure) 10 % ≤ *w* < 25 %	Gefahr	GHS02 GHS05	H326 H314	2
Resorcin (1,3-Dihydroxybenzol)	Achtung	GHS07 GHS09	H302 H319 H315 H400	10
Rohöl (synthetisch)	Gefahr	GHS02 GHS07 GHS09	H224 H315 H336 H411	10-12
Salpetersäure *w* ≥ 65 %	Gefahr	GHS03 GHS05	H272 H290 H314	2
5 % ≤ *w* < 65 %	Gefahr	GHS05	H314	2
Salzsäure *w* ≥ 25 %	Gefahr	GHS05 GHS07	H314 H335	2
10 % ≤ *w* < 25 %	Achtung	GHS07	H315 H319 H335	2
Sauerstoff	Gefahr	GHS03 GHS04	H270 H280	7
Schiffs Reagenz	Achtung	GHS07	H319 H335	2
Schwefel	Achtung	GHS07	H315	3
Schwefeldioxid	Gefahr	GHS04 GHS06 GHS05	H331 H314 H280 EUH071	7
Schwefelsäure *w* ≥ 15 %	Gefahr	GHS05	H290 H314	2
5 % ≤ *w* < 15 %	Gefahr	GHS05	H290 H319 H315	2
Schwefelwasserstoff	Gefahr	GHS02 GHS04 GHS06 GHS09	H220 H330 H400	2-7
Schwefelwasserstoff-lösung 0,1 % ≤ *w* ≤ 1 %	Achtung	GHS07	H332	2
Schweflige Säure *w* ≥ 5 %	Gefahr	GHS05 GHS07	H332 H314	2
0,5 % ≤ *w* < 5 %	Gefahr	GHS07	H332 H314	
Silbernitrat	Gefahr	GHS03 GHS05 GHS09	H272 H314 H410	12-13-14

Gefahrstoff	Signalwort	Piktogrammcode	H-Sätze und EUH-Sätze	E-Sätze
Silbernitratlösung 5 % ≤ *w* ≤ 10 %	Achtung	GHS07	H319 H315	12-13-14
Silberoxid	Gefahr	GHS03 GHS05	H272 H314 EUH044	12-13-14
Strontiumchlorid	Achtung	GHS07	H319 H315 H335	1-11
Styrol	Achtung	GHS02 GHS08 GHS07	H226 H304 H332 H335 H319 H315 H372	10-12
Wasserstoff	Gefahr	GHS02 GHS04	H220 H280	7
Wasserstoff-peroxidlösung 30 % ≤ *w* < 50 %	Gefahr	GHS03 GHS05 GHS07	H271 H332 H302 H314 H335	1
8 % ≤ *w* < 30 %	Gefahr	GHS05 GHS07	H302 H318	1
5 % ≤ *w* < 8 %	Achtung	GHS07	H332 H302 H319	1
Weinsäure	Gefahr	GHS05	H138	1-10
Zink, Pulver o. Staub (stabilisiert)	Achtung	GHS09	H410	3
Zinkbromid	Gefahr	GHS05 GHS09	H314 H410	1-11
Zinkchlorid	Gefahr	GHS05 GHS07 GHS09	H302 H314 H335 H410	1-11
Zinkchloridlösung 5 % ≤ *w* < 10 %	Achtung	GHS07	H319 H315	1-11
Zinkiodid	Gefahr	GHS07	H319 H315	12-16
Zinkoxid	Achtung	GHS09	H410	3
Zinksulfat, wasserfrei	Gefahr	GHS05 GHS07 GHS09	H302 H318 H410	1-11
Zinn(II)-chlorid	Achtung	GHS07	H302 H315 H317 H319 H335	1-11

Stichwortverzeichnis

Bildquellenverzeichnis

Fotos:
Cover: sciencephotolibrary/POWER AND SYRED
akg-images: De Agostini/Icas94: S. 88/1; Science Photo Library: S. 33/4 | Bridgeman Images: Heritage Images: S. 65/6; Look and Learn: S. 48/2 | ClipDealer GmbH: Georgios Kollidas: S. 48/1; Hans-Joachim Schneider: S. 132/8 | Cornelsen: Volker Döring: S. 18/o.r., S. 31/5; Christian Eiblmeier: S.100/o.r.; Anke Feldmann-Völzke: S. 71/2; Volker Minkus: S. 31/3, S. 32/o.r., S. 34/6, S. 38/1+2, S. 86/o.r.; Heinrich Pniok: vorderer Vorsatz; Dr. Susanne Schaffer: S. 12/1; Armin Thefeld: S. 31/4, S. 44/2; Doriano Thiele: S. 36/o.r., S. 49/3+5, S. 68/o.r., S. 72/o.r.+1, S. 76/1, S. 83/4, S. 100/2+3, S. 117/4, S. 128/2; Sven Wilhelm: S. 10/o.r. | dpa Picture-Alliance: A. Hartl/blickwinkel: S. 102/1; dpa-Zentralbild/Arno Burgi: S. 136/o.r.; Westend61/Martin Siepmann: S. 5/o.r., S. 46, S. 47; REUTERS: S. 92/1 | Imago Stock & People GmbH: blickwinkel: S. 56/1; ingimage: S. 61/7; Steinach: S. 78/o.r.; Steffen Schellhorn: S. 140/1; Westend61: S. 146/o.r., S. 147/3 | interfoto e.k./Science & Society/Science Museum: S. 60/1l. | mauritius images/alamy stock photo: Alf Jönsson: S. 50/3; dieKleinert: S. 56/o.r.; Equatore: S. 153/6; GIPhotoStock X: S. 91/2; Justin Kase z12z: S. 6/o.r.; S. 84, S. 85, Karo: S. 30 o.r.; Leonid Andronov: S. 111/7; Per-Andre Hoffmann: S. 7/m. r., S. 142, S. 143; RooM the Agency: S. 97/5, ROSENFELD: S. 7/o.r., S. 126, S. 127, S. 140/4; Science Source: S. 39, S. 44/3, S. 104/2, S. 114/o.r., S. 129/4; Science Source/M. I. Walker: S. 50/1; Stockbroker RF: S. 53/1; Westend61 RF: S. 147/5; Yon Marsh: S. 88/o.r. | Panther Media GmbH: Jean Petrahn: S. 153/7; Kiyoshi Takahase Segundo: S. 102/o.r. | Science Photo Library: ANDREW LAMBERT PHOTOGRAPHY: S. 16/o.r., S. 69/3; MARTYN F. CHILLMAID: S. 129/5, S. 140/2; POWER AND SYRED: S. 1 o.r.; Richard Hutchings: S. 20/o.r.; SCIENCE PHOTO LIBRARY: S. 49/4; Treptow, Richard: S. 41/4B; Turtle Rock Scientific: S. 105/4 | Shutterstock.com: Africa Studio: S. 26/3, S. 78/1, S. 152/3u.+4 (Flaschen); aleks333: S. 76/o.r.; Alexey Lysenko: S. 82/3; andersphoto: S. 152/4 (Schlauch); ArtemSh: S. 30/1; AS Food studio: S. 131/7; Bjoern Wylezich: S. 41/4A; Foxxy63: S. 128/o.r. C; Glenn Young: S. 16/1; Iakov Filimonov: S. 9; Imageman: S. 114/2 (Maltose); Jonnof: S. 128/o.r. D; Kirill_d: S. 116/o.r.; kobz: S. 125/4; Kuznetsov Dmitriy: S. 61/5; Luigi Bertello: S. 92/2; mahirart: S. 114/2 (Cellulose); marekuliasz: S. 4/m.r., S. 14, S. 15; Moving Moment: S. 104/o.r.; Neirfy: S. 144/1 (Polyvinylchlorid); panda3800: S. 114/2 (Saccharose); parasolia: S. 75/1; Ruud Morijn Photographer: S. 6/u.r., S. 112+113; RUKSUTAKARN studio: S. 141/7; Rytis Bernotas: S. 35/2; Salvador Aznar: S. 5/u.r., S. 66, S. 67; usk75: S. 26/2; Quality Stock Arts: S. 51/6 ; Valerii Evlakhov: S. 40/2; Volodymyr Krasyuk: S. 153/5; yanik88: S. 132/9 | stock.adobe.com: aperturesound: S. 144/1 (Polypropen); avelina_boyko: S. 83/5; aviavlad: S. 130/3, S. 141/5; Balint Radu: S. 111/4; berezandr: S. 144/1 (Polyacryl); bit24: S. 114/1; Carmina: S. 58/o.r.; chaivit: S. 144/1 (Polystyrol); Cpro: S. 23/u.r.; DiegoCalvi: S. 40/1; Dionisvera: S. 114/2 (Fructose); dkimages: S. 128/o.r. B; gerasimenuk: S. 152/4 (Föhn); gitusik: S. 114/2 (Amylose), Gorodenkoff Productions OU: S. 6/m.r., S. 98, S. 99; Gualtiero Boffi/tiero: S. 148/o.r.; Jari Aherma: S. 18/2; Joachim Wendler: S. 152/4 (Helm); JPC-PROD: S. 130/o.r.; kariphoto: S. 147/2; kozorog: S. 4/u.r., S. 28, S. 29; Leonid Andronov: S. 104/1; maho: S. 144/o.r.; Mara Zemgaliete: S. 60/1r.; MarkusL: S. 78/2; Nelea Reazanteva: S. 141/6; Norman Chan: S. 117/5; prostockphoto: S. 128/o.r. A; raisondtre: S. 144/1 (PET+Polyethen); sirisakboakaew: S. 147/4; Rawpixel Ltd.: S. 30/2; Shirinov Angela/Angela Staenicke: S. 38/o.r.; Studio SYBERG: S. 25

Illustrationen:
Cornelsen/Atelier G: (Icons) S. 23, S. 35, S.40, S. 41, S. 52, S. 55, S. 71, S. 75, S. 90, S. 91, S. 106, S. 107, S. 119, S. 121, S. 133, S. 134, S. 164 | Cornelsen/Christian Nusch: S. 8, S. 12/3, S. 48/o.r., S. 54, S. 60/2, S. 61/u., S.70, S. 93, S. 120, S. 135 | Cornelsen/Detlef Seidensticker: S. 10/u., S. 11, S. 12/2, S. 13, S. 17/3+4, S. 19/3, S. 20/1, S. 21/5, S. 22, S. 24/1+2+4+5, S. 26/1+4, S. 27/6+7, S. 32/1–3, S. 33 (Formeln), S. 34/7, S. 35/o., S. 36/1+3, S. 37/4, S. 41/3+5, S. 42, S. 44/1+4, S. 45, S. 50/o.r.+2, S. 51/4+5, S. 52/1, S. 53/2, S. 55/1+2, S. 56/2, S. 57/3+4, S. 58/2, S. 59, S. 60/4, S. 61/6, S. 62, S. 64/1–4, S. 65/5+7, S. 68/1+2, S. 69 (Formeln), S. 71/1, S. 72/3, S. 73/5+6, S. 74, S. 76/2, S. 77, S. 78/1 (Formel), S. 79/4+5, S. 80, S. 82/1+2, S. 83/4+5 (jeweils Formel), S. 86/1+2, S. 87/3–5, S. 88/2, S. 89/3–5, S. 90/1+2, S. 91/1, S. 92/3+4, S. 94, S. 96, S. 97/6+7, S. 100/1, S. 101, S. 103, S. 105/3, S. 106/1+2, S. 107/3, S. 108, S. 110, S. 111/5+6, S. 115, S. 116/1–3, S. 117/6+7, S. 118/8–12, S. 122/2–4, S. 124, S. 125/6, S. 128/1+3, S. 130/1+2, S. 131/5+6, S. 134/1, S. 136/2, S. 137, S. 138, S. 140/3, S. 141/7b+8, S. 144/2, S. 145/3 (Moleküle), S. 145/4+5, S. 147/2–4 (jeweils Moleküle), S. 147/6, S. 148/1+2, S. 149, S. 150, S. 152/1+3 (Formel), S. 153/8, S. 155, S. 156/5 (Formeln), S. 156/ 7a, S. 158, S. 159, S. 160, S. 161, S. 162, S. 163, S. 167/u., hinterer Vorsatz | Cornelsen/SPI Technologies India: S. 43, S. 63, S. 81, S. 109, S. 123, S. 139, S. 151 | PEFC Deutschland e.V.: S. 176 | Studio SYBERG: S. 95

H_2O & Co

Herausgeber: Petra Kring, Prof. Dr. Katrin Sommer, Prof. Dr. Peter Pfeifer
Autorinnen und Autoren: Christian Eiblmeier, Petra Kring, Veronika Mader, Dr. Matthias Niedermeier, Prof. Dr. Peter Pfeifer, Dr. Susanne Schaffer, Prof. Dr. Katrin Sommer, Armin Thefeld, Tobias Wittwer

Redaktion: Dr. Kerstin Amelunxen
Bildrecherche: Melanie Tönnies
Illustration: Christian Nusch
Grafik: Detlef Seidensticker
Technische Umsetzung Gefahren- und Gebotszeichen: Atelier G
Umschlaggestaltung: Corinna Babylon, Berlin
Gestaltung: Studio SYBERG
Technische Umsetzung: Straive

www.cornelsen.de

Dieses Werk enthält Vorschläge und Anleitungen für Untersuchungen und Experimente. Vor jedem Experiment sind mögliche Gefahrenquellen zu besprechen. Beim Experimentieren sind die Richtlinien zur Sicherheit im Unterricht einzuhalten.

1. Auflage, 1. Druck 2022

Alle Drucke dieser Auflage sind inhaltlich unverändert und können im Unterricht nebeneinander verwendet werden.

Druck: Firmengruppe APPL, aprinta Druck, Wemding

ISBN 978-3-637-02976-7 (Schülerbuch)
ISBN 978-3-637-02980-4 (E-Book)

PEFC
PEFC/04-32-0928

PEFC zertifiziert
Dieses Produkt stammt aus nachhaltig bewirtschafteten Wäldern und kontrollierten Quellen.
www.pefc.de

Periodensystem der Atomsorten (teilchenbezogen)

Nukleonenzahl im häufigsten natürlichen Isotop → 12
Ordnungszahl → 6
Elementname → Kohlenstoff
2,6 ← **Elektronegativität**
C ← **Elementsymbol**

Nukleonenzahl im langlebigsten Isotop → (222)*
86 Rn Radon
— ← alle Isotope radioaktiv

Periode	I. Hauptgruppe	II. Hauptgruppe	III. Nebengruppe	IV. Nebengruppe	V. Nebengruppe	VI. Nebengruppe	VII. Nebengruppe	VIII. Nebengruppe	VIII. Neber grupp
1	1 H 1 Wasserstoff 2,2								
2	7 Li 3 Lithium 1,0	9 Be 4 Beryllium 1,6							
3	23 Na 11 Natrium 0,9	24 Mg 12 Magnesium 1,3							
4	39 K 19 Kalium 0,8	40 Ca 20 Calcium 1,0	45 Sc 21 Scandium 1,4	48 Ti 22 Titan 1,5	51 V 23 Vanadium 1,6	52 Cr 24 Chrom 1,7	55 Mn 25 Mangan 1,6	56 Fe 26 Eisen 1,8	59 C 27 Cobalt
5	85 Rb 37 Rubidium 0,8	88 Sr 38 Strontium 1,0	89 Y 39 Yttrium 1,2	90 Zr 40 Zirconium 1,3	93 Nb 41 Niob 1,6	98 Mo 42 Molybdän 2,2	(98) Tc 43 Technetium 1,9	102 Ru 44 Ruthenium 2,2	103 R 45 Rhodiur
6	133 Cs 55 Caesium 0,8	138 Ba 56 Barium 0,9	* 57–71	180 Hf 72 Hafnium 1,3	181 Ta 73 Tantal 1,5	184 W 74 Wolfram 2,4	187 Re 75 Rhenium 1,9	192 Os 76 Osmium 2,2	193 Ir 77 Iridium
7	(223) Fr 87 Francium 0,7	(226) Ra 88 Radium 0,9	** 89–103	(267)* Rf 104 Rutherfordium —	(270)* Db 105 Dubnium —	(271)* Sg 106 Seaborgium —	(272)* Bh 107 Bohrium —	(270)* Hs 108 Hassium —	(276)* M 109 Meitneriu

* Elemente der Lanthanreihe	139 La 57 Lanthan 1,1	140 Ce 58 Cer 1,1	141 Pr 59 Praseodym 1,1	144 Nd 60 Neodym 1,1	(147)* Pm 61 Promethium 1,1	152 S 62 Samariu
** Elemente der Actiniumreihe	(227)* Ac 89 Actinium 1,1	(232)* Th 90 Thorium 1,1	(231)* Pa 91 Protactinium 1,5	(238)* U 92 Uran 1,4	(237)* Np 93 Neptunium 1,4	(244)* P 94 Plutoniu